U0290336

国家出版基金项目
NATIONAL PUBLICATION FOUNDATION

"十三五"国家重点出版物出版规划项目

中国生态环境演变与评估

淮河流域生态系统评估

李叙勇　张汪寿　刘　云　等　著

科学出版社
北京

内 容 简 介

本书介绍了淮河流域生态环境动态变化，系统评估了 2000～2010 年陆地生态系统、水资源与水环境状况，全面分析了流域内生态系统的数量、质量、分布格局、生态系统服务功能、水环境等变化特点和演变规律。

本书适合环境保护、生态、水利、社会经济等领域的研究人员及政府决策人员，特别是流域生态环境评估、水生态环境管理等学科领域科研及管理工作者参考。

图书在版编目（CIP）数据

淮河流域生态系统评估／李叙勇等著 . —北京：科学出版社，2017. 1
（中国生态环境演变与评估）
"十三五"国家重点出版物出版规划项目　国家出版基金项目
ISBN 978-7-03-050405-0

Ⅰ.①淮… Ⅱ.①李… Ⅲ.①淮河流域–区域生态环境–评估 Ⅳ.①X321. 23

中国版本图书馆 CIP 数据核字（2016）第 262844 号

责任编辑：李　敏　张　菊　刘　超／责任校对：邹慧卿
责任印制：肖　兴／封面设计：黄华斌

科学出版社 出版
北京东黄城根北街 16 号
邮政编码：100717
http://www.sciencep.com
中国科学院印刷厂 印刷
科学出版社发行　各地新华书店经销
*
2017 年 1 月第 一 版　　开本：787×1092　1/16
2017 年 1 月第一次印刷　印张：23
字数：582 000
定价：208.00 元
（如有印装质量问题，我社负责调换）

总　　序

我国国土辽阔,地形复杂,生物多样性丰富,拥有森林、草地、湿地、荒漠、海洋、农田和城市等各类生态系统,为中华民族繁衍、华夏文明昌盛与传承提供了支撑。但长期的开发历史、巨大的人口压力和脆弱的生态环境条件,导致我国生态系统退化严重,生态服务功能下降,生态安全受到严重威胁。尤其2000年以来,我国经济与城镇化快速的发展、高强度的资源开发、严重的自然灾害等给生态环境带来前所未有的冲击:2010年提前10年实现GDP比2000年翻两番的目标;实施了三峡工程、青藏铁路、南水北调等一大批大型建设工程;发生了南方冰雪冻害、汶川大地震、西南大旱、玉树地震、南方洪涝、松花江洪水、舟曲特大山洪泥石流等一系列重大自然灾害事件,对我国生态系统造成巨大的影响。同时,2000年以来,我国生态保护与建设力度加大,规模巨大,先后启动了天然林保护、退耕还林还草、退田还湖等一系列生态保护与建设工程。进入21世纪以来,我国生态环境状况与趋势如何以及生态安全面临怎样的挑战,是建设生态文明与经济社会发展所迫切需要明确的重要科学问题。经国务院批准,环境保护部、中国科学院于2012年1月联合启动了“全国生态环境十年变化(2000—2010年)调查评估”工作,旨在全面认识我国生态环境状况,揭示我国生态系统格局、生态系统质量、生态系统服务功能、生态环境问题及其变化趋势和原因,研究提出新时期我国生态环境保护的对策,为我国生态文明建设与生态保护工作提供系统、可靠的科学依据。简言之,就是“摸清家底,发现问题,找出原因,提出对策”。

“全国生态环境十年变化(2000—2010年)调查评估”工作历时3年,经过139个单位、3000余名专业科技人员的共同努力,取得了丰硕成果:建立了“天地一体化”生态系统调查技术体系,获取了高精度的全国生态系统类型数据;建立了基于遥感数据的生态系统分类体系,为全国和区域生态系统评估奠定了基础;构建了生态系统“格局-质量-功能-问题-胁迫”评估框架与技术体系,推动了我国区域生态系统评估工作;揭示了全国生态环境十年变化时空特征,为我国生态保护与建设提供了科学支撑。项目成果已应用于国家与地方生态文明建设规划、全国生态功能区划修编、重点生态功能区调整、国家生态保护红线框架规划,以及国家与地方生态保护、城市与区域发展规划和生态保护政策的制定,并为国家与各地区社会经济发展“十三五”规划、京津冀交通一体化发展生态保护规划、京津冀协同发展生态环境保护规划等重要区域发展规划提供了重要技术支撑。此外，项目建立的多尺度大规模生态环境遥感调查技术体系等成果，直接推动了国家级和省级自然保护区人类活动监管、生物多样性保护优先区监管、全国生态资产核算、矿产资源开发监管、海岸带变化遥感监测等十余项新型遥感监测业务的发展，显著提升了我国生态环境保护管理决策的能力和水平。

《中国生态环境演变与评估》丛书系统地展示了"全国生态环境十年变化（2000—2010 年）调查评估"的主要成果，包括：全国生态系统格局、生态系统服务功能、生态环境问题特征及其变化，以及长江、黄河、海河、辽河、珠江等重点流域，国家生态屏障区，典型城市群，五大经济区等主要区域的生态环境状况及变化评估。丛书的出版，将为全面认识国家和典型区域的生态环境现状及其变化趋势、推动我国生态文明建设提供科学支撑。

因丛书覆盖面广、涉及学科领域多，加上作者水平有限等原因，丛书中可能存在许多不足和谬误，敬请读者批评指正。

《中国生态环境演变与评估》丛书编委会

2016 年 9 月

前　言

淮河流域地处南北气候过渡带，地势低平，蓄排水困难，洪涝相互影响，跨省河道多，治理难度大，加上流域内人口密度大、沿淮重污染企业对水资源的不合理开发利用，引起流域诸多生态环境问题，如水环境污染、水生境破坏、水生态失衡等。近年来各级政府加大投入各类治淮工程，对淮河流域生态环境特别是洪涝防治以及水环境产生了积极的影响。由于多方面影响的叠加，近年来流域的生态环境发生或正在发生比较深刻的变化。开展淮河流域十年乃至几十年来生态环境变化的调查和评估，将为流域生态环境建设提供重要的基础资料并且有重要的指导意义。

针对淮河流域近几十年来，尤其是 2000～2010 年生态环境问题，中国科学院生态环境研究中心联合多家科研、教学单位，从流域基本特征、生态系统特征、水资源、水环境、污染物排放与区域经济发展等多方面入手，调查分析了淮河流域生态系统格局、流域生态系统服务功能、水资源和水环境的状况及其变化，取得了丰硕成果，本书是对其成果的归纳总结和提炼。

本书第 1 章简要介绍了淮河流域概况，包括自然地理概况、近年来社会经济发展状况、农业生产状况以及流域突出的生态环境问题等；第 2 章介绍了淮河流域生态系统类型、格局及变化的分析结果，包括全流域、子流域、岸边带等不同空间尺度的生态系统类型动态变化，并对比分析了 2000 年、2005 年和 2010 年三个时段生态系统类型转换方向；第 3 章介绍了对淮河流域生态系统服务功能的评估结果，主要包括与"水"这个主体紧密相连的三大功能，产水、土壤保持、水质净化；第 4 章简要分析了 1956 年以来流域水资源开发利用状况及其变化，主要包括降水、蒸发、泥沙、水资源量、供水及用水等；第 5 章系统介绍了淮河流域水环境状况及其变化，分析了主要支流和重点水功能区的水环境特征及演变规律，化学需氧量、氨氮、总磷、高锰酸盐指数等重要水质指标的时空分布，以及重要点源污染物的排放动态、治理及其与水质改善的关系；第 6 章系统介绍了人类活动养分输入对河流氮磷污染物通量影响的分析结果，估算了淮河流域近年来人类活动净氮、净磷输入量及空间分布，建立了人类活动养分输入对河流氮磷污染物通量影响的定量关系，并对未来情境下河流氨氮通量变化进行了预测；第 7 章对本书的主要结论进行了总结。

在介绍淮河流域背景、水资源评估和水环境评估等方面，本书引用了大量的前人研究成果。其中，淮河流域自然地理状况、社会经济概况、农业生产概况、水资源及其开发利用状况主要参考水利部淮河水利委员会编的《淮河流域及山东半岛水资源及其开发利用调查评价简要报告》和《淮河片水资源公报》，以及中国环境科学出版社出版的《淮河流域"十一五"水污染防治规划研究报告》；水环境评估主要参考了安徽、江苏、河南、山东及淮河流域的水功能区划，水利部淮河水利委员会编的《淮河流域省界水体及主要河流水资源质量状况通报》，以及治淮论坛诸多论文专著等。这些成果涉及的研究人员较多，难以逐一列举，敬请谅解，特此向以上所有成果的完成单位和个人表示衷心感谢。

感谢中国科学院生态环境研究中心欧阳志云和郑华研究员对本研究工作提供的指导意见和资料收集等方面的支持，赵洪涛副研究员、江燕副研究员、苏静君助理研究员、博士后秦耀明，博士研究生杜新忠、王晓学、郝韶楠、曾庆慧、秦丽欢、申校、罗茜、程鹏等为本书涉及的资料收集、稿件修改校对等付出的辛勤劳动；感谢北京农学院王志英、孙荣凯、陈志慧等研究生在淮河流域统计调查数据收集工作上提供的帮助；感谢中国水利学会李贵宝教授级高工对书稿提出的宝贵意见；感谢水利部淮河水利委员会水文局钱名开局长和水资源保护局程绪水副局长对本研究工作的支持；感谢北京林业大学韩玉国副教授在人类活动氮磷输入评估等工作中提供的帮助。

在研究工作中，还得到了环境保护部、中国环境科学研究院、水利部淮河水利委员会、淮河流域水资源保护局、淮河水利委员会水文局、北京林业大学、中国科学院生态环境研究中心、北京农学院等单位领导、专家和工作人员的大力支持和指导。借本书出版之际，特向支持和帮助过该项研究工作的所有领导、专家和有关人员一并表示衷心的感谢。感谢科学出版社编辑为本书出版付出的辛勤劳动。

由于淮河流域生态环境问题十分复杂，涉及范围广，工作任务重，加之时间仓促，特别是水平有限，虽几经易稿，书中的疏漏和缺点在所难免，欢迎广大读者不吝指正。

作　者
2016 年 6 月 8 日

目　　录

第1章　淮河流域概况

1.1　自然地理概况

淮河流域地处我国东部，介于长江和黄河两流域之间。流域人口密度大，居七大流域之首，人口结构差异显著，地区人口分布不均。人口主要集中在经济发达的地区以及水资源的过渡地带；城市化低于全国平均水平，但增幅较大。城乡结合部的生态环境面临着空前的挑战；淮河流域 GDP 增幅迅速，2000 年人均GDP 不足 0.5 万元，2000 年人均 GDP 达到 2.1 万元，经济发展速度超过全国平均速度，发展潜力较大。但产业结构不合理，仍需继续优化。当前剧烈的人类活动，流域生态环境压力加大，污染形势十分严峻。

淮河流域（30°55′~36°36′ N，111°55′~121°25′ E）位于我国东部，介于长江和黄河之间，东西长约为 700km，南北宽约为 400km，总面积约为 $2.7×10^5 km^2$。由于淮河流域近现代洪水频发，加上黄河长期夺淮入海，将淮河流域以"废黄河"为界分为 2 个独立的水系，即淮河水系（$1.9×10^5 km^2$）和沂-沭-泗水系（$8×10^4 km^2$）。淮河水系发源于河南省南部桐柏山主峰太白顶，东流在三江营南流入长江，北流入海；沂-沭-泗水系北起沂蒙山，东流入海。淮河流域范围涵盖河南、安徽、山东、江苏、湖北 5 省 40 个地级市，207 个县（市、区）。

1.1.1　地形地貌

淮河流域西部、西南部及东北部为山区、丘陵区，其余为广阔的平原（图 1-1）。山丘区面积约占总面积的 1/3，平原面积约占总面积的 2/3。流域西部的伏牛山、桐柏山区，一般高程为 200~500m，沙颍河上游石人山为全流域最高峰，海拔为 2153m；南部的大别山高程为 300~1774m；东北部的沂蒙山高程为 200~1155m。丘陵区主要分布在山区的延伸部分，西部高程一般为 100~200m，南部高程为 50~100m，东北部高程一般为 100m 左右。淮河干流以北为广大冲、洪积平原，地面自西北向东南倾斜，高程一般为 15~50m；淮河下游苏北平原高程为 2~10m；南四湖湖西为黄泛平原，高程为 30~50m。流域内除山区、丘陵和平原外，还有为数众多、星罗棋布的湖泊、洼地（鄂文玲，2006）。

1.1.2　气候特征

淮河流域地处我国南北气候过渡带，淮河以北属暖温带区，以南属北亚热带区，气候

图 1-1　淮河流域地形示意图

温和，年平均气温为 11~16℃。气温变化由北向南，由沿海向内陆递增。极端最高气温达 44.5℃，极端最低气温达 -24.1℃。蒸发量南小北大，年平均水面蒸发量为 900~1500mm，无霜期为 200~240 天。自古以来，淮河就是中国南北方的自然分界线。

淮河流域多年平均降水量约为 920mm，其分布状况大致是由南向北递减，山区大于平原，沿海大于内陆。流域内有 3 个降水量高值区：一是伏牛山区，年平均降水量为 1000mm 以上；二是大别山区，年平均降水量超过 1400mm；三是下游近海区，年平均降水量大于 1000mm。流域北部降水量最少，低于 700mm。流域降水量年际变化较大，最大年降水量为最小年降水量的 3~4 倍，降水量的年内分配也极不均匀，汛期（6~9 月）降水量占年降水量的 50%~80%。

流域暴雨洪水集中在汛期（6~9 月），6 月主要发生在淮南山区，7 月全流域均可发生，8 月则较多地出现在西部伏牛山区、东北部沂蒙山区，同时受台风影响东部沿海地区常出现台风暴雨。9 月流域内暴雨减少。一般 6 月中旬至 7 月上旬淮河南部进入梅雨季节，梅雨期一般为 15~20 天，长时可达一个半月。据历史文献统计，公元前 252 年~公元 1948 年的 2200 年中，淮河流域每 100 年平均发生水灾 27 次。12 世纪、13 世纪，每 100 年平均发生水灾 35 次，14 世纪、15 世纪每 100 年平均发生水灾 74 次，16 世纪至新中国成立初期的 450 年中，每 100 年平均发生水灾 94 次，水灾日趋频繁。从 1400~1900 年的 500 年中，流域内发生较大旱灾 280 次。洪涝旱灾的频次已超过三年两淹，两年一旱，灾害年占整个统计年的 90% 以上，其中很多年洪涝旱灾并存，往往一年内涝了又旱，有时则先旱后涝。年际之间连涝连旱等情况也经常出现。

1.1.3　水文水资源

淮河流域多年平均径流深为 230mm，其中淮河水系为 237mm，沂-沭-泗水系为 215mm，多年平均年径流深分布状况与多年平均年降水量相似。

流域年平均地表水资源为 621 亿 m³，浅层地下水资源为 374 亿 m³，扣除两者相互补给的重复部分，水资源总量为 854 亿 m³，人均占有量为 450m³。干旱之年还可北引黄河，南引长江之水进行补源。流域内河渠纵横，库塘众多，湖泊洼地星罗棋布，水域广阔，鱼类资源丰富，有 133 万 hm² 水面，100 多种鱼类，是中国重要的淡水渔区。

目前，流域各项水源工程的年供水能力约为 450 亿 m³，在保证率为 50% 的平水年份缺水 11 亿 m³，保证率为 75% 的中等干旱年份缺水 41 亿 m³，保证率为 95% 的特枯年份缺水 116 亿 m³。流域地表水量分布总体趋势是南部大、北部小，同纬度地区山区大、平原小，平原地区则是沿海大、内陆小。

流域全流域水能蕴藏量为 151 万 kW，可开发的装机容量约为 90 万 kW，目前已开发近 30 万 kW。主要分布在上游各支流，由于集水面积有限，径流小，电站装机容量大部分在 1 万 kW 以下。

1.1.4 水系与流域分区

淮河流域以"废黄河"为界，分淮河及沂-沭-泗河两大水系，流域面积分别为 19 万 km² 和 8 万 km²，有大运河及淮沭新河贯通其间。

淮河干流发源于河南省桐柏山，东流经豫、皖、苏三省，在三江营入长江，全长 1000km。其中洪河口以上为上游，长为 360km，地面落差为 178m，流域面积为 3.06 万 km²；洪河口以下至洪泽湖出口中渡为中游，长为 490km，地面落差为 16m，中渡以上流域面积为 15.8 万 km²；中渡以下至三江营为下游入江水道，长为 150km，地面落差约为 7m，三江营以上流域面积为 16.46 万 km²。

淮河干流自西向东，经河南省南部、安徽省中部，在江苏省中部注入洪泽湖，经洪泽湖调蓄后，主流经入江水道至扬州三江营注入长江。淮河支流众多，流域面积大于 1 万 km² 的一级支流有 4 条，大于 2000km² 的一级支流有 16 条，大于 1000km² 的一级支流有 21 条。右岸较大支流有史灌河、淠河、东淝河、池河等；左岸较大支流有洪汝河、沙颍河、西淝河、涡河、浍河、漴潼河、新汴河、奎濉河等。淮河流域主要支流特征见表 1-1。此外，淮河流域干流及支流共修建了 5700 多座水库和 5000 多座水闸（Xia et al., 2011），使得大量的水资源被拦截。淮河流域主要支流及主要闸坝的空间概化图如图 1-2 所示。

表 1-1 淮河流域部分主要河流特征统计表

河流名称	集水面积/km²	起点	终点	长度/km	平均坡降/‰
淮河	190 032	河南省桐柏县太白顶	三江营	1 000	0.2
洪汝河	12 380	河南省舞阳市龙头山	淮河	325	0.9
史灌河	6 889	安徽省金寨县大别山	淮河	220	2.11
淠河	6 000	安徽省霍山县天堂寨	淮河	248	1.46
沙颍河	36 728	河南省登封市少石山	淮河	557	0.13
涡河	15 905	河南省开封市郭厂	淮河	423	0.10
沂河	11 820	山东省沂源县鲁山	骆马湖	333	0.57
沭河	4 529	山东省沂水县沂山	大官庄	196	0.40

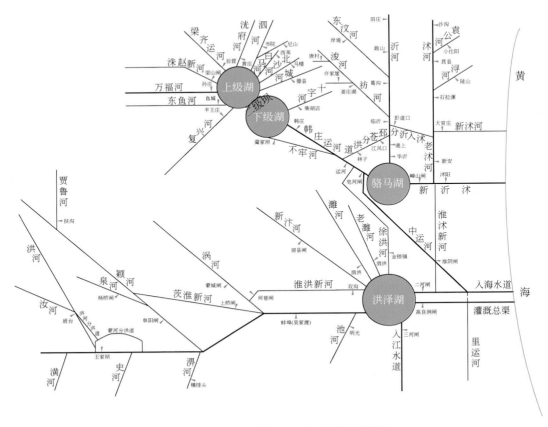

图 1-2　淮河流域主要河流及闸坝概化图

　　流域水系中有许多湖泊，其水面总面积约为 7000km²，总蓄水能力为 280 亿 m³，其中兴利蓄水量 60 亿 m³；较大的湖泊有缄西湖、城东湖、瓦埠湖、洪泽湖、高邮湖、宝应湖等。流域内主要湖泊特征值见表 1-2。

表 1-2　淮河流域主要湖泊特征统计表

湖泊名称	行政区	东经/(°)	北纬/(°)	正常蓄水位/m	面积/km²	库容/万 m³
城西湖	安徽	117.49	33.58	21	314	56 000
城东湖	安徽	117.49	32.58	20	140	28 000
瓦埠湖	安徽	117.56	33.16	18	156	22 000
洪泽湖	江苏	118.31	33.23	13	2 069	410 000
高邮湖	江苏	119.15	32.53	5.7	580	74 300
昭伯湖	江苏	119.26	32.35	4.5	61.8	5 400
南四湖上级湖	山东	116.56	34.53	34.2	609	79 600
南四湖下级湖	山东	116.56	34.53	32.5	671	80 000
骆马湖	江苏	118.11	34.07	23	375	90 100

洪泽湖是流域内面积最大的湖泊（图 1-2），它承转淮河上中游约 16 万 km^2 的来水，在 12.5m 水位时，水面面积为 2069 km^2，是我国四大淡水湖之一。洪泽湖目前是一个集调节淮河洪水，供给农田灌溉、航运、工业和生活用水于一体，并结合发电、水产养殖等综合利用的湖泊。其设计洪水位为 16.0m，校核洪水位为 17.0m，校核洪水位时相应容量为 135 亿 m^3。

依据淮河流域的自然地理条件、水文站位置以及汇水情况，淮河流域共分为 4 个二级子流域（水资源区），即淮河上游、淮河中游、淮河下游及沂-沭-泗河；4 个二级子流域又依次划分为 18 个三级子流域，分别为横排头以上、蒋家集以上、息县以上、息班-王区间、润阜横-正阳关区间、王蒋-润区间、班台以上、正蒙-蚌区间、周-阜区间、洪泽湖、蚌-洪泽湖区间、周口以上、蒙城以上、南临-骆区间、骆马湖-大官庄以下、南四湖地区、大官庄以上、临沂以上。具体的子流域划分和空间分布情况如图 1-3 所示。本书中所有子流域划分和名称均依照本图标准。

图 1-3　淮河流域子流域划分

1.1.5　自然资源

淮河流域内有 0.12 亿 hm^2 耕地，沿海还有近 67 万 hm^2 可开垦的滩涂。流域内日照时间长，光热资源充足，气候温和，发展农业条件优越，是国家重要的商品粮棉油基地。流域内有 9 万 km^2 的山丘区，资源丰富，雨量充沛，宜农宜牧，宜林宜果，还蕴藏有一定的水力资源，是发展多种经营的好地方。砂石竹木等建筑材料储量大、品种多，也是其重要经济优势之一。

流域矿产资源丰富，以煤炭资源最多，初步探明的煤炭储量有 700 多亿 t，主要集中在安徽的淮南、淮北和豫西、鲁西南、苏西北等矿区，且煤种全、煤质好、埋藏浅、分布集中，易于大规模开采。目前煤炭产量约占全国的 1/8，一批新的大型矿井正在兴建。流域内火力发电比较发达，大型坑口电站正在兴建。这些煤电产区，不仅为本流域的工农业生产和城乡人民生活提供了大量的能源，而且是长江三角洲和华中等经济区的重要能源基地。苏北沿海历来是我国重要产盐区，流域内苏北、淮南、豫西等又先后发现多处大型盐矿，可供大量开采。

1.2 社会经济

淮河流域人口基数大，增长快，2010 年人口是 2000 年人口的 1.1 倍，人口总数占全国总人口的 13%；人口结构差异显著，地区人口分布不均。流域国内生产总值平均为 20 205 亿元，人均 1.15 万元，整体上流域的社会经济水平仍低于全国平均水平，属于经济欠发达地区。流域人口密度大，经济基础差，工业化和城市化水平都较低，致使淮河流域经济总量较小，人均 GDP 较低。但近十年流域内各省都采取了相应的措施，充分利用流域的交通、资源和区位优势，经济发展速度超过全国平均发展速度，经济发展潜力较大。

1.2.1 行政区划

淮河流域范围包括河南、安徽、山东、江苏、湖北五省共计 40 个地级市，207 个县（市、区）。具体行政区划范围见表 1-3，各行政区的分布详情如图 1-4 所示。

表 1-3 淮河流域行政区划

地级市	城市总面积 /km²	流域内面积 /km²	县（市、区）名称
江苏省 10 个地级市共 42 个县市			
南京市	6 587.61	121.12	南京市市辖区
徐州市	11 226.07	11 226.07	徐州市市辖区、丰县、沛县、铜山县、睢宁县、新沂市、邳州市
南通市	8 516.59	2 427.39	海安县、如东县、如皋市
连云港市	7 397.76	7 392.05	连云港市市辖区、赣榆县、东海县、灌云县、灌南县
淮安市	9 986.75	9 986.34	淮安市市辖区、涟水县、洪泽县、盱眙县、金湖县
盐城市	14 909.41	14 893.44	盐城市市辖区、响水县、滨海县、阜宁县、射阳县、建湖县、东台市、大丰市
镇江市	3 825.6	35.92	镇江市市辖区
扬州市	6 617.52	5 547.82	扬州市市辖区、宝应县、仪征市、高邮市、江都市
泰州市	5 789.80	3 180.97	泰州市市辖区、兴化市、姜堰市
宿迁市	8 578.89	8 578.89	宿迁市市辖区、沭阳县、泗阳县、泗洪县

续表

地级市	城市总面积 /km²	流域内面积 /km²	县（市、区）名称
安徽省 10 个地级市共 40 个县市			
合肥市	7 490.61	2 942.08	长丰县、肥东县、肥西县
蚌埠市	5 908.89	5 908.89	蚌埠市市辖区、怀远县、五河县、固镇县
淮南市	2 124.75	2 124.75	淮南市市辖区、凤台县
淮北市	2 741.66	2 741.66	淮北市市辖区、濉溪县
安庆市	15 401.54	541.90	岳西县
滁州市	13 513.13	9 016.01	滁州市市辖区、来安县、定远县、凤阳县、天长市、明光市
阜阳市	10 122.84	10 122.84	颍州区、阜阳市市辖区、临泉县、太和县、阜南县、颍上县、界首市
宿州市	9 989.86	9 989.86	宿州市市辖区、砀山县、萧县、灵璧县、泗县
六安市	18 398.71	15 348.71	六安市市辖区、寿县、霍邱县、舒城县、金寨县、霍山县
亳州市	8 562.90	8 562.90	亳州市市辖区、涡阳县、蒙城县、利辛县
山东省 7 个地级市共 47 个县市			
淄博市	6 058.94	1 457.22	博山区、沂源县
枣庄市	4 565.05	4 565.05	市中区、薛城区、峄城区、台儿庄区、山亭区、滕州市
济宁市	11 134.95	11 042.32	市中区、微山县、鱼台县、金乡县、嘉祥县、汶上县、泗水县、梁山县、曲阜市、兖州市、邹城市
泰安市	7 675.99	1 098.88	宁阳县、东平县、新泰市
日照市	5 237.15	3 741.87	东港区、岚山区、五莲县、莒县
临沂市	17146.44	16807.07	兰山区、罗庄区、河东区、沂南县、郯城县、沂水县、苍山县、费县、平邑县、莒南县、蒙阴县、临沭县
菏泽市	12181.20	11587.82	牡丹区、曹县、单县、成武县、巨野县、郓城县、鄄城县、定陶县、东明县
河南省 11 个地级市共 75 个县市			
郑州市	7 513.51	5 447.36	郑州市市辖区、中牟县、巩义市、荥阳市、新密市、新郑市、登封市
开封市	6 256.20	5 880.30	开封市市辖区、杞县、通许县、尉氏县、开封县、兰考县
洛阳市	15 130.61	2 058.03	栾川县、嵩县、汝阳县、伊川县、偃师市
平顶山市	7 932.80	7 926.73	平顶山市市辖区、宝丰县、叶县、鲁山县、郏县、舞钢市、汝州市
许昌市	4 997.12	4 997.12	许昌市市辖区、许昌县、鄢陵县、襄城县、禹州市、长葛市
漯河市	2 645.66	2 645.66	漯河市市辖区、舞阳县、临颍县
南阳市	26 530.72	2 716.33	南召县、方城县、社旗县、桐柏县
商丘市	10 722.37	10 722.37	商丘市市辖区、民权县、睢县、宁陵县、柘城县、虞城县、夏邑县、永城市

续表

地级市	城市总面积 /km²	流域内面积 /km²	县（市、区）名称
河南省 11 个地级市共 75 个县市			
信阳市	18 904.33	18 530.06	信阳市市辖区、罗山县、光山县、新县、商城县、固始县、潢川县、淮滨县、息县
周口市	12 014.98	12 014.98	周口市市辖区、扶沟县、西华县、商水县、沈丘县、郸城县、淮阳县、太康县、鹿邑县、项城市
驻马店市	15 071.40	13 447.73	驻马店市市辖区、西平县、上蔡县、平舆县、正阳县、确山县、泌阳县、汝南县、遂平县、新蔡县
湖北省 2 个地级市共 3 个县市			
孝感市	8 878.91	475.25	大悟县
随州市	9 602.37	924.05	曾都区、广水市

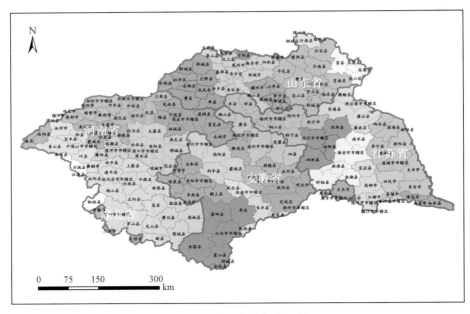

图 1-4　淮河流域行政区划

1.2.2　流域人口

1.2.2.1　人口数量

2000～2010 年，流域内人口整体上处于上升趋势，2000 年人口仅为 1.67 亿人，其中城镇人口为 0.33 亿人，但到 2010 年总人口数量达到 1.86 亿人，其中城镇人口 0.56 亿人，人口表现出快速增长的趋势。淮河流域总体人口变化情况如图 1-5 所示。

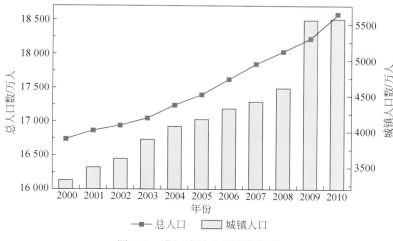

图 1-5 淮河流域人口变化情况

1.2.2.2 区域分布

（1）行政单元角度

人口按行政省进行划分，2000~2010 年，流域年平均人口为 1.75 亿人，其中有 34%分布在河南省，24%分布在江苏省，23%分布在安徽省，19%分布在山东省。流域内各省逐年农村人口和城镇人口的分布情况，见表 1-4。

表 1-4 淮河流域各省人口 （单位：万人）

年份	江苏省		安徽省		山东省		河南省		湖北省	
	总人口	城镇	总人口	城镇	总人口	城镇	总人口	城镇	总人口	城镇
2000	4050	1036	3751	666	3303	704	5581	910	51	9
2001	4070	1109	3785	682	3323	730	5634	972	52	9
2002	4084	1156	3786	690	3339	756	5682	1008	52	10
2003	4099	1295	3815	705	3356	842	5729	1037	52	10
2004	4118	1401	3902	719	3372	875	5799	1074	52	10
2005	4138	1497	3942	739	3388	814	5874	1114	51	10
2006	4173	1545	4001	770	3422	832	5980	1164	52	10
2007	4188	1560	4062	790	3451	843	6097	1219	52	10
2008	4208	1647	4114	809	3478	897	6185	1250	53	13
2009	4226	1657	4157	822	3511	909	6274	2153	53	13
2010	4263	1668	4185	830	3578	1061	6511	1985	53	13

此外，对淮河流域内农业人口和城镇人口分布分别进行了统计，如图1-6所示。从图中可发现对于农业人口而言，河南省比例最大，达到35.37%，其次是安徽省，为24.25%；而对于城镇而言，江苏省比例最高，达到33.09%，其次是河南省为29.51%。从这个层面也说明了流域人口分布不均，结构差异大。

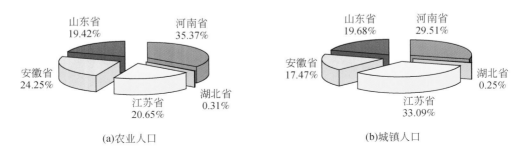

(a)农业人口　　　　　　　　　　　(b)城镇人口

图1-6　淮河流域各省人口分布

从各行政单元，也可看出类似规律，总体上人口总数比较大的地级市出现在河南省和山东省，而江苏省和安徽省的地级市人口相对较小，总体分布情况如图1-7所示。

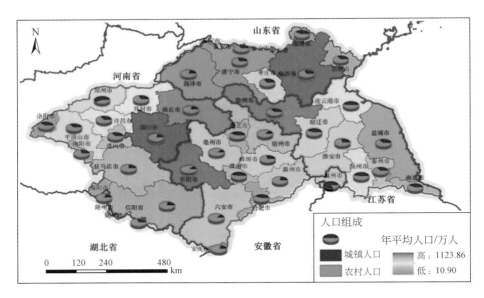

图1-7　2000~2010年淮河流域年平均人口和人口组成

（2）水资源区角度

从流域水资源二级分区来看，2000~2010年，流域总人口中有50%分布在淮河中游，沂-沭-泗河区占31%，淮河下游占11%，其余为淮河上游。流域内各资源区2000~2010年农村人口和城镇人口分布情况见表1-5。

表 1-5　淮河流域各资源区人口　　　　（单位：万人）

年份	淮河上游		淮河中游		淮河下游		沂-沭-泗河	
	总人口	城镇人口	总人口	城镇人口	总人口	城镇人口	总人口	城镇人口
2000	1427	185	8243	1487	1879	499	5187	1154
2001	1437	193	8323	1567	1883	523	5221	1219
2002	1445	199	8366	1611	1886	544	5245	1266
2003	1455	206	8435	1650	1888	606	5274	1427
2004	1469	211	8577	1729	1891	626	5305	1512
2005	1481	218	8681	1795	1894	641	5337	1520
2006	1504	232	8825	1870	1905	658	5394	1562
2007	1527	247	8980	1930	1909	665	5436	1579
2008	1543	260	9104	1972	1912	731	5479	1653
2009	1482	391	9216	2656	1913	732	5529	1694
2010	1665	473	9466	2588	1919	733	5622	1846

此外，对流域内农业人口和城镇人口分布进行统计，发现对于农业人口和城镇人口，淮河中游比例最大，分别达到 51.8% 和 44.32%，说明中游是淮河流域重要的农业和城镇人口密集区，如图 1-8 所示。

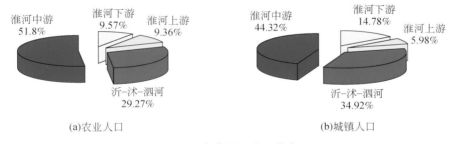

(a) 农业人口　　　　　　　　　　　　(b) 城镇人口

图 1-8　各资源区人口分布

1.2.2.3　人口城市化

采用流域内各地级市 2000～2010 年人口数据进行匡算，流域近 10 年年平均人口为 1.75 亿，约占全国总人口的 13%；其中城镇人口为 0.43 亿人，占全国城镇人口的 7.6%，城镇化率为 24.44%，低于全国平均水平。各年份城镇化率详见图 1-9，从图中可以看出，流域城镇化率不断提高，城镇化进程不断加快，但总体城镇化在全国仍处于较低水平。

（1）行政单元角度

从行政单元看（图 1-10），流域内江苏省城镇化率显著高于其他各省，山东省次之，安徽省最低。

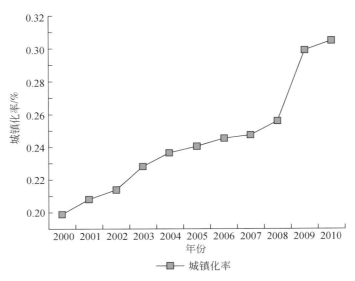

图 1-9　淮河流域不同年份城镇化率的变化

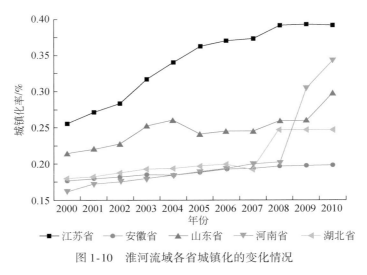

图 1-10　淮河流域各省城镇化的变化情况

　　从地级市城镇化情况看（图 1-11），可以发现江苏省各地级市城镇化率明显高于其他省份地级市，安徽省城镇化率普遍低下。沿海城市城镇化率要明显高于内陆及淮河上游城市。

（2）水资源区角度

　　从流域的二级水资源分区来看（图 1-12），淮河下游的城市化水平依次排序为：淮河下游>沂-沭-泗河>淮河中游>淮河上游。虽然淮河上游城市化水平最低，但上涨势头很猛，尤其是 2008 年以后，城镇化水平几乎成倍增长。由于其地处淮河流域上游，是重要的水资源保护区，其城市化进程加快所带来的环境问题需要予以重点关注。

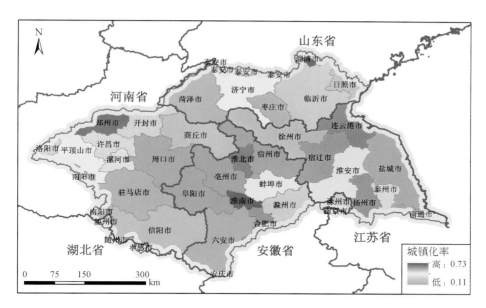

图 1-11　2000~2010 年淮河流域平均城镇化水平的分布

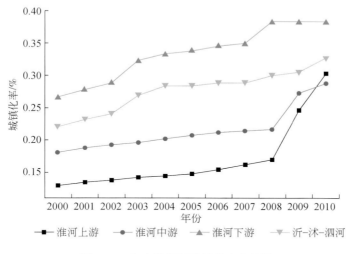

图 1-12　各水资源区城镇化变化情况

　　淮河流域城镇化增幅较为明显，2000~2005 年城镇化高速发展的地区集中在山东沿海地区（图 1-13），2005~2010 年主要集中在河南省（图 1-14）。结果说明沿海城市城市化进程放缓，而内陆城市城市化进程进一步加快。快速的城镇化带来的环境和社会问题，需要迫切关注。

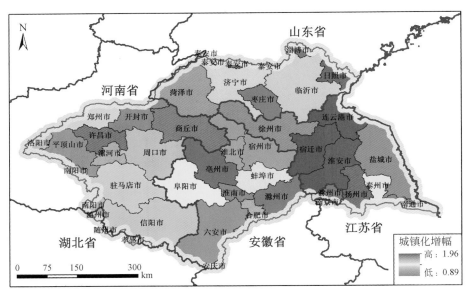

图 1-13　2000～2005 年淮河流域城镇化率增幅

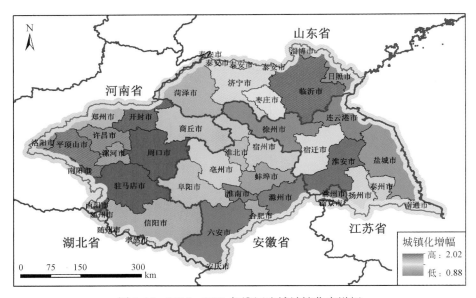

图 1-14　2005～2010 年淮河流域城镇化率增幅

1.2.2.4　人口密度

2000～2010 年，流域平均人口密度为 0.065 万人/km²，全国为 0.0137 万人/km²，淮河流域的人口密度是全国的 4.7 倍，位居全国各大流域之首。过去 11 年间，人口密度有进一步上升趋势。各年份流域人口密度状况详见图 1-15。

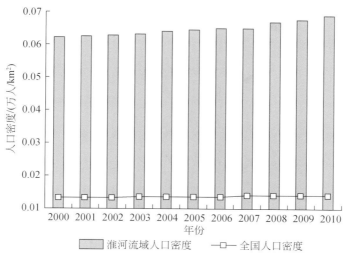

图 1-15 各年份人口密度变化情况

（1）行政单元角度

从流域内省份来看，2000～2010 年，各省的人口密度的总体趋势是递增的，其中河南省人口密度最大，山东省次之，湖北省最小（图 1-16）。

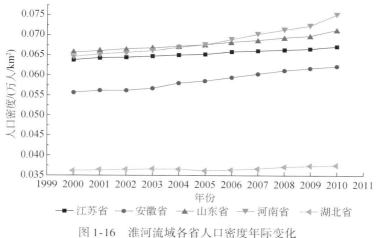

图 1-16 淮河流域各省人口密度年际变化

此外，从各地级市的人口密度空间分布图来看，可发现河南和山东各地市人口密度较大，人口主要集中在流域北部地区，而南部地区人口密度相对较小（图 1-17）。

（2）水资源区角度

从流域水资源二级分区来看，各水资源区的人口密度也是递增的，2005 年之前，沂–沭–泗河的人口密度高于淮河中游，但 2006 年之后，淮河中游的人口密度最大，说明中游的人口增长较为迅速。而下游 10 年间的人口密度变化较为平稳，变化不大；淮河上游水资源区平稳增长（图 1-18）。

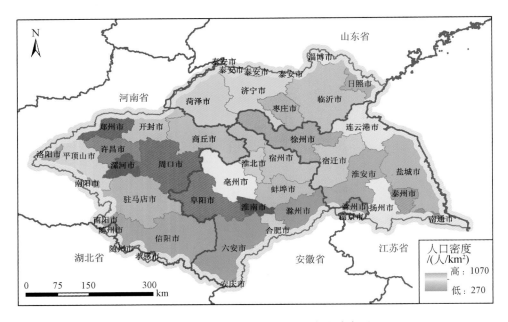

图 1-17   2000～2010 年平均人口密度分布图

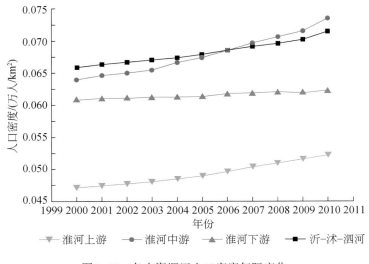

图 1-18   各水资源区人口密度年际变化

1.2.3   经济状况

淮河流域人口密度大，经济基础差，工业化和城市化水平都较低，致使淮河流域经济总量较小，人均 GDP 较低。但近十年流域各省都采取了相应的措施，充分利用流域的交通、资源和区位优势，经济发展速度超过全国平均发展速度，经济发展潜力较大。在经济发展中，流域内产业结构不合理，仍需要不断地调整产业结构，合理安排第一、第二、第三产业比重，促进社会、经济与生态环境的协调统一。

1.2.3.1 GDP 变化

2000～2010 年淮河流域国内生产总值（GDP）为 20 205 亿元，人均 GDP 为 1.15 万元，整体上，淮河流域的经济社会水平仍低于全国平均，属于经济欠发达地区。

流域 GDP 和人均 GDP 的年际变化，如图 1-19 所示。

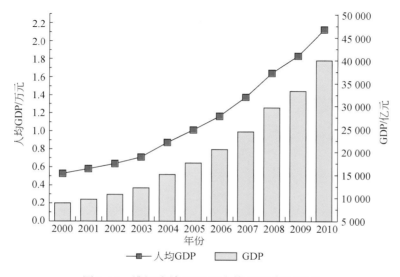

图 1-19 淮河流域 GDP 和人均 GDP 年际变化

从图 1-19 可见，整体上流域 GDP 增长较快，几乎呈现出指数增长趋势。2000 年 GDP 仅为 8864 亿元，到 2010 年 GDP 达到 39 915 亿元，翻了几番。人均 GDP 也是如此，2000 年人均 GDP 仅为 0.53 万元，到 2010 年人均 GDP 达到 2.14 万元。

（1）行政单元角度

GDP 按照流域内省份进行划分，见表 1-6。2000～2010 年，江苏省人均 GDP 为 1.52 万元，GDP 总量为 6294.1 亿元，占流域总 GDP 的 31.15%；安徽省人均 GDP 为 0.73 万元，GDP 总量为 2883.53 亿元，占流域总 GDP 的 14.27%；山东省人均 GDP 为 1.40 万元，GDP 总量为 4769.00 亿元，占流域总 GDP 为 23.60%；河南省人均 GDP 为 1.05 万元，GDP 总量为 6213.45 亿元，占流域总 GDP 的 30.75%；湖北省人均 GDP 为 0.87 万元，GDP 总量为 45.39 亿元，占流域总 GDP 的 0.22%。

表 1-6　淮河流域内各省 GDP 年际变化情况　　　　　　（单位：亿元）

年份	省份					水资源区			
	江苏省	安徽省	山东省	河南省	湖北省	淮河上游	淮河中游	淮河下游	沂-沭-泗河
2000	2 823.05	1 372.87	1 925.38	2 717.61	25.61	518.17	3 771.26	1 496.63	3 078.45
2001	3 109.73	1 451.46	2 147.29	2 986.49	27.88	549.93	4 112.64	1638.99	3 421.29
2002	3 459.48	1 573.29	2 425.22	3 306.34	30.57	616.13	4 518.62	1 823.42	3 836.72
2003	3 870.12	1 707.82	2 903.04	3 622.36	33.49	667.25	4 961.37	2 063.21	4 444.99
2004	4 652.82	2 108.20	3 613.63	4 604.67	38.66	842.80	6 222.83	2 475.60	5 476.75
2005	5 299.39	2 516.74	4 277.07	5 436.00	37.86	963.00	7 380.26	2 871.56	6 352.24
2006	6 260.84	2 909.62	4 997.17	6 400.54	42.64	1 109.47	8 665.93	3 403.18	7 432.23
2007	7 398.65	3 433.31	6 020.47	7 640.81	50.53	1 305.65	10 320.09	4 034.14	8 883.88
2008	8 801.51	4 216.84	7 224.78	9 424.26	61.59	1 606.51	12 693.97	4 766.10	10 662.40
2009	10 562.31	4 717.47	7 805.90	10 202.84	68.92	1 746.44	14 009.86	5 638.83	11 962.29
2010	12 997.16	5 711.26	9 119.10	12 006.04	81.51	2 052.55	16 736.91	6 853.61	14 280.93
平均	6 294.10	2 883.53	4 769.00	6 213.45	45.39	1 413.38	7 829.39	2 920.95	6 103.13

　　从地级市来看，2000 年 GDP 从最低的 8.8 亿元到最高的 644.5 亿元（图 1-20），到 2010 年 GDP 最低为 34.8 亿元，最高达到 2942.1 亿元（图 1-21）。10 年间，GDP 翻了几番，经济水平不断提高。总体上沿海经济水平明显高于内地，呈现出由东向西递减，由南向北递增的格局。

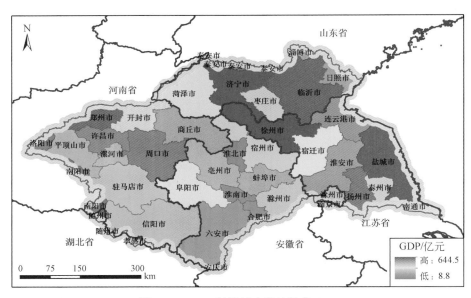

图 1-20　2000 年流域内各地级市 GDP

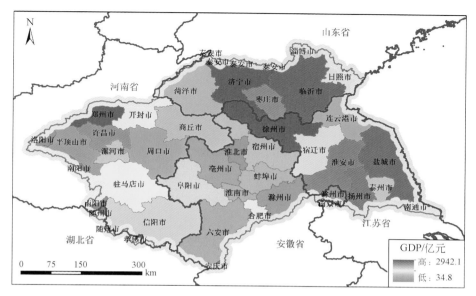

图 1-21　2010 年流域内各地级市 GDP

（2）水资源区角度

GDP 按照淮河流域水资源二级分区划分。2000～2010 年，淮河上游资源区人均 GDP 为 0.95 万元，GDP 总量为 1088.9 亿元，占流域总 GDP 的 5.4%；淮河中游资源区人均 GDP 为 0.90 万元，GDP 总量为 8490.34 亿元，占流域总 GDP 的 42%；淮河下游资源区人均 GDP 为 1.54 万元，GDP 总量为 3369.57 亿元，占流域总 GDP 的 16.68%；沂–沭–泗河资源区人均 GDP 为 1.14 万元，GDP 总量为 7257.47 亿元，占流域总 GDP 的 35.92%。

1.2.3.2　经济产业结构

第一产业是指农业、林业、畜牧业、渔业和农林牧渔服务业。第二产业是指采矿业，制造业，电力、煤气及水的生产和供应业，建筑业。第三产业是指除第一、第二产业以外的其他行业。

总体上，淮河流域主要产业为第二产业和第三产业（图 1-22），第一产业产值相对较小。本书通过对流域内 2000～2010 年社会经济数据的统计发现，淮河流域 GDP 主要由第二产业贡献，第二产业产值约为 10 040.7 亿元，占总 GDP 的 49.69%；第一产业产值为 3399.67 亿元，占总 GDP 的 16.83%；第三产业产值为 6765 亿元，占总 GDP 的 33.48%。

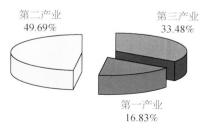

图 1-22　淮河流域产业结构

（1）行政单元角度

从流域内各省 2000～2010 年年平均 GDP 来看，江苏省最高，达到 6294 亿元，占总

GDP 的 31.15%；河南省 GDP 次之，为 6213 亿元，占总 GDP 的 30.75%；山东 GDP 为 4769 亿元，占总 GDP 的 23.60%；安徽省 GDP 为 2883 亿元，占 GDP 的 14.27%；湖北最低，GDP 为 45 亿元，占总 GDP 的 0.22%（图 1-23）。总体上各省都表现出了第二产业产值高，第三产业产值次之，第一产业产值最低的趋势。此外，从表 1-7 中可以看出 2000～2010 年各省的产业结构的组成情况。

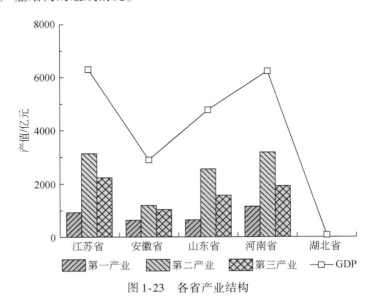

图 1-23　各省产业结构

表 1-7　流域内各省经济产业结构年际变化　　　　　　　　　　　　（单位:%）

年份	江苏省			安徽省			山东省			河南省			湖北省		
	第一产业	第二产业	第三产业	第一产业	第二产业	第三产业	第一产业	第二产业	第三产业	第一产业	第二产业	第三产业	第一产业	第二产业	第三产业
2000	22	44	34	28	37	34	22	44	34	26	44	30	27	41	31
2001	21	44	35	28	37	35	21	45	34	25	45	30	26	42	32
2002	20	45	35	27	38	35	19	46	35	25	45	30	25	43	32
2003	18	48	35	24	40	36	17	49	34	21	48	31	24	44	32
2004	16	49	34	27	40	34	16	53	31	23	48	28	25	44	31
2005	16	50	35	23	39	38	15	55	30	23	49	28	27	40	34
2006	14	51	36	22	39	38	14	55	31	21	50	28	25	40	35
2007	13	51	36	20	41	38	13	56	32	19	52	29	24	42	35
2008	12	52	37	20	43	37	12	56	32	18	53	28	22	43	35
2009	12	51	38	20	46	35	11	56	33	18	53	29	22	44	35
2010	11	50	40	18	49	33	10	55	34	18	54	28	21	45	33

从地级市来看，各产业构成呈现出了明显的规律，沿海地区第三产业比例明显高于内陆地区；西北部地区第二产业明显高于南部地区；而南部地区第一产业比重较高（图1-24）。总体上淮河流域的产业分布存在明显的集中性。

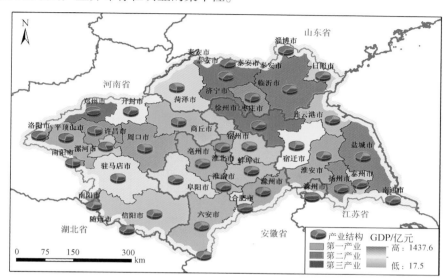

图 1-24　2000～2010 年淮河流域平均 GDP 和平均产业构成分布图

（2）水资源区角度

从流域内各资源区来看，淮河中游 GDP 最高，达到 8940 亿元，占总 GDP 的 42.02%；沂-沭-泗河 GDP 次之，为 7257 亿元，占总 GDP 的 35.92%；淮河下游 GDP 为 3369 亿元，占总 GDP 的 16.68%；淮河上游 GDP 最低，为 1088 亿元，占总 GDP 的 5.39%。各水资源区第二产业产值均最高，占总产值的 50% 左右，第三产业产值次之，占 30%，而第一产业仅占 20%（图1-25）。从表1-8 中还可以看出 2000～2010 年，各资源区的产业结构的组成情况。

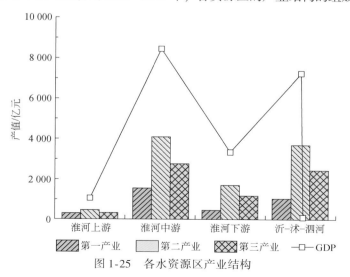

图 1-25　各水资源区产业结构

表 1-8 流域二级资源区经济产业结构组成年际变化

年份	淮河上游			淮河中游			淮河下游			沂–沭–泗河		
	第一产业	第二产业	第三产业	第一产业	第二产业	第三产业	第一产业	第二产业	第三产业	第一产业	第二产业	第三产业
2000	0.33	0.39	0.28	0.26	0.41	0.33	0.22	0.44	0.34	0.23	0.44	0.33
2001	0.29	0.41	0.30	0.25	0.42	0.33	0.21	0.45	0.35	0.22	0.44	0.34
2002	0.31	0.40	0.29	0.24	0.42	0.33	0.20	0.46	0.35	0.20	0.45	0.35
2003	0.26	0.43	0.30	0.20	0.46	0.34	0.17	0.48	0.34	0.18	0.48	0.34
2004	0.31	0.41	0.28	0.22	0.46	0.32	0.16	0.50	0.34	0.17	0.51	0.33
2005	0.30	0.41	0.29	0.20	0.46	0.34	0.15	0.51	0.33	0.16	0.52	0.32
2006	0.28	0.42	0.30	0.19	0.47	0.34	0.14	0.52	0.34	0.15	0.53	0.32
2007	0.26	0.43	0.31	0.17	0.49	0.34	0.12	0.53	0.35	0.14	0.53	0.33
2008	0.25	0.44	0.30	0.16	0.51	0.33	0.11	0.54	0.35	0.13	0.53	0.34
2009	0.24	0.45	0.30	0.16	0.52	0.33	0.12	0.53	0.36	0.13	0.53	0.34
2010	0.25	0.45	0.30	0.15	0.53	0.32	0.11	0.52	0.38	0.12	0.52	0.36

1.3 流域主要的生态环境问题

流域生态环境问题众多，社会经济发展和生态环境保护的矛盾极为突出，水污染、水资源短缺和高强度的人类活动带来的环境胁迫将成为淮河流域当前和未来一段时间内突出的环境问题。

1.3.1 水环境

淮河流域从 20 世纪 70 年代开始逐渐面临难以承受的污染问题。改革开放之后，淮河支流沿岸工业兴起，但粗放的生产方式与掠夺式的资源开采没有顾及对环境造成的严重污染破坏，废渣、废水、废品没有经过处理直接排入河流，大大超过了水体自身净化能力，这一时期淮河流域 82% 的河段污染超标。以淮河支流颍河为例，该河流经河南境内多个城市并最终进入淮河干流，沿岸乡镇企业林立，多个城市的工业、生活污水未经处理直接排入河道，在河水未进入干流之前污染已经非常严重，超过了劣 V 类水质标准，污染物浓度高、毒性大。平时由于淮河流域被一道道闸坝拦蓄着，未有大范围的污染事件，但小范围的污染时有发生。1975 年淮河发生首次污染，1982 年发生第二次污染，但都未引起重视，直至 1994 年 7 月中旬，河南境内多日连降暴雨，境内各河道水量猛增，水库水位超过防洪警戒线。7 月 13 日，周口市境内沈丘县槐店闸为确保其闸坝安全，开闸泄洪，流量达到每天 900 多万 m³，其下游即为安徽境内。7 月 14 日洪水涌向安徽颍上闸，出于防洪考虑该闸管理机构也开闸泄洪。这次下泄的 2 亿 m³ 污水流经五河、盱眙直入洪泽湖，形成了长达 100 多千米的污染团带，污染团带所到之处，人们赖以为生的水源皆变得面目全非，河水由原来的青绿色变为酱紫色，散发的阵阵恶臭令人窒息，流域生态遭到灭顶之灾，河内鱼虾几近绝迹，洪泽湖遭遇有史以来最为严重的污染。

流域下游部分居民饮用了虽经自来水厂处理但未达标的自来水后，产生恶心、腹泻、呕吐等集体症状；经检疫部门取样化验证实病因为上游水源污染物所致，导致沿河自来水厂被迫关闭 54 天，整个污染水域百万民众饮用水告急，继而出现"水比油贵"，居民抢购矿泉水的局面。由于江苏省政府之前采取了一定的紧急措施，启动国内最大的江都翻水站，将长江水翻入洪泽湖，加大洪泽湖湖水量、稀释水中污染物，并及时关闭三河闸，将污水控制在洪泽湖与淮河的干流之间，这才避免了下游受到大面积的污染扩散。最初的媒体报告都用涝灾掩盖污染事故，直到《人民日报》图文并茂地报道了盱眙污染事故，且用"污染大于大灾"的标题旗帜鲜明地公示污染；这是中国第一次公开披露淮河的特大污染事故。2004 年 7 月中旬，还是因为流域局部地区连降暴雨，淮河支流沙颍河、洪河、涡河上游局部普降暴雨，上游 5.4 亿 t 高浓度污水顺流而下，形成长达 130～140km 的污水团，这次的污染由于有了 1994 年的治污经验，污染造成的损害相对有所减小。

1994 年和 2004 年两次跨区域严重的水污染事件推动了淮河流域跨部门治理水污染的进程，自 2004 年至今，淮河流域再未有如历史上的污染事件，流域水质经综合整顿治理有所好转。但小范围的污染事件仍时有发生，如 2008 年河南省民权县发生的砷污染事故、2009 年江苏省邳州分洪道发生的砷污染事故。截至目前淮河流域整体水质仍然较差，劣 V 类水质所占比重仍然较高。

"五十年代淘米洗菜，六十年代洗衣灌溉，七十年代水质变坏，八十年代鱼虾绝代，九十年代身心受害。"一首新的歌谣，唱出了淮河儿女心中的椎心刺痛。截至 2010 年，淮河流域 I 类水质占 0.8%；II 类水质占 12.2%；III 类水质占 25.8%；IV 类水质占 26.7%；V 类水质占 13.8%；劣 V 类水质占 20.7%（图 1-26）。水污染问题仍然较为突出。

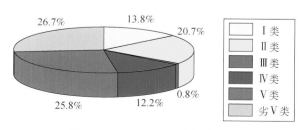

图 1-26　2010 年流域水污染状况

1.3.2　水资源

淮河流域多年平均水资源总量为 799 亿 m³，占全国的 2.8%，而承载的人口和耕地面积分别占全国的 13.1% 和 11.7%，粮食产量占全国的 15.9%。流域水资源面临的压力是全国平均水平的 4～5 倍。由于流域内人口众多、耕地率高，人均、亩均水资源占有量均很低，人均水资源占有量仅为世界人均占有量的 1/15，亩均水资源占有量仅为全国亩均占有量的 1/4，世界亩均占有量的 1/8，属于严重缺水地区。

根据初步分析，淮河流域及山东半岛在一般干旱年份水资源总量为 694 亿 m^3，可供水量约为 420 亿 m^3，社会总需求为 650 亿 m^3 左右，特枯年份水资源总量为 474 亿 m^3 左右，可供水量约为 350 亿 m^3，社会总需求为 720 亿 m^3 左右，考虑现状引江、引黄水量为 150 亿 m^3，淮河流域及山东半岛总缺水量为 80 亿 ~ 220 亿 m^3，再考虑现状挖潜 10 亿 ~ 20 亿 m^3，缺水仍为 60 亿 ~ 200 亿 m^3。随着流域社会经济的不断发展、人口的增长和生态环境发展，社会对水资源的总需求在一定时期还会不断增加，淮河流域水资源缺口还将加大。此外，严重的水体污染进一步加剧了水资源短缺的问题，水资源已成为淮河流域社会经济发展的一个重要制约因素。

1.3.3　人类活动引起的生态问题

淮河流域人口密度大，达到 650 人/km^2，是全国平均水平的 4.7 倍，居全国各大流域之首。随着社会的发展，人口密度有上升的趋势，环境所承载的压力也越来越大，水生态环境面临着更为严峻的考验。1990 ~ 2010 年，淮河流域粮食产量由 6414×10^4 t 增长到 10 121×10^4 t（增幅为 58%），城市化率由 13% 增长到 35%（涨幅为 22%），流域社会经济发展迅速，城市化进程进一步加快，人类活动强度进一步增大，流域生态系统正面临着日益严峻的环境挑战。例如，城市快速扩展进一步挤压自然生态系统，流域生态系统服务功能（产水功能、土壤保持功能和水质净化功能等）势必受到严重的威胁。

此外，人类活动带来一系列生态变化和威胁，如热岛效应、城市内涝、雾霾、水污染等，使得局部污染进一步加重，短时间内生态环境进一步恶劣。人类活动强度的增加也会加剧水资源短缺和水污染问题，进一步加重流域水资源的供需矛盾，使得原本脆弱的生态系统面临着更为严重的挑战。

第2章 生态系统类型、格局及变化

淮河流域城市化水平低于全国平均水平，而进入21世纪的10多年间城市化增速位于全国前列。其快速城市化、人口增长、粮食增产等带来一系列生态系统类型及格局的变化。为满足淮河生态环境保护与管理的需要，以生态系统为对象，考虑植被类型特征，设计土地覆盖分类体系，从而能够反映淮河流域生态系统类型的动态监测，提炼生态系统结构的重要指标，评价生态系统功能与服务。

根据由环境保护部卫星环境应用中心及中国科学院遥感与数字地球研究所提供的2000年、2005年、2010年3期土地覆被图，可以看出淮河流域生态环境遥感调查主要是以30m分辨率遥感数据为主，主要包括2000年和2005年的Landsat TM/ETM数据以及2010年的HJ-1卫星CCD数据。在对遥感数据进行土地覆盖信息提取及其生态参量估算时要对影像的时相、云量、波段、噪声、变形、条带、像元大小等进行检查；然后再对生态系统类型进行遥感解译，遥感土地覆盖分类系统采用7个一级类77个二级类，并结合地面调查/核查工作；最终生成淮河流域2000年、2005年和2010年土地覆被分布图。遥感解译与地面核查的工作由环境保护部卫星环境应用中心及中国科学院遥感与数字地球研究所完成。

本章基于淮河流域2000年、2005年和2010年土地覆被分布图，按照3个尺度（流域、子流域、岸边带）分析生态系统的空间分布，格局分布特征和变化规律，生态系统面积和比例构成及其变化，生态系统类型的变化方向（转换矩阵和转换比例矩阵）、生态系统综合动态度和类型相互转化强度。其中，景观格局指数采用生态系统类型面积比例（P）、类型相互转换强度（LCCI）、生态系统综合变化率（EC）、斑块数（NP）、平均斑块面积（MPS）、边界密度（ED）和聚集度（CONT）（欧阳志云等，1999a，1999b）7个指标计算淮河流域生态系统格局及变化情况。

2.1 流域生态系统格局及变化

2.1.1 流域主要生态系统类型的空间分布

淮河流域2000年、2005年、2010年3期一级土地覆被（含各生态系统）空间分布情况，如图2-1所示。从图可见，流域内中部及东部主要为平原区，该区域内为主要的农业产区，土地覆被（各生态系统）类型主要为耕地。仅西南部桐柏山、西部伏牛山、南部的大别山和北部的沂蒙山的山区和丘陵地带分布着连片的森林和草地，人工表面用地分散且集中分布在流域中下游。2000～2010年人工表面用地在逐渐扩张，主要扩张区域围绕在人口密度逐渐增加的大中型城镇。

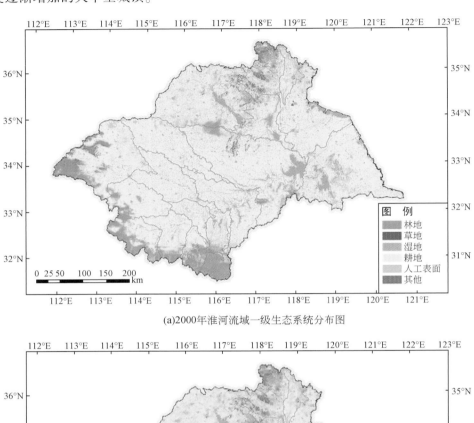

(a)2000年淮河流域一级生态系统分布图

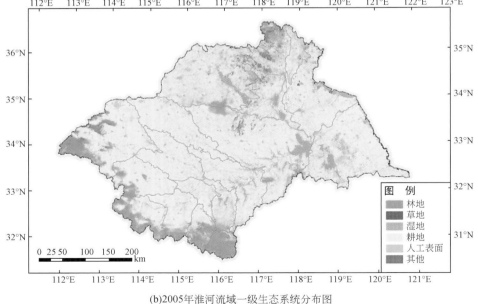

(b)2005年淮河流域一级生态系统分布图

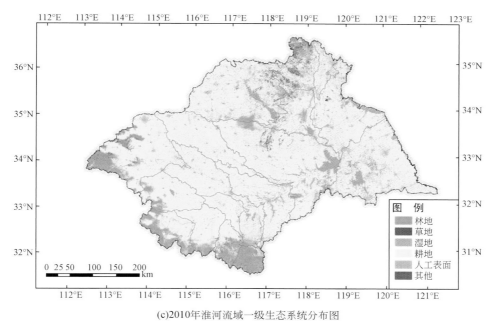

(c)2010年淮河流域一级生态系统分布图

图 2-1　淮河流域一级生态系统分布图（2000 年、2005 年、2010 年）

淮河流域 2000 年、2005 年、2010 年 3 期二级土地覆被（含各生态系统）空间分布情况，如图 2-2 所示。从图可见，耕地中近 2/3 面积为旱地，分布在中部、西部和北部的平原区；耕地中近 1/3 为水田，分布在南部和东部的平原区。分布在伏牛山、桐柏山和大别山的林地，以 2000 年为主的落叶阔叶灌木林转变为 2010 年为主的落叶阔叶林，而北部的沂蒙山地带主要是草丛和落叶阔叶林。

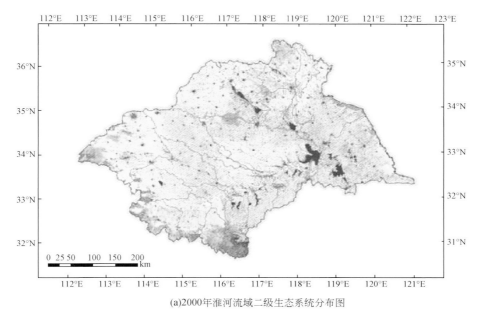

(a)2000年淮河流域二级生态系统分布图

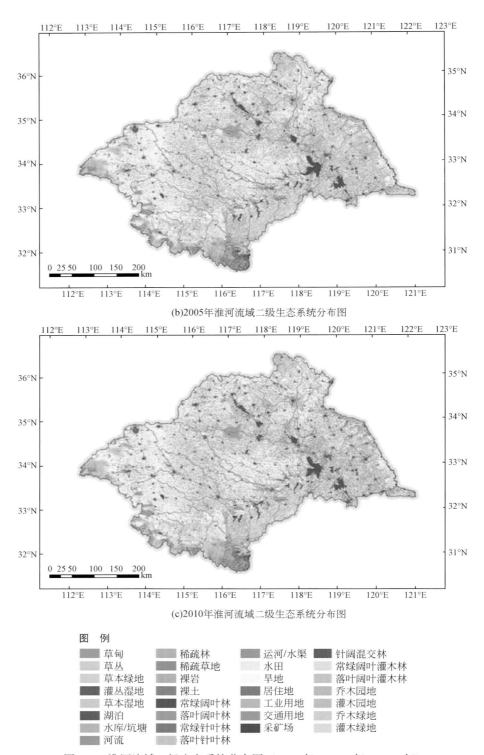

(b)2005年淮河流域二级生态系统分布图

(c)2010年淮河流域二级生态系统分布图

图　例

草甸	稀疏林	运河/水渠	针阔混交林
草丛	稀疏草地	水田	常绿阔叶灌木林
草本绿地	裸岩	旱地	落叶阔叶灌木林
灌丛湿地	裸土	居住地	乔木园地
草本湿地	常绿阔叶林	工业用地	灌木园地
湖泊	落叶阔叶林	交通用地	乔木绿地
水库/坑塘	常绿针叶林	采矿场	灌木绿地
河流	落叶针叶林		

图 2-2　淮河流域二级生态系统分布图（2000 年、2005 年、2010 年）

　　淮河流域是我国人口密度最高的流域，过去几十年来经历了快速的城市化发展阶段，城市规模、基础设施、社会经济等发展迅速。但城市化也必然导致生态系统格局的急剧变化，由此引发的环境问题也日益突出。了解淮河生态系统格局特征对于生态系统管理和区域可持续化发展具有关键意义。然而，目前仍缺乏对该区域生态系统格局长期时段变化的研究，生态系统类型的格局特征仍不明确。

　　为了有效地提供管理和政策建议，本章对整个淮河流域一级生态系统景观格局特征和二级生态系统景观格局特征进行了统计，分别见表 2-1 和表 2-2。从表 2-1 中可以看出，一级生态系统景观格局特征 2000～2010 年，斑块数逐渐减少，平均斑块类型面积逐渐增大，说明景观斑块趋于均一化，生态系统斑块间的连通性越来越好，整体性越来越强；边界密度逐渐增大，说明景观斑块间边界越来越复杂，流域生态系统的景观破碎度增加；而聚集度指数逐渐减少，说明景观斑块间分散化程度增高，流域生态系统内原有的连接性受到一定程度的破坏。

表 2-1　淮河流域一级生态系统景观格局特征及其变化

年份	斑块数 NP	平均斑块面积 MPS/hm²	边界密度 ED/(m/hm²)	聚集度指数 CONT
2000	585 933	45.9	41.8	66.3
2005	551 939	48.7	42.0	66.0
2010	510 648	52.6	42.4	65.0

表 2-2　淮河流域二级生态系统景观格局特征及其变化

年份	斑块数 NP	平均斑块面积 MPS/hm²	边界密度 ED/(m/hm²)	聚集度指数 CONT
2000	785 873	34.2	49.9	71.7
2005	744 732	36.1	49.9	71.9
2010	693 321	38.8	50.0	71.4

　　二级生态系统的斑块数多于一级生态系统，但平均斑块面积又小于一级生态系统，边界密度和聚集度指数，二级生态系统都高于一级生态系统，说明二级生态系统斑块间的连通性降低，景观破碎化程度加剧，景观连接性降低（表 2-2）。

　　进一步分析淮河流域一级生态系统各类型平均斑块面积，见表 2-3。由表可见，2000～2010 年，湿地、林地、草地和人工表面的平均斑块面积逐渐增大，说明这四类生态系统类型的土地趋于集中连片，破碎化程度降低，其中草地 2000～2005 年平均斑块面积没有变化，2005～2010 年才开始增加，说明 2005 年后草地开始大片连片；耕地平均斑块面积逐渐减少，说明其破碎化程度逐渐增加；其他地类 2000～2005 年平均斑块面积逐渐减少，说明该阶段破碎化程度增加，而 2005～2010 年，平均斑块面积又逐渐开始增加，说明其他地类又开始逐渐连片。

表 2-3   淮河流域一级生态系统类斑块平均面积   （单位：hm^2）

年份	林地	草地	湿地	耕地	人工表面	其他
2000	38.7	19.1	17.1	243.7	11.4	13.5
2005	49.7	19.1	17.6	236.6	13.0	12.6
2010	50.3	19.7	18.2	223.8	16.8	14.1

　　淮河流域二级生态系统各类型平均斑块面积，见表 2-4。由表可见，2000～2010 年，落叶阔叶林、乔木园地、灌木园地、灌木绿地、草本绿地、草本湿地、草丛、旱地、河流、水库/坑塘、湖泊、运河/水渠、居住地、交通用地、采矿场、工业用地和裸土的平均斑块面积逐渐增大，说明这些生态系统类型的土地趋于集中连片，破碎化程度降低，而水田 2000～2005 年平均斑块面积增加，2005～2010 年又降低，说明水田破碎化程度在前 5 年降低，而在后 5 年破碎化程度又逐渐增加。各别生态系统类型，如灌木绿地和草丛的平均斑块面积，在前 5 年（2000～2005）先保持不变，而后 5 年（2005～2010）增加，说明 2005 年后灌木绿地和草丛破碎化程度降低；采矿地和裸土地的平均斑块面积，在前 5 年（2000～2005）先减少，而后 5 年（2005～2010）增加，说明 2005 年前，采矿地和裸土地的破碎化程度加剧，而 2005 年后，破碎化程度减弱。

表 2-4   淮河流域二级生态系统类斑块平均面积   （单位：hm^2）

类型	2000 年	2005 年	2010 年
常绿阔叶林	13.4	13.4	13.4
落叶阔叶林	18.7	24.5	24.7
常绿针叶林	22.5	22.8	22.8
落叶针叶林	19.9	19.6	19.6
针阔混交林	27.2	26.7	26.7
常绿阔叶灌木林	16.0	16.0	16.0
落叶阔叶灌木林	30.4	27.7	27.7
乔木园地	46.9	48.4	49.1
灌木园地	10.3	10.7	11.8
乔木绿地	3.6	3.7	3.8
灌木绿地	3.8	3.8	8.0
草甸		89.0	89.0
草丛	19.2	19.2	19.8
草本绿地	5.8	7.4	7.6
灌丛湿地		260.5	
草本湿地	16.8	17.3	25.6
湖泊	516.9	599.4	955.4
水库/坑塘	7.4	7.6	8.0
河流	39.6	46.3	52.5
运河/水渠	14.6	19.0	24.0

续表

类型	2000 年	2005 年	2010 年
水田	79.8	80.4	77.7
旱地	122.1	126.9	128.6
居住地	10.6	11.6	14.5
工业用地	10.8	18.9	33.0
交通用地	8.6	15.0	23.1
采矿场	19.0	16.4	21.2
稀疏林	12.9	13.0	13.0
稀疏草地	29.0	29.0	29.0
裸岩	15.8	15.7	15.8
裸土	12.5	10.7	13.7

2.1.2 流域生态系统的构成特征

2000 ~ 2010 年，各种生态系统类型的土地面积和比例，见表 2-5 和图 2-3 （一级分类），可以明显看出：各生态系统类型中耕地占有最大，为 66% ~ 68.7%，其次是人工表面、林地、湿地和草地，分别占 13.5% ~ 16.5%、9.6% ~ 9.8%、6.0% ~ 6.1% 和 1.7%。

表 2-5 淮河流域一级生态系统构成特征

年份	统计参数	林地	草地	湿地	耕地	人工表面	其他
2000	面积/km²	26 352.2	4 548.7	16 347.3	184 562.7	36 240.8	654.1
	比例/%	9.8	1.7	6.1	68.7	13.5	0.2
2005	面积/km²	25 915.2	4 529.4	16 037.7	182 187.9	39 418.1	617.4
	比例/%	9.6	1.7	6	67.8	14.7	0.2
2010	面积/km²	25 954.1	4 493.2	16 002.6	177 332	44 281.2	642.5
	比例/%	9.6	1.7	6	66	16.5	0.2

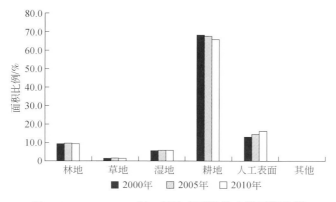

图 2-3 2000 ~ 2010 年一级生态系统的土地面积比例

2000～2010 年耕地面积逐渐减少，湿地和林地面积均呈现先逐渐减少后基本不变的趋势，人工表面显著增加，而草地变化不大。在整个时间变化尺度上，各类生态系统转化的比例和面积需要通过转移矩阵做进一步的分析。

从淮河流域二级生态系统类型的土地面积/比例构成（表 2-6）可以看出，2000 年淮河流域主要的生态系统类型的土地面积排序为旱地>水田>居住地>落叶阔叶林地>水库/坑塘>落叶阔叶灌木林地>草丛>湖泊>河流>常绿针叶林地。从 2000～2010 年的变化比例来看，旱地占地比例从 46.8% 下降到 45.5%，水田占地比例从 21.9% 下降到 20.5%，居住地占地比例从 12.8% 增加到 15.3%；林地中主要是落叶阔叶林，从总用地面积的 4.9% 增加到 5.0%，其次是落叶阔叶灌木林，从总用地面积的 2.3% 下降到 2.1%；水库/坑塘和河流逐渐减少，分别从 2.6% 下降到 2.5%，从 1.2% 下降到 1.1%，而湖泊占地面积比例从 1.6% 增加到 1.7%，常绿针叶林和草丛面积比例保持不变，分别为 1.1% 和 1.7%。

表 2-6 淮河流域二级生态系统类型的土地面积/比例构成特征

类型	2000 年		2005 年		2010 年	
	面积/km²	比例/%	面积/km²	比例/%	面积/km²	比例/%
常绿阔叶林	1 574.9	0.6	1 575.1	0.6	1 576.2	0.6
落叶阔叶林	13 216.5	4.9	13 323.9	5.0	13 368.7	5.0
常绿针叶林	2 914.0	1.1	2 936.5	1.1	2 929.9	1.1
落叶针叶林	207.7	0.1	207.0	0.1	207.5	0.1
针阔混交林	465.5	0.2	456.7	0.2	456.4	0.2
常绿阔叶灌木林	63.7	0.0	63.2	0.0	63.2	0.0
落叶阔叶灌木林	6 236.1	2.3	5 670.3	2.1	5 661.9	2.1
乔木园地	1 594.3	0.6	1 599.6	0.6	1 596.8	0.6
灌木园地	70.9	0.0	72.1	0.0	82.3	0.0
乔木绿地	8.3	0.0	10.7	0.0	10.9	0.0
灌木绿地	0.2	0.0	0.2	0.0	0.3	0.0
草甸	—	—	0.9	0.0	0.0	0.0
草丛	4 541.6	1.7	4 514.0	1.7	4 476.1	1.7
草本绿地	7.1	0.0	14.5	0.0	16.2	0.0
灌丛湿地	—	—	5.2	0.0	—	—
草本湿地	998.8	0.3	843.6	0.3	795.4	0.3
湖泊	4 341.9	1.6	4 429.3	1.6	4 471.3	1.7
水库/坑塘	6 938.4	2.6	6 698.9	2.5	6 773.9	2.5
河流	3 092.1	1.2	3 105.6	1.2	3 029.7	1.1
运河/水渠	976.2	0.4	955.1	0.3	932.3	0.3

类型	2000 年		2005 年		2010 年	
	面积/km²	比例/%	面积/km²	比例/%	面积/km²	比例/%
水田	58 876. 4	21. 9	57 923. 3	21. 6	55 109. 5	20. 5
旱地	125 686. 3	46. 8	124 264. 6	46. 2	122 222. 5	45. 5
居住地	34 420. 6	12. 8	36 925. 3	13. 7	41 246. 1	15. 3
工业用地	681. 1	0. 3	987. 8	0. 4	1 317. 9	0. 5
交通用地	977. 8	0. 3	1 304. 4	0. 5	1 509. 8	0. 6
采矿场	161. 3	0. 1	200. 6	0. 1	207. 4	0. 1
稀疏林	236. 7	0. 1	237. 7	0. 1	236. 9	0. 1
稀疏草地	37. 9	0. 0	38. 0	0. 0	38. 0	0. 0
裸岩	65. 9	0. 0	65. 2	0. 0	64. 8	0. 0
裸土	313. 5	0. 1	276. 5	0. 1	302. 9	0. 1

2.1.3 流域生态系统的格局变化

淮河流域一级生态系统类型的土地面积转移矩阵,见表 2-7。2000~2005 年,林地主要向耕地转移约为 603.3km²;草地向人工表面、耕地和林地分别转移了 26.7 km²、17.6km² 和 12.6km²;湿地主要向耕地转移 1053.1km²,向人工表面转移 116.7km²;耕地主要向人工表面转移 3378.2km²,向湿地转移了 814.7km²,向林地转移了 153.3km²;人工表面主要向耕地转移了 308.2km²;其他主要向耕地和湿地分别转移了 26.7km² 和 21.3km²。

2005~2010 年,林地主要向耕地和人工表面,分别转移约为 67.4 km² 和 18.2 km²;草地向耕地、林地和人工表面分别转移了 22.3 km²、19.9 km² 和 12.6 km²;湿地主要向耕地转移了 804.6 km²,向人工表面转移了 61.2 km²,向其他转移了 10.9 km²;耕地主要向人工表面转移了 4888.1 km²,向湿地转移了 821.2 km²,向林地转移了 100.1 km²;人工表面主要向耕地转移了 96.4 km²;其他主要向湿地、耕地和林地分别转移了 9.3 km²、5.2 km² 和 4.7 km²。

从整个 10 年(2000~2010 年)来看,林地主要向人工表面和耕地,分别转移约为 508.9 km² 和 122.5 km²;草地向林地、耕地、人工表面和湿地分别转移了 33.2km²、29.5km²、25.7km² 和 11.8km²;湿地主要向耕地转移 1476.3 km²,向人工表面转移 219.3 km²;耕地主要向人工表面转移 7361.7 km²,向湿地转移了 1308.9 km²,向林地转移了 194.6 km²;人工表面主要向耕地转移了 48.1 km²,向湿地转移了 25.1 km²;其他主要向湿地、耕地和人工表面分别转移了 23.8km²、11.9km² 和 7.9 km²。

表 2-7　淮河流域一级生态系统类型的土地面积转移矩阵　　（单位：km^2）

时段	类型	林地	草地	湿地	耕地	人工表面	其他
2000~2005 年	林地	25 730.8	4.5	4.0	603.3	9.2	0.4
	草地	12.6	4 482.8	7.9	17.6	26.7	1.1
	湿地	7.5	4.7	15 160.1	1 053.1	116.7	5.3
	耕地	153.3	29.3	814.7	180 179.0	3 378.2	8.2
	人工表面	10.2	7.3	29.7	308.2	35 885.3	0.1
	其他	0.8	0.9	21.3	26.7	2.1	602.3
2005~2010 年	林地	25 824.4	0.7	4.3	67.4	18.2	0.2
	草地	19.9	4 465.7	8.8	22.3	12.6	0.1
	湿地	3.4	6.4	15 151.2	804.6	61.2	10.9
	耕地	100.1	7.1	821.2	176 336.1	4 888.1	35.2
	人工表面	1.7	12.8	7.7	96.4	39 299.5	0.1
	其他	4.7	0.6	9.3	5.2	1.5	596.0
2000~2010 年	林地	25 708.9	4.5	6.8	122.5	508.9	0.5
	草地	33.2	4 447.5	11.8	29.5	25.7	1.0
	湿地	9.2	6.1	14 626.1	1 476.3	219.3	10.4
	耕地	194.6	27.0	1 308.9	175 643.8	7361.7	26.6
	人工表面	2.9	7.0	25.1	48.1	36 157.6	0.1
	其他	5.4	1.1	23.8	11.9	7.9	603.9

　　淮河流域一级生态系统类型的土地面积的转移强度，见表 2-8。2000~2005 年，湿地和其他的转移强度最高，分别为 7.3% 和 7.9%；且湿地主要表现为向耕地转移，强度为 6.4%；其他主要向耕地和湿地转移，转移强度为 4.1% 和 3.2%。林地和耕地的转移强度次之，约为 2.4%，且林地主要向耕地转移，强度为 2.3%；耕地主要向人工表面和湿地转移，转移强度分别为 1.8% 和 0.4%。草地的转移强度为 1.5%，分别向人工表面、耕地、林地和湿地转移，强度分别为 0.6%、0.4%、0.3% 和 0.2%。人工表面的转移强度最小为 1.0%，主要向耕地转移，强度为 0.9%。

　　2005~2010 年，湿地和其他的转移强度最高，分别为 5.5% 和 3.5%；且湿地主要表现为向耕地转移，强度为 5.0%；其他主要向湿地、耕地和林地转移，转移强度分别为 1.5%、0.9% 和 0.8%。耕地的转移强度次之，为 3.2%，且主要向人工表面转移，强度为 2.6%。草地的转移强度为 1.4%，分别向耕地、林地、人工表面和湿地转移，强度分别为 0.5%、0.4%、0.3% 和 0.2%。人工表面和林地的转移强度最小，约为 0.3% 和 0.4%。

　　2000~2010 年，湿地和其他的转移强度较高，分别为 10.5% 和 7.7%，且湿地主要表现为向耕地转移，强度为 9.0%；其他主要向湿地、耕地和人工表面转移，转移强度分别为 3.6%、1.8% 和 1.2%。耕地的转移强度次之，为 4.8%，且主要向人工表面转移，强度为 4.0%。林地和草地的转移强度相当，分别为 2.4% 和 2.2%，林地主要向人工表面和耕地转移，强度分别为 1.9% 和 0.5%；草地分别向林地、耕地、人工表面和湿地转移，强度分别为 0.7%、0.6%、0.6% 和 0.3%。人工表面转移强度最小，约为 0.2%。

表 2-8　淮河流域一级生态系统类型的土地面积转移强度　（单位：%）

时段	类型	林地	草地	湿地	耕地	人工表面	其他
2000~2005 年	林地	97.6	0.0	0.0	2.3	0.0	0.0
	草地	0.3	98.5	0.2	0.4	0.6	0.0
	湿地	0.0	0.2	92.7	6.4	0.7	0.0
	耕地	0.1	0.1	0.4	97.6	1.8	0.0
	人工表面	0.0	0.0	0.1	0.9	99.0	0.0
	其他	0.1	0.2	3.2	4.1	0.3	92.1
2005~2010 年	林地	99.6	0.0	0.0	0.3	0.1	0.0
	草地	0.4	98.6	0.2	0.5	0.3	0.0
	湿地	0.0	0.0	94.5	5.0	0.4	0.1
	耕地	0.1	0.0	0.5	96.8	2.6	0.0
	人工表面	0.0	0.1	0.0	0.2	99.7	0.0
	其他	0.8	0.1	1.5	0.9	0.2	96.5
2000~2010 年	林地	97.6	0.0	0.0	0.5	1.9	0.0
	草地	0.7	97.8	0.3	0.6	0.6	0.0
	湿地	0.1	0.0	89.5	9.0	1.3	0.1
	耕地	0.1	0.0	0.7	95.2	4.0	0.0
	人工表面	0.0	0.0	0.1	0.1	99.8	0.0
	其他	0.8	0.3	3.6	1.8	1.2	92.3

将三期土地利用覆盖数据以栅格方式按行列方式记录各种土地利用类型转移强度，见表 2-9。各个期间均表现为湿地、人工表面和其他转换强度最大，其中 2000~2005 年，三者转换强度分别为 6.3%、5.4% 和 5.1%。2005~2010 年，人工表面转换强度最大，为 6.5%；湿地和其他转换强度分别为 5.4% 和 5.5%。2000~2010 年，人工表面转换强度最大，为 11.3%，湿地和其他转换强度分别为 9.5% 和 6.8%；耕地转换强度逐年增强，从 1.7% 增加到 2.9%，林地转换强度具有同样的特征。比较前 5 年（2000~2005 年）和整个 10 年（2000~2010 年），转换强度逐渐增强，但前 5 年（2000~2005 年）同后 5 年（2005~2010 年）相比，转换强度又逐渐减弱。

表 2-9　按行列记录淮河流域一级生态系统类型的土地利用面积转移强度（单位：%）

时段	林地	草地	湿地	耕地	人工表面	其他
2000~2005 年	1.5	1.2	6.3	1.7	5.4	5.1
2005~2010 年	0.4	1.0	5.4	1.9	6.5	5.5
2000~2010 年	1.7	1.6	9.5	2.9	11.3	6.8

综合以上各生态系统类型的转移情况汇总各生态系统转移方向，如图 2-4 所示。整个 10 年，耕地主要向人工表面转移，而且转移强度逐渐增强，其次是耕地和湿地间双向转移。除以上总体特征外，2000～2005 年，林地和湿地向耕地转移；2000～2010 年，林地向人工表面用地转移。

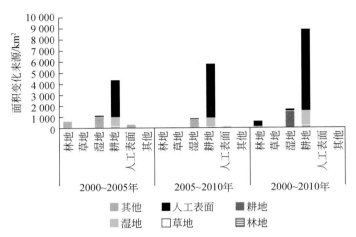

图 2-4　淮河流域一级生态系统类型的土地面积变化方向

淮河流域三期一级生态系统变化的空间分布，如图 2-5～图 2-7 所示。在 2000～2005 年和 2005～2010 年，生态系统类型空间变化主要分布在河南省的许昌市和商丘市，其次是周口市、驻马店市、信阳市和郑州市，山东省的日照市和荷泽市，安徽省的蚌埠市和滁州市，江苏省的连云港市、宿迁市、淮安市、盐城市和扬州市；在整个 10 年（2000～

图 2-5　淮河流域 2000～2005 年一级生态系统类型空间变化分布图

2010 年），生态系统类型空间变化主要发生在江苏省的徐州市、连云港市、宿迁市、淮安市、盐城市和扬州市等，其次发生在安徽省的淮南市、合肥市、蚌埠市和滁州市，以及山东省的临沂市。

图 2-6　淮河流域 2005～2010 年一级生态系统类型空间变化分布图

图 2-7　淮河流域 2000～2010 年一级生态系统类型空间变化分布图

淮河流域二级生态系统综合变化率，见表 2-10。从表可见，2000～2005 年，综合变化率排序为：草本绿地（52.1%）>工业用地（35.2%）>采矿场（17.2%）>交通用地（16.8%）>乔木绿地（15.3%）、草本湿地（15.3%）>水库/坑塘（13.8%）>裸土（10.3%）>运河/水渠（6.3%）>落叶阔叶灌木林（5.1%）>落叶阔叶林（4.5%）。2005~2010 年，综合变化率排序为：灌丛湿地（100%）>草本湿地（28.1%）>灌木绿地（20.9%）>工业用地（20.5%）>裸土（11.9%）、水库/坑塘（11.9%）>灌木园地（9.6%）>交通用地（8.1%）>采矿场（6.9%）>草本绿地和运河/水渠（6.2%）>居住地（6.1%）。2000~2010 年，综合变化率排序为：草本绿地（64.4%）>工业用地（54.3%）>草本湿地（29.3%）>交通用地（27.4%）>灌木绿地（21%）>采矿场（20.7%）>水库/坑塘（20.5%）>乔木绿地（16.7%）>裸土（13.8%）>灌木园地（11.2%）>居住地（10.1%）>运河/水渠（9%）>落叶阔叶灌木林（5.1%）>落叶阔叶林（4.7%），湖泊、河流和水田 2000~2010 年变化总量不大，但强度却逐渐递增。

表 2-10　淮河流域二级生态系统综合变化率（按行和列统计计算）　（单位:%）

类型	2000~2005 年	2005~2010 年	2000~2010 年
常绿阔叶林	0.0	0.1	0.1
落叶阔叶林	4.5	0.5	4.7
常绿针叶林	0.6	0.4	0.9
落叶针叶林	0.5	0.2	0.7
针阔混交林	1.3	0.0	1.4
常绿阔叶灌木林	0.6	0.0	0.6
落叶阔叶灌木林	5.1	0.3	5.1
乔木园地	3.4	1.5	3.0
灌木园地	1.5	9.6	11.2
乔木绿地	15.3	1.5	16.7
灌木绿地	0.2	20.9	21.0
草甸		0.0	
草丛	1.3	1.0	1.7
草本绿地	52.1	6.2	64.4
灌丛湿地		100.0	
草本湿地	15.3	28.1	29.3
湖泊	2.8	3.8	5.4
水库/坑塘	13.8	11.9	20.5
河流	2.8	3.9	4.8
运河/水渠	6.3	6.2	9.0
水田	2.5	3.5	5.6

类型	2000~2005 年	2005~2010 年	2000~2010 年
旱地	1.5	1.2	1.9
居住地	4.5	6.1	10.1
工业用地	35.2	20.5	54.3
交通用地	16.8	8.1	27.4
采矿场	17.2	6.9	20.7
稀疏林	0.3	0.3	0.3
稀疏草地	0.1	0.0	0.1
裸岩	0.5	0.3	0.8
裸土	10.3	11.9	13.8

对各阶段生态系统转换的强度进行评判,采用类型转换强度和综合生态系统动态度进行计算,结果见表 2-11。从表可见,对于一级生态系统,2000~2005 年各类型转换强度要高于 2005~2010 年的转换强度,前者为 84.2%,后者为 42.5%;综合生态系统动态度 2000~2005 年为 2.5%,2005~2010 年为 2.6%。对于二级生态系统,综合生态系统动态度在 2000~2005 年为 2.9%,2005~2010 年为 4.4%,说明后 5 年的土地利用动态变化程度超过前 5 年。

表 2-11 淮河流域生态系统的转换强度比较 （单位:%）

年份	一级生态系统		二级生态系统
	类型相互转换强度 $LCCI_{ij}$	综合生态系统动态度 EC	综合生态系统动态度 EC
2000~2005	84.2	2.5	2.9
2005~2010	42.5	2.6	4.4

2.2　子流域生态系统格局及变化

按照子流域划分,淮河流域分为淮河上游、淮河中游、淮河下游和沂-沭-泗河 4 个子流域。淮河上游和淮河中游分布有伏牛山、桐柏山和大别山;沂-沭-泗河流域分布有沂蒙山;淮河下游为平原,该区域以耕地为主。

2.2.1　子流域主要生态系统类型的空间分布

淮河上游位于整个流域的西南部,桐柏山位于该区域的西南部,区域内的三级水系分别为班台以上水系、息班-王区间水系和息县以上水系,包括的主要地级市为河南省的驻马店市和信阳市，淮河上游 2000 年、2005 年、2010 年三期一级和二级各生态系统分布情况如图 2-8 和图 2-9 所示。流域内西南部桐柏山的山区和丘陵地带分布着连片的森林，分布面积范围近 1/5；中部、东部及北部平原区分布广泛，主要的生态系统类型为耕地，仅人工表面用地分散且主要分布在平原区。2000～2010 年人工表面用地在逐渐扩张，主要扩张区域围绕在人口密度逐渐增加的大中型城镇（主要包括驻马店市和信阳市），在流域内的驻马店市西北部分布有湖泊。

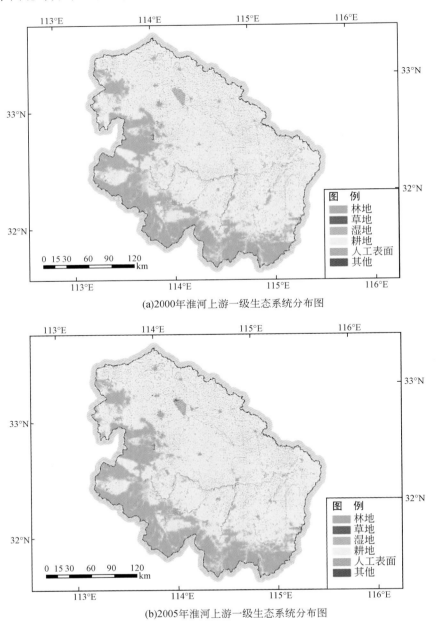

(a)2000年淮河上游一级生态系统分布图

(b)2005年淮河上游一级生态系统分布图

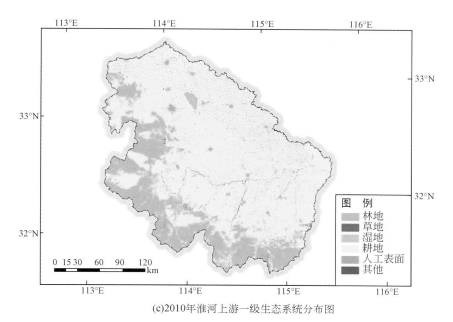

(c)2010年淮河上游一级生态系统分布图

图 2-8 淮河上游一级生态系统分布（2000 年、2005 年、2010 年）

从二级生态系统分布图（图 2-9）来看，耕地中近 2/3 面积为旱地，分布在中部和北部的平原区；耕地中近 1/3 为水田，分布在南部和东部的平原区；分布在山区的林地在 2000 年以落叶阔叶灌木林为主，到 2010 年转变为以落叶阔叶林为主。

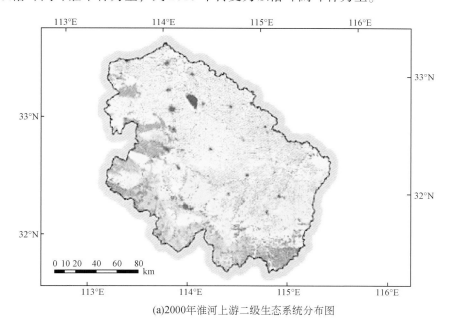

(a)2000年淮河上游二级生态系统分布图

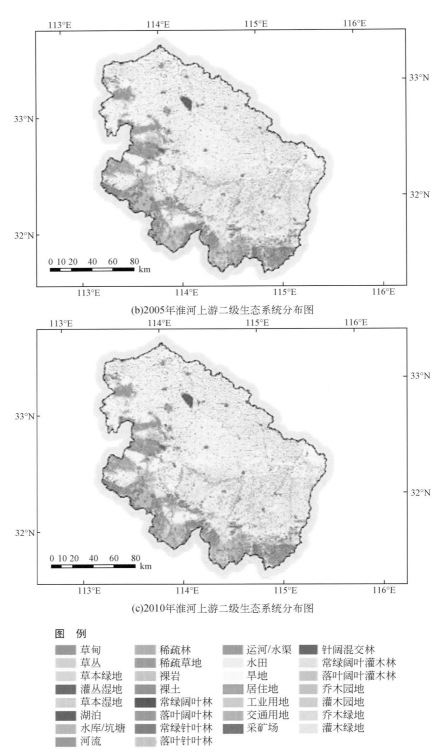

(b)2005年淮河上游二级生态系统分布图

(c)2010年淮河上游二级生态系统分布图

图　例

草甸	稀疏林	运河/水渠	针阔混交林
草丛	稀疏草地	水田	常绿阔叶灌木林
草本绿地	裸岩	旱地	落叶阔叶灌木林
灌丛湿地	裸土	居住地	乔木园地
草本湿地	常绿阔叶林	工业用地	灌木园地
湖泊	落叶阔叶林	交通用地	乔木绿地
水库/坑塘	常绿针叶林	采矿场	灌木绿地
河流	落叶针叶林		

图 2-9　淮河上游二级生态系统分布（2000 年、2005 年、2010 年）

　　淮河中游在整个流域面积最大，从西北延伸到东南，涵盖了以下几个三级子流域，周口以上水系、蒙城以上水系、周–阜区间水系、蚌–洪泽湖区间水系、正蒙–蚌区间水系、王蒋–润区间水系、润阜横–正阳关区间水系、蒋家集以上水系和横排头以上水系，包括的主要地市为：河南省的平顶山市、郑州市、开封市、许昌市、漯河市、周口市、商丘市；安徽省的阜阳市、淮南市、蚌埠市、淮北市、六安市、宿州市；江苏省的徐州市、宿州市等。中游流域 2000 年、2005 年、2010 年三期一级和二级各生态系统分布情况，如图 2-10 和图 2-11 所示。流域内山区面积相对较少，山区仅含南部大别山和西部伏牛山的部分区域，以林地为主，分布面积范围很小；中部、东部及北部平原区分布广泛，其他区域主要的生态系统类型为耕地，人工表面用地分散其中。2000 ~ 2010 年人工表面用地在逐渐扩张，主要扩张区域围绕在人口密度逐渐增加的大中型城镇（如郑州市、开封市、阜阳市、淮南市、蚌埠市等），从西南部延伸到东部，该区域有丰富的水资源，水资源最丰富三级水系为蚌–洪泽湖区间水系、正蒙–蚌区间水系、王蒋–润区间水系、润阜横–正阳关区间水系、蒋家集以上水系和横排头以上水系。

　　从二级生态系统分布图（图 2-11）来看，耕地中近 3/4 面积为旱地，分布在水资源（周口以上水系、蒙城以上水系、周–阜区间水系）较为贫乏的中部和西部的平原区；耕地近 1/4 为水田，分布在西南部延伸到东部的水资源丰富（蚌–洪泽湖区间水系、正蒙–蚌区间水系、王蒋–润区间水系、润阜横–正阳关区间水系、蒋家集以上水系和横排头以上水系）的平原区。2000 年分布在西部伏牛山的山区的林地以落叶阔叶林为主，南部大别山的林地以落叶阔叶灌木林和落叶阔叶林为主，到 2010 年转变为以落叶阔叶林为主。

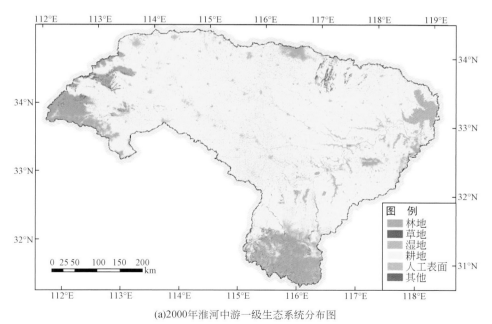

(a)2000年淮河中游一级生态系统分布图

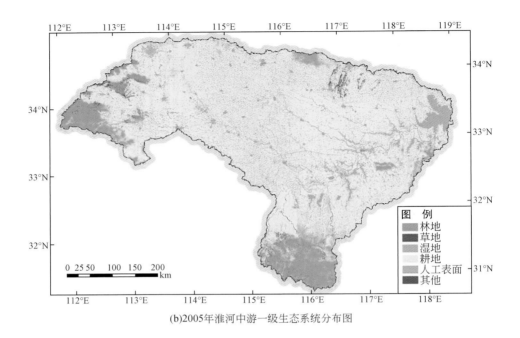

(b)2005年淮河中游一级生态系统分布图

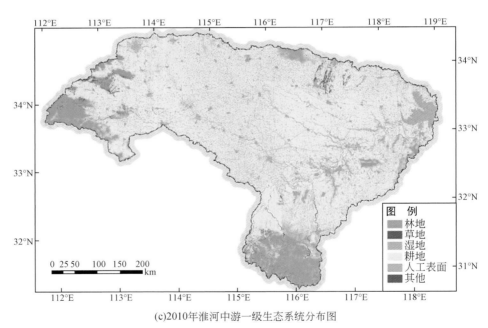

(c)2010年淮河中游一级生态系统分布图

图 2-10 淮河中游一级生态系统分布（2000 年、2005 年、2010 年）

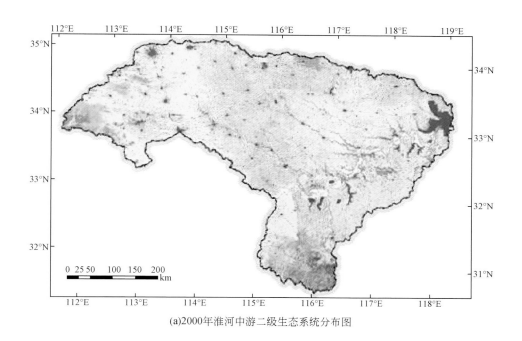

(a)2000年淮河中游二级生态系统分布图

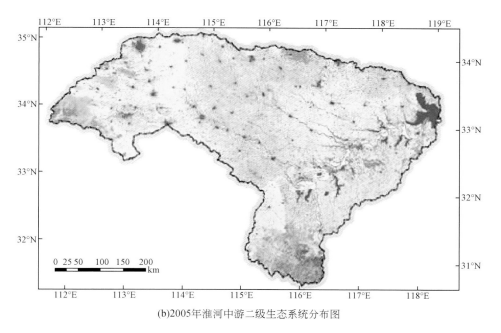

(b)2005年淮河中游二级生态系统分布图

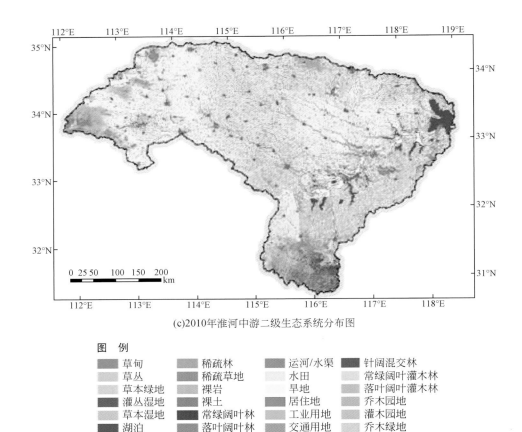

(c)2010年淮河中游二级生态系统分布图

图 例

草甸	稀疏林	运河/水渠	针阔混交林
草丛	稀疏草地	水田	常绿阔叶灌木林
草本绿地	裸岩	旱地	落叶阔叶灌木林
灌丛湿地	裸土	居住地	乔木园地
草本湿地	常绿阔叶林	工业用地	灌木园地
湖泊	落叶阔叶林	交通用地	乔木绿地
水库/坑塘	常绿针叶林	采矿场	灌木绿地
河流	落叶针叶林		

图 2-11　淮河中游二级生态系统分布（2000 年、2005 年、2010 年）

　　淮河下游的水资源最丰富，该区域位于整个流域的东部，涵盖的三级水系为湖泽湖，包括的主要地县市为江苏省的徐州市、宿迁市、泰州市、连云港市、扬州市和盐城市等。下游 2000 年、2005 年、2010 年三期一级和二级各生态系统分布情况，如图 2-12 和图 2-13 所示。流域内全为平原区，因而主要的生态系统类型为耕地，人工表面用地分散其中。2000～2010 年人工表面用地在逐渐扩张，主要扩张区域围绕在人口密度逐渐增加的大中型城镇（如徐州市和宿迁市等），下游最丰富水资源分布在流域内的中部和南部，主要的三级水系围绕在洪泽湖周边。从二级生态系统分布（图 2-13）来看，耕地几乎都为水田。

　　沂-沭-泗河位于整个流域北部，涵盖的三级水系为南四湖地区水系、临沂以上水系、大官庄以上水系、南临-骆区间水系和骆马湖-大官庄以下水系，包括的主要地市为山东省的枣庄市、菏泽市、临沂市、日照市等。沂-沭-泗河流域 2000 年、2005 年、2010 年三期一级和二级各生态系统分布情况如图 2-14 和图 2-15 所示。流域内山区位于北部沂蒙山，以林地和草地混交为主，其他区域主要的生态系统类型为耕地，仅人工表面用地分散其中。2000～2010 年人工表面用地在逐渐扩张，主要扩张区域围绕在人口密度逐渐增加的大中型城镇，该区域水资源较丰富，主要分布在南四湖周边区域。

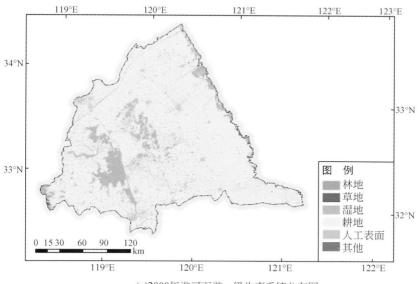

(a)2000年淮河下游一级生态系统分布图

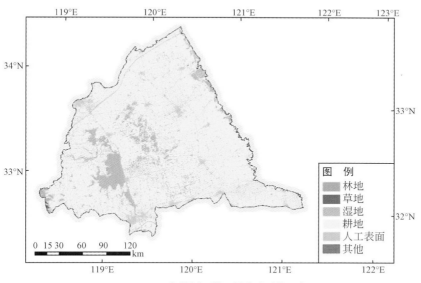

(b)2005年淮河下游一级生态系统分布图

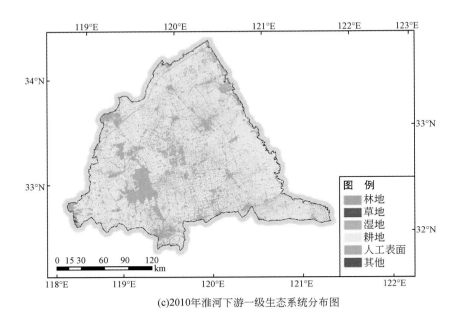

(c)2010年淮河下游一级生态系统分布图

图 2-12　淮河下游一级生态系统分布图（2000 年、2005 年、2010 年）

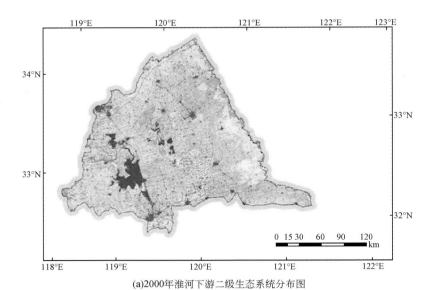

(a)2000年淮河下游二级生态系统分布图

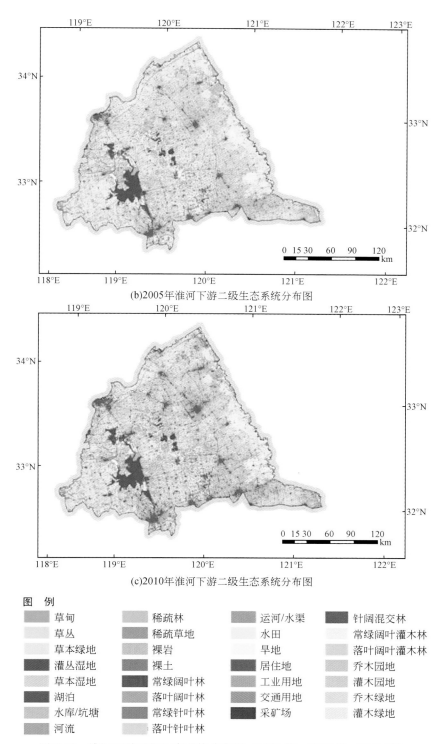

(b)2005年淮河下游二级生态系统分布图

(c)2010年淮河下游二级生态系统分布图

图　例

草甸	稀疏林	运河/水渠	针阔混交林
草丛	稀疏草地	水田	常绿阔叶灌木林
草本绿地	裸岩	旱地	落叶阔叶灌木林
灌丛湿地	裸土	居住地	乔木园地
草本湿地	常绿阔叶林	工业用地	灌木园地
湖泊	落叶阔叶林	交通用地	乔木绿地
水库/坑塘	常绿针叶林	采矿场	灌木绿地
河流	落叶针叶林		

图 2-13　淮河下游二级生态系统分布图（2000 年、2005 年、2010 年）

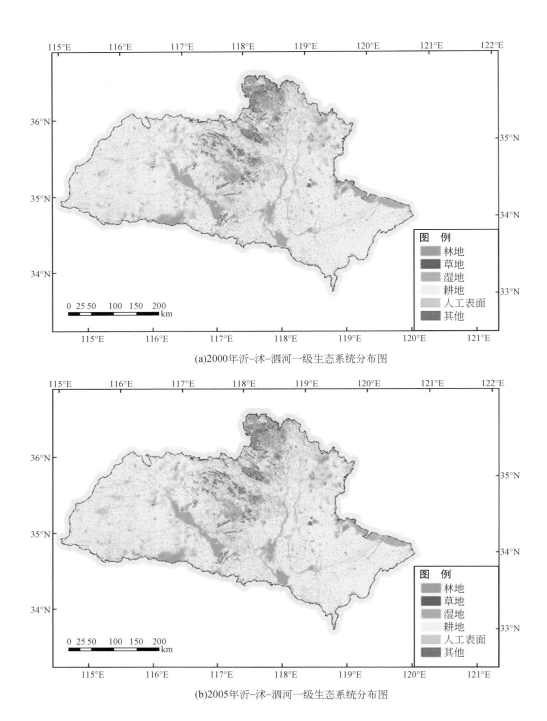

(a)2000年沂-沭-泗河一级生态系统分布图

(b)2005年沂-沭-泗河一级生态系统分布图

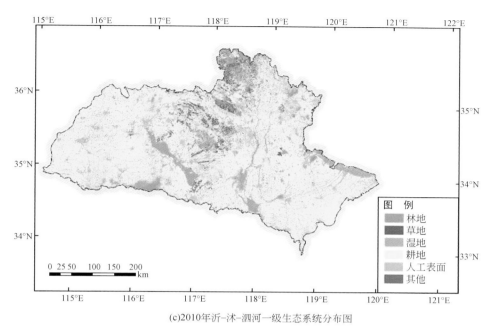

(c)2010年沂-沭-泗河一级生态系统分布图

图 2-14　沂-沭-泗河一级生态系统分布（2000 年、2005 年、2010 年）

　　从二级生态系统分布图（图2-15）来看，耕地中近2/3面积为旱地，分布在远离水资源丰富的湖泊和水系（临沂以上水系和大官庄以上水系）的中部和西部的平原区；耕地中近1/3为水田，分布在水资源丰富（南四湖地区水系、南临-骆区间水系和骆马湖-大官庄以下水系）的平原区。

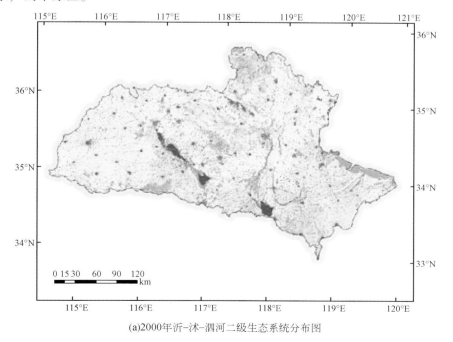

(a)2000年沂-沭-泗河二级生态系统分布图

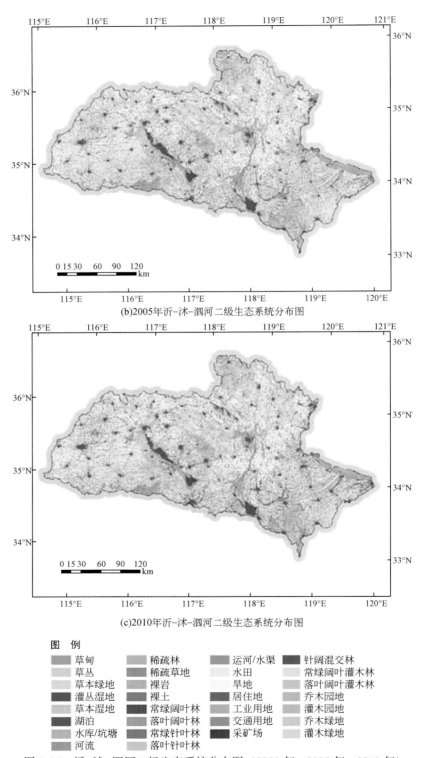

(b)2005年沂-沭-泗河二级生态系统分布图

(c)2010年沂-沭-泗河二级生态系统分布图

图 例

草甸	稀疏林	运河/水渠	针阔混交林
草丛	稀疏草地	水田	常绿阔叶灌木林
草本绿地	裸岩	旱地	落叶阔叶灌木林
灌丛湿地	裸土	居住地	乔木园地
草本湿地	常绿阔叶林	工业用地	灌木园地
湖泊	落叶阔叶林	交通用地	乔木绿地
水库/坑塘	常绿针叶林	采矿场	灌木绿地
河流	落叶针叶林		

图 2-15　沂-沭-泗河二级生态系统分布图（2000 年、2005 年、2010 年）

为了更深入地分析各子流域生态系统类型的土地面积/比例构成特征，本节统计了淮河上游、淮河中游、淮河下游和沂-沭-泗河流域的生态系统景观格局特征，见表2-12，二级生态系统景观格局特征，见表2-13。由表可见，从2000~2010年，所有子流域都是斑块数逐渐减少，平均斑块类型面积逐渐增大，表现为淮河上游>沂-沭-泗河>淮河中游>淮河下游，说明淮河上游景观斑块均一化程度最高，生态系统斑块间的连通性也最好，整体性能也最强；淮河上游和淮河中游边界密度逐渐减少，而淮河下游和沂-沭-泗河流域边界密度逐渐增大，说明淮河下游和沂-沭-泗河流域景观斑块间边界越来越复杂，流域生态系统的景观破碎度增加；各子流域都表现为聚集度指数逐渐减少，说明景观斑块间分散化程度增高，流域生态系统内原有的连接性受到一定程度的破坏，其中淮河上游聚集度指数最高，而沂-沭-泗河流域聚集度指数最低，说明该区域破碎化程度最高。

表 2-12　淮河子流域一级生态系统景观格局特征及其变化

子流域	年份	斑块数 NP	平均斑块面积 MPS/hm²	边界密度 ED/(m/hm²)	聚集度指数 CONT
淮河上游	2000	34 512.0	87.5	28.6	68.8
	2005	31 796.0	95.0	28.0	68.8
	2010	30 653.0	98.5	28.0	68.6
淮河中游	2000	292 623.0	44.5	40.2	65.1
	2005	270 611.0	48.1	39.9	65.1
	2010	245 406.0	53.1	39.7	64.5
淮河下游	2000	97 554.0	31.0	55.5	67.0
	2005	90 077.0	33.6	56.4	66.4
	2010	83 260.0	36.3	58.7	64.2
沂-沭-泗河	2000	129 688.0	52.1	41.7	63.9
	2005	128 392.0	52.6	42.9	62.8
	2010	125 050.0	54.0	43.4	62.0

从表2-13可见，各子流域二级生态系统的斑块数高于一级生态系统，但平均斑块面积又小于一级生态系统；边界密度和聚集度指数，二级生态系统都高于一级生态系统。说明二级生态系统斑块间的连通性降低，景观破碎化程度加剧，景观连接性降低，其中上游受人类干扰影响较弱，因而各景观格局指数显示了该区域斑块的空间排列更接近自然覆盖特征。

表 2-13　淮河子流域二级生态系统景观格局特征及其变化

子流域	年份	斑块数 NP	平均斑块面积 MPS/hm²	边界密度 ED/(m/hm²)	聚集度指数 CONT
淮河上游	2000	51 101.0	59.1	40.5	68.5
	2005	48 236.0	62.6	39.6	69.6
	2010	47 020.0	64.2	39.6	69.4

续表

子流域	年份	斑块数 NP	平均斑块面积 MPS/hm²	边界密度 ED/(m/hm²)	聚集度指数 CONT
淮河中游	2000	388 004.0	33.6	48.1	69.3
	2005	362 720.0	35.9	47.6	69.8
	2010	335 153.0	38.9	47.2	69.3
淮河下游	2000	122 312.0	24.7	62.1	73.8
	2005	112 380.0	26.9	62.7	73.4
	2010	102 450.0	29.5	64.2	72.4
沂-沭-泗河	2000	154 158.0	43.8	44.9	73.7
	2005	154 612.0	43.7	46.1	72.7
	2010	150 712.0	44.8	46.7	72.2

进一步分析淮河各子流域一级生态系统各类斑块平均面积,见表2-14。对于淮河上游,2000~2010年,耕地和人工表面的斑块平均面积逐渐增大,说明这2类生态系统类型的土地利用趋于集中连片,破碎化程度降低;草地2000~2005年斑块平均面积没有变化,2005~2010年才开始增加,说明2005年后草地开始大片连片;林地斑块平均面积2000~2010年减少,说明林地在前5年斑块破碎化程度加剧;湿地2000~2005年平均斑块面积减少,而2005~2010年又恢复到2000年水平,说明湿地破碎化程度在前5年增加,后5年又恢复到2000年水平;其他2000~2005年斑块平均面积逐渐增加,而2005~2010年恢复到2000年水平,说明前5年破碎化程度降低,后5年破碎化程度又恢复到2000年水平。对于淮河中游,2000~2010年,林地、草地、湿地和人工表面的斑块平均面积逐渐增大,说明这4种生态系统类型的土地趋于集中连片,破碎化程度降低;而耕地和其他2000~2005年斑块平均面积先减少,2005~2010年斑块平均面积又增加,说明这两种生态系统类型的土地的破碎化程度从2005年后开始趋于好转。对于淮河下游,林地、湿地、人工表面和其他表现为2000~2010年斑块平均面积逐渐增高,说明这些生态系统类型的土地均一化程度提高,而草地2000~2005年逐渐减少,2005~2010年又逐渐增加,说明前5年草地破碎化程度加剧,而后5年破碎化程度又减弱;耕地的斑块平均面积逐渐递减,说明耕地的破碎化程度在逐年加剧。对于沂-沭-泗河流域,该区域生态系统类型斑块格局特征与下游一致。

表2-14　淮河子流域一级生态系统斑块平均面积　　　　　　（单位：hm²）

子流域	年份	林地	草地	湿地	耕地	人工表面	其他
淮河上游	2000	234.0	5.0	17.1	521.2	13.5	12.2
	2005	228.4	5.0	16.5	541.2	14.3	12.9
	2010	227.7	6.0	17.0	544.8	15.6	12.2

续表

子流域	年份	林地	草地	湿地	耕地	人工表面	其他
淮河中游	2000	34.6	14.0	12.3	278.4	11.9	11.7
	2005	51.4	14.1	13.1	277.9	13.2	10.2
	2010	51.8	14.4	13.1	285.7	16.9	12.0
淮河下游	2000	15.1	83.9	19.8	186.4	7.1	7.2
	2005	15.8	78.7	20.0	171.0	9.2	14.2
	2010	17.1	81.4	21.3	132.2	13.9	15.8
沂－沭－泗河	2000	20.4	27.2	32.0	183.9	16.9	26.1
	2005	22.1	26.6	34.4	176.2	18.9	27.6
	2010	22.4	27.9	34.6	163.2	22.3	28.8

淮河上游二级生态系统斑块平均面积，见表 2-15。由表可见，2000～2010 年，落叶阔叶林、乔木园地、运河/水渠、旱地、居住地的斑块平均面积逐渐增大，说明这些生态系统类型的土地趋于集中连片，破碎化程度降低；常绿针叶林、针阔混交林、落叶阔叶灌木林的斑块平均面积在前 5 年（2000～2005 年）逐渐增大，而后 5 年（2005～2010 年）保持不变；湖泊、河流、水田、工业用地、交通用地、裸土的斑块平均面积在前 5 年（2000～2005 年）逐渐增大，而后 5 年（2005～2010 年）又回落；针阔混交林、落叶阔叶灌木林的斑块平均面积在前 5 年（2000～2005 年）逐渐降低，而后 5 年（2005～2010 年）保持不变；草丛的斑块平均面积在前 5 年（2000～2005 年）逐渐降低，而后 5 年（2005～2010 年）又回升；草本湿地的斑块平均面积逐渐降低；常绿阔叶林、乔木绿地、草本绿地、采矿场、稀疏林、裸岩的斑块平均面积在 10 年期间保持不变。

表 2-15　淮河上游二级生态系统斑块平均面积　　　　（单位：hm²）

类型	2000 年	2005 年	2010 年	类型	2000 年	2005 年	2010 年
常绿阔叶林	3.0	3.0	3.0	河流	58.6	62.0	60.6
落叶阔叶林	50.7	113.1	113.6	运河/水渠	50.9	53.7	54.1
常绿针叶林	33.6	34.2	34.2	水田	112.8	115.1	114.7
针阔混交林	19.4	18.7	18.7	旱地	242.8	248.1	254.0
落叶阔叶灌木林	70.8	53.7	53.7	居住地	12.9	13.5	14.8
乔木园地	33.7	40.2	42.7	工业用地	11.4	19.6	18.2
乔木绿地	2.2	2.2	2.2	交通用地	21.8	25.3	24.8
草丛	5.0	4.8	5.7	采矿场		100.8	100.8
草本绿地		23.1	23.1	稀疏林	10.5	10.5	10.5
草本湿地	69.8	68.9	34.3	裸岩	5.0	5.0	5.0
湖泊	84.6	85.1	74.9	裸土	13.4	14.4	13.4
水库/坑塘	8.7	8.1	8.6				

淮河中游二级生态系统各类型斑块平均面积，见表 2-16。由表可见：2000～2010 年，落叶阔叶林、乔木园地、灌木园地、乔木绿地、灌木绿地、草丛、旱地、河流、水库/坑塘、湖泊、运河/水渠、居住地、交通用地、采矿场、工业用地的斑块平均面积逐渐增大，说明这些生态系统类型的土地趋于集中连片，破碎化程度降低；而水田和稀疏林 2000～2005 年斑块平均面积增加，2005～2010 年又降低，说明水田和稀疏林破碎化程度在前 5 年降低，而在后 5 年破碎化程度又逐渐增加；采矿场 2000～2005 年斑块平均面积减少，2005～2010 年又增加，说明采矿场破碎化程度在前 5 年增加，而在后 5 年破碎化程度又逐渐降低；其他，如常绿阔叶林、常绿针叶林、常绿阔叶灌木林、落叶阔叶灌木林和裸岩在 10 年期间斑块平均面积没有变化。

表 2-16　淮河中游二级生态系统斑块平均面积　　　　（单位：hm²）

类型	2000 年	2005 年	2010 年	类型	2000 年	2005 年	2010 年
常绿阔叶林	13.6	13.6	13.6	草本湿地	—	16.0	40.5
落叶阔叶林	13.6	18.5	18.6	湖泊	910.1	1029.4	1653.8
常绿针叶林	15.8	15.8	15.8	水库/坑塘	4.1	4.6	4.6
针阔混交林	15.4	15.0	15.0	河流	55.9	67.2	70.4
常绿阔叶灌木林	16.1	16.1	16.1	运河/水渠	12.5	16.4	21.5
落叶阔叶灌木林	23.1	23.1	23.1	水田	66.4	67.5	66.3
乔木园地	33.1	33.5	33.5	旱地	201.3	213.8	228.0
灌木园地	6.3	6.6	8.7	居住地	11.2	12.0	14.9
乔木绿地	2.9	3.2	3.3	工业用地	10.1	15.3	26.9
灌木绿地	2.2	2.2	9.1	交通用地	9.5	17.4	31.2
草甸	—	89.0	89.0	采矿场	14.6	13.9	18.7
草丛	14.0	14.1	14.4	稀疏林	11.2	11.3	11.2
草本湿地	13.3	6.9	7.5	裸岩	12.8	12.8	12.8
灌丛湿地	—	260.5	—	裸土	11.8	8.7	12.7

淮河下游二级生态系统各类型斑块平均面积，见表 2-17。由表可见，2000～2010 年，落叶阔叶林、湖泊、河流、运河/水渠、居住地、交通用地、工业用地和裸土的斑块平均面积逐渐增大，说明这些生态系统类型的土地趋于集中连片，破碎化程度降低；常绿阔叶林、常绿阔叶灌木林、乔木园地、灌木园地的斑块平均面积前 5 年没有变化，而后 5 年增长；而草丛、旱地的斑块平均面积变化相反，前 5 年增长，而后 5 年没有变化；乔木绿地、草本绿地、草本湿地、水库/坑塘和采矿场的斑块平均面积 2000～2005 年降低，2005～2010 年又增加；水田的斑块平均面积在整个 10 年持续下降，说明水田破碎化程度在逐年升高；常绿针叶林、灌木绿地的斑块平均面积在整个 10 年保持不变。

表 2-17　淮河下游二级生态系统斑块平均面积　　　　（单位：hm²）

类型	2000 年	2005 年	2010 年	类型	2000 年	2005 年	2010 年
常绿阔叶林	5.4	5.4	5.5	草本湿地	16.1	14.8	18.8
落叶阔叶林	14.9	15.8	17.0	湖泊	457.4	458.6	900.4
常绿针叶林	5.3	5.3	5.3	水库/坑塘	9.9	9.6	10.6
针阔混交林	—	—	8.4	河流	26.2	34.0	54.0
常绿阔叶灌木林	0.1	0.1	0.2	运河/水渠	16.2	22.6	27.1
落叶阔叶灌木林	0.9	0.8	1.1	水田	130.6	124.9	105.9
乔木园地	3.6	3.6	50.2	旱地	13.3	15.3	15.3
灌木园地	89.1	89.1	119.6	居住地	6.7	8.3	12.1
乔木绿地	5.4	4.4	4.5	工业用地	9.3	31.3	126.9
灌木绿地	10.5	10.5	10.5	交通用地	4.7	11.6	21.8
草丛	313.2	313.6	313.6	采矿场	17.3	5.4	6.9
草本绿地	7.4	7.2	7.5	裸土	7.2	14.2	15.8

　　沂–沭–泗河流域二级生态系统各类型斑块平均面积，见表 2-18。由表可知，2000～2010 年，常绿阔叶林、落叶阔叶林、常绿针叶林、常绿阔叶灌木林、乔木绿地、湖泊、水库/坑塘、运河/水渠、居住地、交通用地、工业用地、裸土的斑块平均面积逐渐增大，说明这些生态系统类型的土地趋于集中连片，破碎化程度降低；针阔混交林、灌木园地、草本绿地的斑块平均面积前 5 年逐渐增大，而后 5 年保持不变；裸岩的斑块平均面积变化与之相反；草丛、河流、水田、采矿场、稀疏林的斑块平均面积前 5 年逐渐降低，而后 5 年却逐渐增大；而乔木园地的斑块平均面积变化与之相反；草本湿地、旱地的斑块平均面积在 10 年期间持续下降；稀疏草地的斑块平均面积在 10 年期间保持不变。

表 2-18　沂–沭–泗河流域二级生态系统类斑块平均面积　　　　（单位：hm²）

类型	2000 年	2005 年	2010 年	类型	2000 年	2005 年	2010 年
常绿阔叶林	15.4	16.3	18.3	水库/坑塘	13.6	15.8	16.1
落叶阔叶林	17.4	18.9	19.2	河流	25.6	25.4	26.7
常绿针叶林	15.7	15.9	16.9	运河/水渠	13.7	14.0	15.5
针阔混交林	6.7	12.9	12.9	水田	48.6	48.5	51.3
常绿阔叶灌木林	1.0	32.0	35.3	旱地	145.8	142.9	134.9
落叶阔叶灌木林	31.3	—	—	居住地	14.9	15.7	17.9
乔木园地	49.3	50.6	50.4	工业用地	17.0	26.5	41.7
灌木园地	8.5	8.9	8.9	交通用地	9.3	14.0	16.5
乔木绿地	3.8	4.0	4.2	采矿场	19.8	15.7	22.3
草丛	27.6	26.9	28.3	稀疏林	32.9	32.8	33.3
草本绿地	4.0	4.3	4.3	稀疏草地	33.2	33.2	33.2
草本湿地	29.2	26.7	21.7	裸岩	34.0	34.0	34.4
湖泊	615.5	1353.7	5194.2	裸土	8.2	9.1	10.3

2.2.2　子流域生态系统的构成特征

为了更深入分析淮河各子流域生态系统构成特征，统计了淮河上游、淮河中游、淮河下游和沂–沭–泗流域的各生态系统总体占有比例，如图2-16所示。由图可见，耕地面积在各二级子流域中比重都比较大，其次是人工表面。这说明农业生态系统和城市生态系统在淮河流域各子流域中仍然是最为主导的生态系统类型。

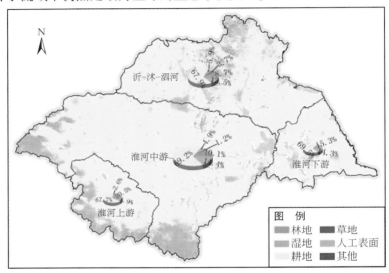

(a)2000年淮河流域一级生态系统类别组成

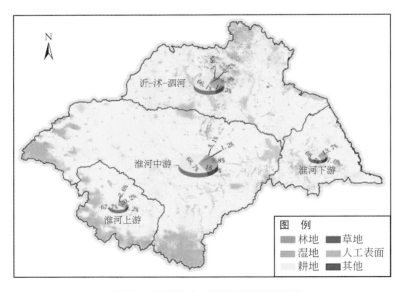

(b)2005年淮河流域一级生态系统类别组成

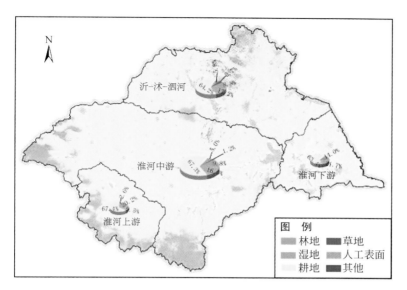

(c)2010年淮河流域一级生态系统类别组成

图 2-16　淮河各子流域一级生态系统构成分布图（2000 年、2005 年、2010 年）

　　2000 ～ 2010 年，淮河上游一级生态系统类型的土地面积及比例，见表 2-19 和图 2-17。由图表可见，主要的生态系统类型为耕地，占 67.7% ～ 67.4%，其次是林地、人工表面、湿地和草地，分别占 20.5% ～ 20.2%、8.9% ～ 9.5%、2.6% 和 0.1%。

　　2000 ～ 2005 年耕地基本没有变化，2005 ～ 2010 年耕地逐渐减少；而林地在前 5 年逐渐减少后 5 年基本保持不变；人工表面在前 5 年逐渐增加，后 5 年显著增加；草地、湿地在整个 10 年间基本没有变化。

表 2-19　淮河上游一级生态系统构成特征

年份	统计参数	林地	草地	湿地	耕地	人工表面	其他
2000	面积/km²	6 156.8	35.1	795.6	20 438.2	2 700.5	70.5
	比例/%	20.5	0.1	2.6	67.7	8.9	0.2
2005	面积/km²	6 097.6	36.1	779.2	20 447.0	2 762.2	74.7
	比例/%	20.2	0.1	2.6	67.7	9.2	0.2
2010	面积/km²	6 090.3	42.1	795.2	20 344.7	2 854.1	70.3
	比例/%	20.2	0.1	2.6	67.4	9.5	0.2

　　从淮河上游二级生态系统类型土地面积/比例变化（表 2-20）可以看出，主要生态系统类型用地面积大小排序为旱地>水田>居住地>落叶阔叶林地>落叶阔叶灌木林地>常绿针叶林地>水库/坑塘>针阔混交林>河流>湖泊。2000 ～ 2010 年的变化比例来看，旱地占地比例从 50.1% 下降到 49.6%，水田占地比例从 17.6% 增加到 17.8%，居住地占地比例从 8.7% 增加到 9.1%。林地中主要是落叶阔叶林，从总用地面积的 7.6% 增加到 9.3%，其

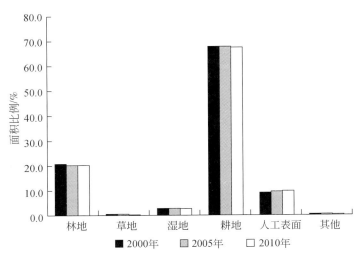

图 2-17　淮河上游 2000～2010 年一级生态系统面积比例

次是落叶阔叶灌木林的变化，从总用地面积的 7.4% 下降到 5.6%。常绿针叶林、水库/坑塘、湖泊和河流没有变化。

表 2-20　淮河上游二级生态系统类型的土地面积/比例构成特征

类型	2000 年		2005 年		2010 年	
	面积/km²	比例/%	面积/km²	比例/%	面积/km²	比例/%
常绿阔叶林	6.3	0.0	6.2	0.0	6.3	0.0
落叶阔叶林	2 298.9	7.6	2 774.4	9.3	2 768.4	9.3
常绿针叶林	1 388.5	4.7	1 410.9	4.7	1 409.7	4.7
针阔混交林	207.0	0.7	198.9	0.7	198.9	0.7
落叶阔叶灌木林	2 244.2	7.5	1 694.5	5.6	1 693.6	5.6
乔木园地	11.8	0.0	12.5	0.0	13.2	0.0
乔木绿地	0.2	0.0	0.2	0.0	0.2	0.0
草丛	35.1	0.1	34.0	0.1	40.0	0.1
草本绿地	—	—	2.1	0.0	2.1	0.0
草本湿地	43.3	0.1	42.7	0.1	47.7	0.2
湖泊	125.2	0.4	126.0	0.4	118.3	0.4
水库/坑塘	368.9	1.2	352.9	1.2	370.6	1.2
河流	187.6	0.6	186.7	0.6	187.7	0.6
运河/水渠	70.7	0.2	70.9	0.2	70.9	0.2
水田	5 302.7	17.6	5 355.8	17.8	5 368.7	17.8
旱地	15 135.5	50.1	15 091.3	50.0	14 976.0	49.6
居住地	2 623.0	8.7	2 665.5	8.8	2 759.6	9.1

续表

类型	2000 年		2005 年		2010 年	
	面积/km²	比例/%	面积/km²	比例/%	面积/km²	比例/%
工业用地	19.2	0.1	30.6	0.1	26.0	0.1
交通用地	58.3	0.2	65.0	0.2	67.4	0.2
采矿场	—	—	1.0	0.0	1.0	0.0
稀疏林	9.6	0.0	9.6	0.0	9.6	0.0
裸岩	2.5	0.0	2.5	0.0	2.5	0.0
裸土	58.4	0.2	62.6	0.2	58.2	0.2

2000~2010 年，淮河中游一级生态系统类型的土地面积及比例构成见表 2-21 和图 2-18，可以明显看出主要的生态系统类型为耕地占 67.3%~69.2%，其次是人工表面、林地、湿地和草地，分别占 14.4%~16.5%、9.8%~10.1%、4.9~5.0% 和 1.2%。

表 2-21 淮河中游一级生态系统类型的土地面积/比例构成特征

年份	统计参数	林地	草地	湿地	耕地	人工表面	其他
2000	面积/km²	13 113.6	1 574.3	6 321.7	90 157.2	18 698.8	388.6
	比例/%	10.1	1.2	4.9	69.2	14.4	0.2
2005	面积/km²	12 707.4	1 570.9	6 586.0	89 453.9	19 584.7	351.2
	比例/%	9.8	1.2	5.1	68.7	15.0	0.2
2010	面积/km²	12 711.2	1 545.3	6 465.5	87 721.8	21 430.4	379.9
	比例/%	9.8	1.2	5.0	67.3	16.5	0.2

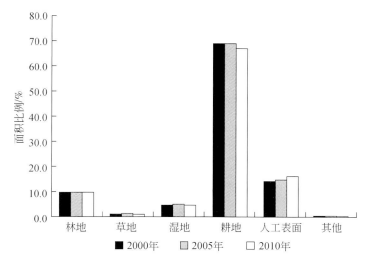

图 2-18 淮河中游 2000~2010 年一级生态系统面积比例

2000～2005 年和 2005～2010 年耕地逐渐减少，而林地前 5 年先逐渐减少后 5 年保持不变，人工表面前 5 年先增加后 5 年显著增加，湿地前 5 年先增加后 5 年减少，草地在整个 10 年基本没有变化。

淮河中游二级生态系统类型的土地面积/比例构成见表 2-22，2000 年土地面积大小排序为旱地>水田>居住地>落叶阔叶林>落叶阔叶灌木林>湖泊>水库/坑塘>常绿阔叶林地、草丛>河流>常绿针叶林>乔木园地>交通用地>工业用地。从 2000～2010 年的变化比例来看，旱地占地比例从 52.5% 下降到 51.4%，水田占地比例从 16.8% 增加到 16.0%，居住地占地比例从 13.9% 增加到 15.5%，林地主要由落叶阔叶林构成，占地比例由 2000 年的4.5% 下降到 2010 年的 4.2%，其次是落叶阔叶灌木林、常绿阔叶林地、常绿针叶林地、乔木园地及草丛，各地类总用地面积没有变化，分别维持在 3.0%、1.2%、0.8%、0.5% 和 1.2%，河流及运河/水渠用地保持不变，分别保持在 1.0% 和 0.2%，湖泊在 2000～2005 年逐渐增加而到 2005～2010 年保持不变，水库/坑塘用地在前 5 年先增加后 5 年减少，居住地、工业用地和交通用地在整个 10 年均逐渐增加。

表 2-22　淮河中游二级生态系统类型的土地面积/比例构成特征

类型	2000 年		2005 年		2010 年	
	面积/km²	比例/%	面积/km²	比例/%	面积/km²	比例/%
常绿阔叶林	1 540.7	1.2	1 540.6	1.2	1 540.4	1.2
落叶阔叶林	5 797.2	4.5	5 422.3	4.2	5 439.2	4.2
常绿针叶林	1 041.7	0.8	1 044.0	0.8	1 042.5	0.8
针阔混交林	88.9	0.1	86.7	0.1	86.4	0.1
常绿阔叶灌木林	63.2	0.0	63.1	0.0	63.1	0.0
落叶阔叶灌木林	3 883.4	3.0	3 865.6	3.0	3 854.6	3.0
乔木园地	673.6	0.5	659.0	0.5	649.1	0.5
灌木园地	22.8	0.0	23.5	0.0	33.3	0.0
乔木绿地	2.1	0.0	2.4	0.0	2.5	0.0
灌木绿地	0.1	0.0	0.1	0.0	0.2	0.0
草甸	—	—	0.9	0.0	0.9	0.0
草丛	1 574.3	1.2	1 565.8	1.2	1 538.5	1.2
草本绿地	—	—	4.3	0.0	6.0	0.0
灌丛湿地	—	—	5.2	0.0	—	—
草本湿地	345.5	0.3	272.0	0.2	325.7	0.3
湖泊	2 257.0	1.7	2 316.1	1.8	2 298.8	1.8
水库/坑塘	2 071.0	1.6	2 333.5	1.8	2 249.1	1.7
河流	1 333.4	1.0	1 342.2	1.0	1 276.9	1.0
运河/水渠	314.8	0.2	317.1	0.2	315.0	0.2
水田	21 843.5	16.8	21 416.3	16.4	20 803.6	16.0

续表

类型	2000 年		2005 年		2010 年	
	面积/km²	比例/%	面积/km²	比例/%	面积/km²	比例/%
旱地	68 313.7	52.5	68 037.7	52.2	66 918.2	51.4
居住地	17 973.5	13.9	18 653.8	14.4	20 250.2	15.5
工业用地	249.2	0.2	269.6	0.3	396.4	0.3
交通用地	432.5	0.4	585.9	0.5	693.7	0.6
采矿场	43.5	0.0	75.4	0.1	90.1	0.1
稀疏林	173.9	0.1	174.9	0.1	173.9	0.1
裸岩	24.8	0.0	24.8	0.0	24.8	0.0

2000~2010 年，淮河下游各生态系统类型的土地面积和比例构成见表 2-23 和图 2-19，可以明显看出，主要的生态系统类型为耕地占 63.4%~69.5%，其次是人工表面、湿地、林地和草地，依次占 14.3%~21.7%、14.0%~15.3%、0.8% 和 0.1%。

表 2-23　淮河下游一级生态系统构成特征

年份	统计参数	林地	草地	湿地	耕地	人工表面	其他
2000	面积/km²	254.1	23.5	4 616.7	21 052.4	4 315.9	2.0
	比例/%	0.8	0.1	15.3	69.5	14.3	0.0
2005	面积/km²	255.7	23.6	4 139.6	20 707.8	5 136.4	1.4
	比例/%	0.8	0.1	13.7	68.4	17.0	0.0
2010	面积/km²	256.3	23.6	4 242.3	19 172.9	6 568.1	1.4
	比例/%	0.8	0.1	14.0	63.4	21.7	0.0

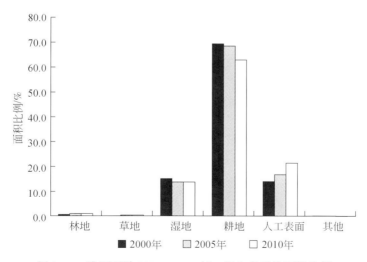

图 2-19　淮河下游 2000~2010 年一级生态系统面积比例

2000～2005 年耕地面积减少，但 2005～2010 年耕地减少速度加快。另外，人工表面一直持续显著增加，湿地前 5 年显著减少后 5 年缓慢增加，而林地和草地在整个 10 年没有变化。

从淮河下游二级生态系统类型的土地面积/比例构成（表 2-24）可以看出，2000 年主要生态系统类型的土地面积大小排序为水田>居住地>水库/坑塘>旱地>湖泊>运河/水渠>河流>草本湿地>落叶阔叶林地>工业用地>交通用地。从 2000～2010 年的变化比例来看，水田占地比例从 65.2% 下降到 59.0%，旱地占地比例没有变化为 4.4%，居住地占地比例从 13.7% 增加到 20.3%，湖泊在 2000～2005 年不变而在 2005～2010 年逐渐增加，水库/坑塘、河流用地先减少后增加，林地中主要是落叶阔叶林，面积没有变化，保持在 0.8%，运河/水渠用地前 5 年先减少后 5 年保持不变，居住地、工业用地和交通用地在 10 年期间均逐渐增加。

表 2-24　淮河下游二级生态系统类型的土地面积/比例构成特征

类型	2000 年		2005 年		2010 年	
	面积/km²	比例/%	面积/km²	比例/%	面积/km²	比例/%
常绿阔叶林	7.6	0.0	7.7	0.0	7.7	0.0
落叶阔叶林	232.8	0.8	233.2	0.8	232.3	0.8
常绿针叶林	1.3	0.0	1.3	0.0	1.3	0.0
常绿阔叶灌木林	0.0	0.0	0.0	0.0	0.0	0.0
落叶阔叶灌木林	0.5	0.0	0.5	0.0	0.7	0.0
乔木园地	0.4	0.0	0.4	0.0	1.0	0.0
灌木园地	8.9	0.0	8.9	0.0	9.6	0.0
乔木绿地	2.4	0.0	3.5	0.0	3.5	0.0
灌木绿地	0.1	0.0	0.1	0.0	0.1	0.0
草丛	21.9	0.1	22.0	0.1	22.0	0.1
草本绿地	1.6	0.0	1.6	0.0	1.7	0.0
草本湿地	270.2	0.9	234.1	0.8	189.3	0.6
湖泊	1 070.2	3.5	1 068.5	3.5	1 125.5	3.7
水库/坑塘	2 442.1	8.1	2 039.1	6.7	2 132.0	7.0
河流	390.0	1.3	373.8	1.2	382.6	1.3
运河/水渠	444.1	1.5	424.1	1.4	413.0	1.4
水田	19 730.0	65.2	19 371.2	64.0	17 843.0	59.0
旱地	1 322.4	4.4	1 336.6	4.4	1 329.9	4.4
居住地	4 149.8	13.7	4 841.1	16.0	6 142.6	20.3
工业用地	99.5	0.3	175.4	0.7	257.7	0.9
交通用地	64.3	0.2	119.5	0.4	167.0	0.5
采矿场	2.3	0.0	0.4	0.0	0.9	0.0
裸土	2.0	0.0	1.4	0.0	1.4	0.0

2000～2010 年，沂-沭-泗河流域一级生态系统类型的土地面积和比例构成见表 2-25 和图 2-20。从表图可见，主要的生态系统类型为耕地占 64.2%～67.9%，其次是人工表面、林地、湿地和草地，分别占 13.5%～17.2%、8.7%～8.8%、5.8%～5.9% 和 3.7%。

表 2-25　沂-沭-泗河流域一级生态系统的构成特征

年份	统计参数	林地	草地	湿地	耕地	人工表面	其他
2000	面积/km²	6 815.9	2 914.7	4 608.7	52 909.2	10 523.2	192.9
	比例/%	8.7	3.7	5.9	67.9	13.5	0.3
2005	面积/km²	6 842.8	2 897.6	4 529.3	51 572.7	11 932.2	190.0
	比例/%	8.8	3.7	5.8	66.1	15.3	0.3
2010	面积/km²	6 884.5	2 881.1	4 496.1	50 086.3	13 425.8	190.8
	比例/%	8.8	3.7	5.8	64.2	17.2	0.3

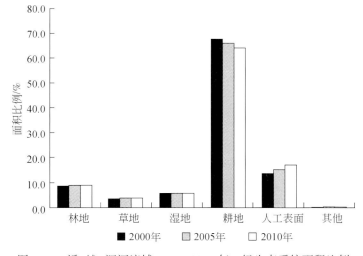

图 2-20　沂-沭-泗河流域 2000～2010 年一级生态系统面积比例

2000～2010 年，耕地逐渐减少，人工表面一直持续增加，林地前 5 年先增加后 5 年保持不变，湿地前 5 年先减少后 5 年保持不变，草地在 10 年期间没有变化。

从沂-沭-泗河流域二级生态系统类型的土地面积/比例构成（表 2-26）可以看出，2000 年主要生态系统的用地面积大小排序为旱地>水田>居住地>落叶阔叶林地>草丛>水库/坑塘>河流>湖泊>交通用地>工业用地。从 2000～2010 年的变化比例来看，旱地占地比例从 52.5% 下降到 50.0%，水田占地比例从 15.4% 下降到 14.2%，居住地占地比例从 12.5% 增加到 15.6%，湖泊面积比在 2000～2005 年逐渐增加，而于 2005～2010 年保持不变，水库/坑塘前 5 年先减少后 5 年增加，河流用地在 10 年期间保持不变，林地主要是落叶阔叶林，总用地面积保持不变，为 6.3%，草丛也保持不变，为 3.7%，居住地、工业用地和交通用地在 10 年期间均逐渐增加。

表 2-26　沂-沭-泗河流域二级土地类型构成特征

类型	2000 年		2005 年		2010 年	
	面积/km²	比例/%	面积/km²	比例/%	面积/km²	比例/%
常绿阔叶林	19.5	0.0	19.8	0.0	21.0	0.0
落叶阔叶林	4 882.9	6.3	4 889.0	6.3	4 923.8	6.3
常绿针叶林	479.5	0.6	477.3	0.6	473.3	0.6
落叶针叶林	207.6	0.3	206.8	0.3	207.4	0.3
针阔混交林	169.5	0.2	171.0	0.2	171.0	0.2
常绿阔叶灌木林	0.5	0.0	0.1	0.0	0.1	0.0
落叶阔叶灌木林	105.1	0.1	106.9	0.1	110.4	0.1
乔木园地	908.4	1.2	927.6	1.2	933.4	1.2
灌木园地	39.2	0.1	39.6	0.1	39.4	0.1
乔木绿地	3.6	0.0	4.5	0.0	4.7	0.0
灌木绿地	0.0	0.0	0.0	0.0	0.0	0.0
草丛	2 909.1	3.7	2 891.1	3.7	2 874.6	3.7
草本绿地	5.5	0.0	6.5	0.0	6.5	0.0
草本湿地	339.1	0.4	294.1	0.4	231.8	0.3
湖泊	889.6	1.1	918.7	1.2	928.6	1.2
水库/坑塘	2 053.1	2.6	1 971.0	2.5	2 020.3	2.6
河流	1 181.0	1.5	1 203.0	1.5	1 182.5	1.5
运河/水渠	146.0	0.2	142.4	0.2	132.9	0.2
水田	11 997.2	15.4	11 776.3	15.1	11 090.4	14.2
旱地	40 912.0	52.5	39 796.4	51.0	38 995.9	50.0
居住地	9 672.2	12.5	10 762.7	13.8	12 091.3	15.6
工业用地	313.2	0.4	512.0	0.7	637.7	0.8
交通用地	422.3	0.6	533.7	0.7	581.3	0.8
采矿场	115.5	0.1	123.8	0.2	115.4	0.1
稀疏林	53.1	0.1	53.1	0.1	53.4	0.1
稀疏草地	37.9	0.0	38.0	0.0	38.0	0.0
裸岩	38.5	0.0	37.8	0.0	37.4	0.0
裸土	63.3	0.1	61.1	0.1	62.1	0.1

2.2.3　子流域生态系统的格局变化

2.2.3.1　淮河上游

淮河上游一级生态系统类型的土地变化转移矩阵见表 2-27。由表可见，2000～2005

年，林地主要向耕地转移约为 70.8 km²；草地转移较少，湿地主要向耕地转移 23 km²，向其他转移 4.3 km²；耕地主要向人工表面转移 120.9 km²。2005 年以后，林地主要向耕地和人工表面转移，转移面积约为 2.5 km² 和 5.8 km²；湿地向耕地转移 10.3 km²；耕地主要向人工表面转移 99.6 km²；其他主要向湿地转移了 4.3 km²。从整个 10 年（2000～2010年）来看，林地主要向人工表面和耕地转移，分别转移约为 46.5 km² 和 24.5 km²；湿地主要向耕地转移 6.2 km²。

表 2-27　淮河上游一级生态系统类型的土地变化转移矩阵　　　（单位：km²）

年份	类型	林地	草地	湿地	耕地	人工表面	其他
2000～2005	林地	6 085.4	0.0	0.3	70.8	0.3	0.0
	草地	0.1	34.8	0.0	0.1	0.0	0.0
	湿地	0.6	0.0	767.4	23.0	0.3	4.3
	耕地	7.2	1.1	11.3	20 297.5	120.9	0.2
	人工表面	4.2	0.2	0.1	55.4	2 640.6	0.0
	其他	0.1	0.0	0.0	0.1	0.0	70.2
2005～2010	林地	6 088.2	0.6	0.3	2.5	5.8	0.1
	草地	0.0	35.7	0.0	0.0	0.4	0.0
	湿地	0.1	0.0	768.5	10.3	0.1	0.1
	耕地	1.9	5.7	21.9	20 317.9	99.6	0.0
	人工表面	0.1	0.0	0.2	13.8	2 748.1	0.0
	其他	0.0	0.0	4.3	0.2	0.1	70.1
2000～2010	林地	6 084.8	0.6	0.4	24.5	46.5	0.0
	草地	0.0	34.8	0.0	0.1	0.1	0.0
	湿地	0.3	0.0	788.9	6.2	0.2	0.0
	耕地	5.2	6.6	5.8	20 298.6	122.0	0.0
	人工表面	0.0	0.0	0.1	15.2	2 685.2	0.0
	其他	0.0	0.0	0.0	0.1	0.1	70.3

淮河上游一级生态系统类型的土地变化转移强度见表 2-28。由表可见，2000～2005年，湿地和人工表面的转移强度最高，分别为 3.5% 和 2.2%，且湿地主要表现为向耕地转移的趋势，转移强度为 2.9%。林地的转移强度次之，为 1.2%。耕地和草地的转移强度都为 0.7%，草地向耕地转移强度是 0.4%，耕地向人工表面转移强度为 0.6%。2005～2010 年，其他的转移强度最高可达 6.1%，主要表现为向湿地转移，强度为 5.8%。湿地转移强度次之，为 1.4%，基本向耕地方向转移。草地总体转移强度为 1.0%，主要向人工表面转移。耕地总体转移强度为 0.6%，主要向人工表面转移（强度为 0.5%）。2000～2010 年，林地转移强度最高（强度为 1.2%），主要向人工表面和耕地转移，强度依次为 0.8% 和 0.4%。湿地转移强度次之，为 0.8%，主要向耕地转移。耕地的转移强度第三，

强度为 0.7%，且主要向人工表面转移。草地的转移强度为 0.6%，主要向耕地和人工表面转移，强度分别为 0.4% 和 0.2%。

表 2-28　淮河上游一级生态系统类型的土地变化转化强度　　　　（单位：%）

年份	类型	林地	草地	湿地	耕地	人工表面	其他
2000~2005	林地	98.8	0.0	0.0	1.2	0.0	0.0
	草地	0.2	99.3	0.1	0.4	0.0	0.0
	湿地	0.1	0.0	96.5	2.9	0.0	0.5
	耕地	0.0	0.0	0.1	99.3	0.6	0.0
	人工表面	0.2	0.0	0.0	2.0	97.8	0.0
	其他	0.2	0.0	0.1	0.2	0.0	99.5
2005~2010	林地	99.8	0.0	0.0	0.0	0.1	0.0
	草地	0.0	99.0	0.0	0.0	1.0	0.0
	湿地	0.0	0.0	98.6	1.4	0.0	0.0
	耕地	0.0	0.0	0.1	99.4	0.5	0.0
	人工表面	0.0	0.0	0.0	0.5	99.5	0.0
	其他	0.0	0.0	5.8	0.2	0.1	93.9
2000~2010	林地	98.8	0.0	0.0	0.4	0.8	0.0
	草地	0.0	99.4	0.0	0.4	0.2	0.0
	湿地	0.0	0.0	99.2	0.8	0.0	0.0
	耕地	0.0	0.0	0.0	99.3	0.7	0.0
	人工表面	0.0	0.0	0.0	0.6	99.4	0.0
	其他	0.0	0.0	0.0	0.2	0.1	99.7

将淮河上游三期土地利用覆盖数据以栅格方式按行列方式记录各种生态系统类型的土地变化转移强度，见表 2-29。由表可见，各个期间草地、湿地、人工表面和其他转换强度较大，其中 2000~2005 年，4 种生态系统类型的土地变化转换强度分别为 2.2%、2.5%、3.4% 和 3.4%；2005~2010 年，草地转换强度最大，为 9.3%，湿地、人工表面和其他转换强度分别为 2.4%、2.2%、3.2%；2000~2010 年，草地转换强度最大，为 10.6%，人工表面转化强度次之，为 3.4%，湿地、林地和耕地转换强度相当，分别为 0.8%、0.6%、0.5%。耕地转换强度逐年减弱，从前 5 年的 0.7% 减少到后 5 年的 0.4%，林地、湿地、人工表面和其他转换强度具有同样的特征。比较前 5 年（2000~2005 年）和整个 10 年（2000~2010 年）可发现，转换强度逐渐减弱，但前 5 年（2000~2005 年）同后 5 年（2005~2010 年）相比，除草地外，其余各种地类转换强度又逐渐减弱。

表 2-29　按行列记录淮河上游一级生态系统类型的土地变化转移强度　（单位:%）

时段	林地	草地	湿地	耕地	人工表面	其他
2000～2005 年	0.7	2.2	2.5	0.7	3.4	3.4
2005～2010 年	0.1	9.3	2.4	0.4	2.2	3.2
2000～2010 年	0.6	10.6	0.8	0.5	3.4	0.2

综合以上淮河上游各生态系统类型的转移情况汇总各生态系统转移方向，如图 2-21
所示，最主要表现为耕地主要向人工表面转移，但不同时间段转移差异比较大。2000～
2005 年，耕地向人工表面转移，林地和湿地向耕地转移；2005～2010 年，耕地向人工表
面转移，其次向湿地转移，湿地向耕地转移，林地向人工表面转移；2000～2010 年，耕地
主要向人工表面转移，林地向人工表面和耕地转移，湿地向耕地转移。

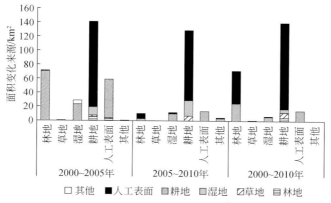

图 2-21　淮河上游一级生态系统类型变化方向

在 2000～2005 年和整个 10 年（2000～2010 年），淮河上游生态系统类型空间变化主要
分布在河南省的许昌市和商丘市，其次是周口市、驻马店市、信阳市；2005～2010 年，生态
系统类型空间变化主要发生在河南省驻马店市、信阳市。2000～2005 年，林地显著减少，湿
地也减少，但耕地略有增加，人工表面显著增加，在 2005～2010 年，耕地和林地都减少，
但耕地显著减少，人工表面仍然持续显著增加，湿地增加，从整个 10 年（2000～2010
年）来看，林地和耕地显著减少，而人工表面显著增加（图 2-22）。

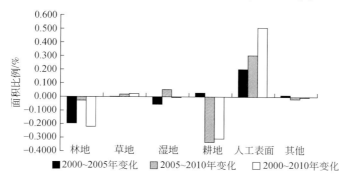

图 2-22　淮河上游 2000～2010 年一级生态系统类型面积变化比例

采用类型转换强度和综合生态系统动态度对淮河上游各阶段生态系统转换强度进行评判，计算结果见表2-30。从表可见，对于一级生态系统，类型转换强度2000～2005年阶段同2005～2010年阶段呈相反方向变化趋势，前者为−231.1%，后者为213.2%，相对于2000～2005年而言，2005～2010年阶段生态系统覆盖类型变化趋势渐渐变好。从综合生态系统动态度指标来看，2000～2005年为1.0%，2005～2010年为0.6%。对于二级生态系统，综合生态系统动态度2000～2005年为2.9%，2005～2010年为4.4%。

表2-30　淮河上游一级生态系统转换强度比较　　　　　（单位：%）

时段	一级生态系统		二级生态系统
	类型转换强度 LCCI$_{ij}$	综合生态系统动态度 EC	综合生态系统动态度 EC
2000～2005年	−231.1	1.0	2.9
2005～2010年	213.2	0.6	4.4

淮河上游二级生态系统综合变化率见表2-31。由表可见，2000～2005年，综合变化率排序为：工业用地（54.3%）＞落叶阔叶灌木林（12.4%）＞落叶阔叶林（12.3%）＞乔木园地（8.3%）＞交通用地（5.8%）＞水库/坑塘（4.9%）＞裸土（4.1%）＞居住地（3.0%）＞草丛（2.5%）；2005～2010年，综合变化率排序为：工业用地（30.7%）＞草丛（9.9%）＞草本湿地（6.8%）＞水库/坑塘（4.5%）＞裸土（3.8%）＞乔木园地（3.4%）＞湖泊（3.1%）＞居住地（2.1%）＞交通用地（1.9%）；2000～2010年，综合变化率排序为：工业用地（23.5%）＞落叶阔叶灌木林（12.4%）＞落叶阔叶林（12.2%）＞草丛（10.9%）＞交通用地（7.9%）＞草本湿地（7.2%）＞乔木园地（6.1%）＞居住地（3.2%）＞湖泊（2.8%）＞水库/坑塘（1.4%）。

表2-31　淮河上游二级生态系统综合变化率（按行和列统计计算）　　　（单位：%）

类型	2000～2005年	2005～2010年	2000～2010年
常绿阔叶林	0.7	0.7	0.1
落叶阔叶林	12.3	0.1	12.2
常绿针叶林	1.0	0.1	0.9
针阔混交林	2.1	0.0	2.1
落叶阔叶灌木林	12.4	0.1	12.4
乔木园地	8.3	3.4	6.1
乔木绿地	0.5	0.2	0.7
草丛	2.5	9.9	10.9
草本绿地		0.0	
草本湿地	1.4	6.8	7.2
湖泊	0.4	3.1	2.8
水库/坑塘	4.9	4.5	1.4

续表

类型	2000 ~ 2005 年	2005 ~ 2010 年	2000 ~ 2010 年
河流	0.8	0.7	0.2
运河/水渠	0.2	0.0	0.2
水田	1.0	0.4	1.0
旱地	1.2	0.6	0.8
居住地	3.0	2.1	3.2
工业用地	54.3	30.7	23.5
交通用地	5.8	1.9	7.9
采矿场		0.0	
稀疏林	0.0	0.0	0.0
裸岩	0.0	0.0	0.0
裸土	4.1	3.8	0.2

2.2.3.2 淮河中游

淮河中游一级生态系统类型的土地面积变化转移矩阵见表 2-32。由表可见，2000 ~ 2005 年，林地主要向耕地转移了 490.7 km²；草地转移较少，主要向人工表面和耕地转移，分别转移了 12.6 km² 和 8.0 km²；湿地主要向耕地转移了 215.4 km²；耕地主要向人工表面转移了 1096.7 km²，向湿地转移了 468.0 km²；其他主要向耕地转移了 24.8km²，向湿地转移了 19.4 km²。2005 ~ 2010 年，林地主要向耕地和人工表面转移，分别转移了 42.5 km² 和 8.8 km²；草地主要向耕地和人工表面转移，分别转移了 18.3 km² 和 9.3 km²；湿地主要向耕地转移了 384.0 km²；耕地主要向人工表面转移了 1879.6 km²，向湿地转移了 286.5 km²。从整个 10 年（2000 ~ 2010 年）来看，林地主要向人工表面和耕地，分别转移了 429.7 km² 和 66.5 km²；草地主要向人工表面和耕地转移分别转移了 15.5 km² 和 18.7 km²；湿地主要向耕地转移了 439.8 km²；耕地主要向人工表面转移了 2262.5 km²，向湿地转移了 599.9km²。

表 2-32　淮河中游一级生态系统类型的土地面积变化转移矩阵　　（单位：km²）

时段	类型	林地	草地	湿地	耕地	人工表面	其他
2000 ~ 2005 年	林地	12 612.7	2.3	2.0	490.7	5.4	0.4
	草地	0.8	1 549.7	2.1	8.0	12.6	1.1
	湿地	2.5	1.1	6 083.4	215.4	19.1	0.2
	耕地	86.8	14.7	468.0	88 483.4	1096.7	7.5
	人工表面	4.2	3.0	11.0	231.6	18 448.9	0.0
	其他	0.3	0.1	19.4	24.8	2.0	341.9

续表

时段	类型	林地	草地	湿地	耕地	人工表面	其他
2005~2010 年	林地	12 655.8	0.1	0.2	42.5	8.8	0.1
	草地	3.5	1 539.5	0.3	18.3	9.3	0.1
	湿地	1.0	1.0	6 171.4	384.0	20.2	8.4
	耕地	45.0	0.8	286.5	87 207.3	1 879.6	34.7
	人工表面	1.3	3.4	3.7	64.9	19 511.3	0.1
	其他	4.6	0.5	3.5	4.8	1.2	336.6
2000~2010 年	林地	12 613.1	2.3	1.6	66.5	429.7	0.4
	草地	4.4	1 533.0	1.6	18.7	15.5	1.0
	湿地	3.0	1.2	5 835.4	439.8	34.0	8.3
	耕地	84.8	8.4	599.9	87 175.6	2 262.5	25.9
	人工表面	0.9	0.0	5.2	11.5	18 681.1	0.1
	其他	5.0	0.3	21.9	9.7	7.5	344.2

　　淮河中游一级生态系统类型的土地变化转移强度见表 2-33。由表可见，2000~2005 年，其他、林地和湿地的转移强度较高，分别为 12.0%、3.8% 和 3.8%，且林地和湿地主要表现为向耕地转移，强度分别为 3.8% 和 3.4%。耕地、草地和人工表面的转移强度次之，分别为 1.9%、1.6% 和 1.3%，且耕地主要向人工表面和湿地转移，强度分别为 1.2% 和 0.5%，草地向耕地转移强度为 0.5%，向人工表面转移强度为 0.8%。2005~2010 年，湿地的转移强度最高，为 6.3%，主要表现为向耕地转移，强度为 5.8%。其他转移强度次之，为 4.2%，主要向耕地、林地和湿地方向转移，强度分别为 1.4%、1.3% 和 1.0%，再其次是耕地，总体转移强度为 2.5%，主要向人工表面转移，强度为 2.1%，草地总体转移强度为 2.0%，主要向人工表面转移，强度为 0.5%，向耕地转移强度为 1.2%，林地和人工表面总体转移强度都为 0.4%，林地主要向耕地转移，强度为 0.3%。2000~2010 年，其他的转移强度最高，强度为 11.4%，主要转向林地、湿地、耕地和人工表面转移，转移强度分别为 1.3%、5.6%、2.5% 和 1.9%，其次是湿地，转移强度为 7.7%，主要向耕地转移，强度为 7.0%，再其次是林地和耕地的转移强度也较高，转移强度分别为 3.8% 和 3.3%，林地主要向耕地和人工表面转移，强度分别为 0.5% 和 3.3%，草地总体转移强度为 2.6%，主要向耕地和人工表面转移，强度分别为 1.2% 和 1.0%。

表 2-33　淮河中游一级生态系统类型的土地变化转移强度　　　　（单位:%）

年份	类型	林地	草地	湿地	耕地	人工表面	其他
2000~2005	林地	96.2	0.0	0.0	3.8	0.0	0.0
	草地	0.1	98.4	0.1	0.5	0.8	0.1
	湿地	0.0	0.0	96.2	3.4	0.4	0.0
	耕地	0.2	0.0	0.5	98.1	1.2	0.0

续表

年份	类型	林地	草地	湿地	耕地	人工表面	其他
2000 ~ 2005	人工表面	0.0	0.0	0.1	1.2	98.7	0.0
	其他	0.1	0.0	5.0	6.4	0.5	88.0
2005 ~ 2010	林地	99.6	0.0	0.0	0.3	0.1	0.0
	草地	0.2	98.0	0.0	1.2	0.6	0.0
	湿地	0.0	0.0	93.7	5.8	0.3	0.2
	耕地	0.1	0.0	0.3	97.5	2.1	0.0
	人工表面	0.0	0.0	0.0	0.3	99.6	0.1
	其他	1.3	0.2	1.0	1.4	0.3	95.8
2000 ~ 2010	林地	96.2	0.0	0.0	0.5	3.3	0.0
	草地	0.3	97.4	0.1	1.2	1.0	0.0
	湿地	0.0	0.0	92.3	7.0	0.5	0.2
	耕地	0.1	0.0	0.7	96.7	2.5	0.0
	人工表面	0.0	0.0	0.0	0.1	99.9	0.0
	其他	1.3	0.1	5.6	2.5	1.9	88.6

将淮河中游三期土地利用覆盖数据以栅格方式按行列方式记录各种生态系统类型的土地变化转移强度见表 2-34。由表可见,各个期间均表现为草地、耕地和人工表面转换强度较大,其中 2000 ~ 2005 年,3 种地类转换强度分别为 5.9%、3.7% 和 7.2%;2005 ~ 2010 年,人工表面转换强度最大,为 8.3%,草地和耕地转换强度分别为 5.4% 和 5.1%;2000 ~ 2010 年,人工表面转换强度最大,为 10.3%,草地转化强度次之,为 8.8%,耕地转换强度为 7.4%。从 2000 ~ 2005 年和 2005 ~ 2010 年结果看,耕地转换强度逐年增强,从 3.7% 增加到 5.1%,人工表面和林地也有类似的变化趋势,分别从 7.2% 增加到 8.3%、0.5% 增加到 1.2%。草地和其他转换强度具有同样的特征,转换强度减弱。比较前 5 年 (2000 ~ 2005 年) 和整个 10 年 (2000 ~ 2010 年),转换强度逐渐增强,但前 5 年 (2000 ~ 2005 年) 同后 5 年 (2005 ~ 2010 年) 相比,除湿地转换强度没有变化,草地、林地和其他转换强度逐渐减弱,而耕地、人工表面和林地转换强度逐渐增强。

表 2-34　按行列记录淮河中游一级生态系统类型的土地转移强度　　　　(单位:%)

年份	林地	草地	湿地	耕地	人工表面	其他
2000 ~ 2005	0.5	5.9	1.5	3.7	7.2	1.5
2005 ~ 2010	1.2	5.4	1.5	5.1	8.3	1.2
2000 ~ 2010	1.7	8.8	2	7.4	10.3	1.7

综合以上,淮河中游各生态系统类型的转移情况汇总各生态系统转移方向,如图 2-23 所示。整个 10 年,耕地主要表现为向人工表面转移,而且随时间推移转移面积递增,其

次耕地和湿地间的双向转移，林地也向人工表面转移。2000～2005年，耕地向人工表面和湿地转移，林地和湿地向耕地转移；2005～2010年，耕地向人工表面和湿地转移，耕地主要向人工表面转移，其次向湿地转移，湿地向耕地转移。

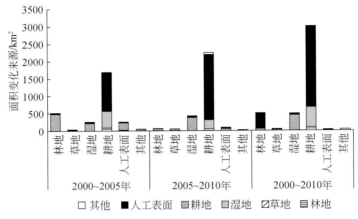

图 2-23　淮河中游一级生态系统类型变化方向

淮河中游生态系统类型空间变化主要分布在安徽省的阜阳市、六安市、淮南市和蚌埠市，河南省的周口市、开封市和郑州市。2000～2005年，林地和耕地都在减少，湿地和人工表面增加，2005～2010年，耕地和湿地都减少，但耕地显著减少，人工表面仍然持续显著增加，从整个10年（2000～2010年）来看，林地和耕地显著减少，而人工表面显著增加（图2-24）。

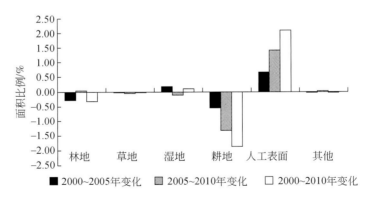

图 2-24　淮河中游 2000～2010 年一级生态系统类型的土地面积的变化比例

采用类型转换强度和综合生态系统动态度对淮河中游各阶段生态系统转换强度进行评判，计算结果见表2-35。由表可见，对于一级生态系统，类型转换强度2000～2005年阶段同2005～2010年阶段是相反方向变化趋势，前者为174.2%，后者为-17.2%，相对于2000～2005年，2005～2010年生态系统覆盖类型变化趋势逐渐变差。从综合生态系统动态度来看，2000～2005年为2.1%，2005～2010年为2.2%。对于二级生态系统，综合生态系统动态度在2000～2005年和2005～2010年两个期间均为2.4%。

表 2-35　淮河中游生态系统转化强度比较

时段	一级生态系统		二级生态系统
	类型转换强度 $LCCI_{ij}$/%	综合生态系统动态度 EC	综合生态系统动态度 EC
2000~2005 年	174.2	2.1	2.4
2005~2010 年	−17.2	2.2	2.4

　　淮河中游二级生态系统综合变化率见表 2-36。由表可见，2000~2005 年，综合变化率排序为：采矿场（47.8%）>工业用地（31.2%）>草本湿地（26.1%）>交通用地（17.9%）>水库/坑塘（16.5%）>裸土（14.5%）>乔木绿地（9.4%）>乔木园地（6.3%）>落叶阔叶林（4.6%）>湖泊（3.8%）>灌木园地（3.6%）>运河/水渠（3.3%）>居住地（3.1%）等；2005~2010 年，综合变化率排序为：灌丛湿地（100%）>灌木绿地（54.1%）>草本湿地（44.8%）>工业用地（31.1%）>灌木园地（26%）>草本绿地（20.9%）>裸土（18.8%）>水库/坑塘（13.1%）>采矿场（9.8%）>交通用地（9.6%）>运河/水渠（6.4%）>居住地（4.6%）>河流（4.5%）>湖泊（4.3%）等；2000~2010 年，综合变化率排序为：采矿场（62.2%）>灌木绿地（54.1%）>工业用地（44.2%）>草本湿地（42.9%）>灌木园地（30.4%）>交通用地（30.3%）>水库/坑塘（23.9%）>裸土（20.8%）>乔木绿地（11.9%）>运河/水渠（8.5%）>居住地（6.4%）>湖泊（6.2%）>河流（5.2%）>落叶阔叶林（4.7%）>乔木园地（4.6%）等。

表 2-36　淮河中游二级生态系统综合变化率（按行和列统计计算）　　（单位:%）

类型	2000~2005 年	2005~2010 年	2000~2010 年
常绿阔叶林	0.0	0.0	0.0
落叶阔叶林	4.6	0.6	4.7
常绿针叶林	0.2	0.2	0.1
针阔混交林	1.2	0.2	1.4
常绿阔叶灌木林	0.1	0.0	0.2
落叶阔叶灌木林	1.1	0.3	0.9
乔木园地	6.3	2.6	4.6
灌木园地	3.6	26.0	30.4
乔木绿地	9.4	2.2	11.9
灌木绿地	0.5	54.1	54.1
草甸		0.0	
草丛	1.5	1.1	1.8
草本绿地		20.9	
灌丛湿地		100.0	

类型	2000～2005 年	2005～2010 年	2000～2010 年
草本湿地	26.1	44.8	42.9
湖泊	3.8	4.3	6.2
水库/坑塘	16.4	13.1	23.9
河流	2.6	4.5	5.2
运河/水渠	3.3	6.4	8.5
水田	1.9	2.7	4.1
旱地	1.4	1.2	1.4
居住地	3.1	4.6	6.4
工业用地	31.2	31.1	44.2
交通用地	17.9	9.6	30.3
采矿场	47.8	9.8	62.2
稀疏林	0.3	0.3	0.3
裸岩	0.0	0.0	0.0
裸土	14.5	18.8	20.8

2.2.3.3 淮河下游

淮河下游一级生态系统类型的土地面积变化转移矩阵见表 2-37。由表可见，2000～2005 年，林地主要向耕地转移了 1.7 km²；湿地主要向耕地和人工表面转移，分别转移了 602.9 km² 和 26.5km²；耕地主要向人工表面转移了 801.2 km²，向湿地转移了 148.9 km²。2005～2010 年，林地主要向耕地转移，转移了 5.2 km²；湿地主要向耕地和人工表面转移，分别转移了 219.6 km² 和 27.2km²；耕地主要向人工表面转移了 1406.5 km²，向湿地转移了 348.6 km²。从整个 10 年（2000～2010 年）来看，林地主要向耕地转移了 6.9 km²；湿地主要向耕地和人工表面转移，分别转移了 743.9 km² 和 92.0km²；耕地主要向人工表面转移了 2167.4 km²，向湿地转移了 458.7km²。

表 2-37 淮河下游一级生态系统类型的土地面积变化转移矩阵 （单位：km²）

时段	类型	林地	草地	湿地	耕地	人工表面	其他
	林地	252.2	0.0	0.1	1.7	0.0	0.0
	草地	0.0	23.5	0.0	0.0	0.0	0.0
	湿地	0.9	0.0	3 986.4	602.9	26.5	0.0
2000～2005 年	耕地	2.5	0.0	148.9	20 099.9	801.2	0.0
	人工表面	0.1	0.1	4.2	2.8	4 308.7	0.0
	其他	0.0	0.0	0.0	0.5	0.0	1.4

续表

时段	类型	林地	草地	湿地	耕地	人工表面	其他
2005~2010 年	林地	250.4	0.0	0.0	5.2	0.1	0.0
	草地	0.0	23.6	0.0	0.0	0.0	0.0
	湿地	0.6	0.0	3 892.2	219.6	27.2	0.0
	耕地	5.3	0.0	348.6	18 947.5	1 406.5	0.0
	人工表面	0.0	0.0	1.5	0.6	5 134.3	0.0
	其他	0.0	0.0	0.0	0.0	0.0	1.4
2000~2010 年	林地	247.0	0.0	0.1	6.9	0.1	0.0
	草地	0.0	23.5	0.0	0.0	0.0	0.0
	湿地	1.5	0.0	3 779.2	743.9	92.0	0.0
	耕地	7.7	0.0	458.7	18 418.7	2 167.4	0.0
	人工表面	0.1	0.1	4.3	2.9	4 308.5	0.0
	其他	0.0	0.0	0.0	0.5	0.0	1.4

淮河下游一级生态系统类型的土地变化比例转移强度见表 2-38。由表可见，2000~2005 年，其他和湿地的转移强度较高，分别为 29.4% 和 13.7%，且其他主要表现为向耕地转移，强度为 26.9%；湿地向耕地转移，强度为 13.1%；耕地和林地的转移强度次之，分别为 4.5% 和 0.7%，且耕地主要向人工表面转移，强度为 3.8%，林地向耕地转移强度为 0.7%。2005~2010 年，耕地的转移强度最高为 8.5%，主要表现为向人工表面转移，强度为 6.8%；湿地转移强度次之，强度为 6.0%，主要向耕地方向转移，强度为 5.3%；再其次是林地，总体转移强度为 2.1%，主要向耕地，转移强度为 2.1%。2000~2010 年，其他的转移强度最高，强度为 29.6%，主要向耕地转移，转移强度为 26.3%；其次是湿地，转移强度为 18.1%，主要向耕地转移，强度为 16.1%；再其次是林地和耕地的转移强度也较高，转移强度分别为 2.8% 和 12.5%，林地主要向耕地转移，强度为 2.7%，耕地主要向人工表面转移，强度为 10.3%。

表 2-38　淮河下游一级生态系统类型的土地变化比例转移强度　（单位:%）

年份	类型	林地	草地	湿地	耕地	人工表面	其他
2000~2005	林地	99.3	0.0	0.0	0.7	0.0	0.0
	草地	0.0	100.0	0.0	0.0	0.0	0.0
	湿地	0.0	0.0	86.3	13.1	0.6	0.0
	耕地	0.0	0.0	0.7	95.5	3.8	0.0
	人工表面	0.0	0.0	0.1	0.1	99.8	0.0
	其他	0.1	0.0	0.4	26.9	2.0	70.6

续表

年份	类型	林地	草地	湿地	耕地	人工表面	其他
2005~2010	林地	97.9	0.0	0.0	2.1	0.0	0.0
	草地	0.0	100.0	0.0	0.0	0.0	0.0
	湿地	0.0	0.0	94.0	5.3	0.7	0.0
	耕地	0.0	0.0	1.7	91.5	6.8	0.0
	人工表面	0.0	0.0	0.0	0.0	100.0	0.0
	其他	0.3	0.0	0.0	0.0	0.0	99.7
2000~2010	林地	97.2	0.0	0.0	2.7	0.1	0.0
	草地	0.0	100.0	0.0	0.0	0.0	0.0
	湿地	0.0	0.0	81.9	16.1	2.0	0.0
	耕地	0.0	0.0	2.2	87.5	10.3	0.0
	人工表面	0.0	0.0	0.1	0.1	99.8	0.0
	其他	0.3	0.0	0.7	26.3	2.3	70.4

将淮河下游三期土地利用覆盖数据以栅格方式按行列方式记录各种生态系统类型的土地变化转移强度,见表2-39。由表可见:各个期间均表现为湿地、耕地、人工表面和其他转换强度较大,其中2000~2005年,4种地类转换强度分别为8.5%、3.7%、9.7%、14.7%。2005~2010年,人工表面转换强度最大,为14.0%,湿地和耕地转换强度分别为7.2%和4.8%。2000~2010年,人工表面转换强度最大,为26.3%,湿地和其他转化强度次之,分别为14.1%和14.8%,耕地转换强度为8.0%。对比2000~2005年和2005~2010年,耕地转换强度逐年增强,从3.7%增加到4.8%,人工表面和林地也有类似的变化趋势,分别从9.7%增加到14.0%,0.0%增加到2.2%;草地和其他转换强度具有同样的特征,转换强度减弱。比较前5年(2000~2005年)和整个10年(2000~2010年),转换强度逐渐增强,但前5年(2000~2005年)同后5年(2005~2010年)相比,湿地、草地和其他用地转换强度逐渐减弱,而耕地、林地和人工表面转换强度逐渐增强。

表2-39 按行列记录淮河下游一级生态系统类型的土地变化转移强度 (单位:%)

时段	林地	草地	湿地	耕地	人工表面	其他
2000~2005年	0.0	0.3	8.5	3.7	9.7	14.7
2005~2010年	2.2	0.0	7.2	4.8	14.0	0.2
2000~2010年	3.2	0.3	14.1	8.0	26.3	14.8

综合以上淮河下游各生态系统类型的转移情况汇总各生态系统转移方向,如图2-25所示。整个10年,耕地主要向人工表面转移,其次耕地向湿地、湿地向耕地双向转移,但湿地向耕地转移多些;2000~2005年和2005~2010年,也有类似的转移方向,前5

年湿地向耕地转移强度高于后 5 年，而耕地向人工表面和湿地转移强度后 5 年又高于前 5 年。

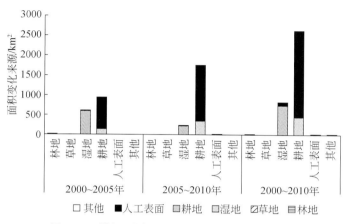

图 2-25 淮河下游一级生态系统类型变化方向

淮河下游 3 期一级生态系统类型的土地变化比例如图 2-26 所示。生态系统类型空间变化主要分布在江苏省洪泽湖周边的各大中城市，如淮安市、宿迁市、泰州市和盐城市等。2000~2005 年，湿地和耕地都在减少，人工表面增加，2005~2010 年，湿地小幅增加，但耕地显著减少，人工表面仍然持续显著增加，从整个 10 年（2000~2010 年）来看，湿地和耕地显著减少，而人工表面显著增加。

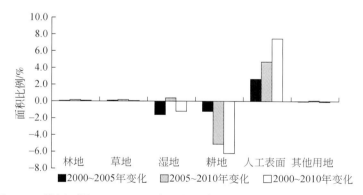

图 2-26 淮河下游 2000~2010 年一级生态系统类型的土地变化面积比例

采用类型转换强度和综合生态系统动态度对淮河下游各阶段生态系统转换的强度进行评判，计算结果见表 2-40。由表可见，对于一级生态系统，类型转换强度 2000~2005 年同 2005~2010 年变化方向一致，前者为 -84.5%，后者为 -86.4%，相对于 2000~2005 年，说明 2005~2010 年生态系统覆被类型变化趋势渐渐变得更差。从综合生态系统动态度来看，2000~2005 年为 5.3%，2005~2010 年为 6.7%。对于二级生态系统，综合生态系统动态度在 2000~2005 年为 5.6%，2005~2010 年为 7.2%。

表 2-40　淮河下游一级和二级生态系统类型的转化强度比较

时段	一级生态系统		二级生态系统
	类型转换强度 $LCCI_{ij}$/%	综合生态系统动态度 EC/%	综合生态系统动态度 EC/%
2000~2005 年	-84.5	5.3	5.6
2005~2010 年	-86.4	6.7	7.2

淮河下游二级生态系统综合变化率见表 2-41。由表可见，2000~2005 年，综合变化率排序为：采矿场（83.2%）>裸土（29.4%）>水库/坑塘（23.6%）>草本湿地（20.6%）>运河/水渠（10.9%）>河流（6.6%）>工业用地（6.5%）>落叶阔叶灌木林（5.0%）>水田（4.7%）等；2005~2010 年，综合变化率排序为：草本湿地（31.4%）>水库/坑塘（12.0%）>水田（9.0%）>运河/水渠（7.2%）>河流（6.9%）等；2000~2010 年，综合变化率排序为：采矿场（61.5%）>草本湿地（41.2%）>水库/坑塘（31.6%）>裸土（29.6%）>运河/水渠（13.6%）>水田（13.2%）>河流（10.3%）>工业用地（6.4%）>落叶阔叶灌木林（5.0%）等。

表 2-41　淮河下游二级生态系统综合变化率（按行和列统计计算）　　　（单位:%）

类型	2000~2005 年	2005~2010 年	2000~2010 年
常绿阔叶林	0.0	0.1	0.0
落叶阔叶林	0.8	2.3	3.0
常绿针叶林	0.0	0.1	0.1
常绿阔叶灌木林	0.0	0.0	0.0
落叶阔叶灌木林	5.0	0.0	5.0
乔木园地	0.0	0.0	0.0
灌木园地	0.1	0.1	0.1
乔木绿地	0.2	0.1	0.3
灌木绿地	0.0	0.0	0.0
草丛	0.0	0.0	0.0
草本绿地	0.7	0.0	0.6
草本湿地	20.6	31.4	41.2
湖泊	1.9	1.7	3.1
水库/坑塘	23.6	12.0	31.6
河流	6.6	6.9	10.3
运河/水渠	10.9	7.2	13.6
水田	4.7	9.0	13.2
旱地	2.4	2.2	4.1
居住地	0.1	0.1	0.2
工业用地	6.5	0.1	6.4

续表

类型	2000～2005 年	2005～2010 年	2000～2010 年
交通用地	0.3	0.3	0.6
采矿场	83.2	0.0	61.5
裸土	29.4	0.3	29.6

2.2.3.4 沂-沭-泗河流域

沂-沭-泗河流域一级生态系统类型的土地面积变化转移矩阵见表 2-42。由表可见，2000～2005 年，林地主要向耕地转移了 40.0 km²；草地转移方向比较多，分别向林地、湿地、耕地和人工表面转移，分别转移了 11.7 km²、5.8 km²、9.5 km² 和 14.1km²；湿地主要向耕地和人工表面转移，分别转移了 210.9 km² 和 70.7km²；耕地转移方向也比较多，主要向林地、草地、湿地和人工表面转移，分别转移了 56.8 km²、13.4 km²、186.5 km² 和 1359.3km²。2005～2010 年，林地主要向湿地、耕地和人工表面转移，分别转移了 3.7 km²、17.2 km² 和 3.5km²；草地转移方向仍然比较多，分别向林地、湿地、耕地和人工表面转移，分别转移了 16.3 km²、8.5 km²、4.0 km² 和 2.9km²；湿地主要向草地、耕地和人工表面转移，分别转移了 5.4km²、190.4 km² 和 13.6km²；耕地主要向人工表面转移了 1502.1 km²，向湿地转移了 164.1 km²。从整个 10 年（2000～2010 年）来看，林地主要向湿地、耕地和人工表面转移，分别转移了 4.8 km²、24.6 km² 和 32.5km²；草地转移方向仍然比较多，分别向林地、湿地、耕地和人工表面转移，分别转移了 28.7 km²、10.2 km²、10.6 km² 和 10.1km²；湿地主要向耕地和人工表面转移，分别转移了 285.2 km² 和 92.9km²；耕地主要向人工表面转移了 2809.5 km²，向湿地转移了 244.3 km²。

表 2-42　沂-沭-泗河流域一级生态系统类型的土地面积变化转移矩阵　　（单位：km²）

时段	类型	林地	草地	湿地	耕地	人工表面	其他
2000～2005 年	林地	6 768.8	2.2	1.7	40.0	3.3	0.0
	草地	11.7	2 873.6	5.8	9.5	14.1	0.0
	湿地	3.5	3.5	4 319.4	210.9	70.7	0.8
	耕地	56.8	13.4	186.5	51 292.7	1 359.3	0.4
	人工表面	1.7	4.1	14.3	18.3	10484.7	0.1
	其他	0.4	0.8	1.7	1.3	0.0	188.7
2005～2010 年	林地	6 818.3	0.0	3.7	17.2	3.5	0.0
	草地	16.3	2 865.8	8.5	4.0	2.9	0.0
	湿地	1.6	5.4	4 315.8	190.4	13.6	2.4
	耕地	47.9	0.6	164.1	49 857.5	1 502.1	0.5
	人工表面	0.3	9.3	2.3	17.0	11 903.3	0.0
	其他	0.0	0.0	1.6	0.3	0.3	187.9

续表

时段	类型	林地	草地	湿地	耕地	人工表面	其他
2000~2010年	林地	6 752.3	1.6	4.8	24.6	32.5	0.0
	草地	28.7	2 855.0	10.2	10.6	10.1	0.0
	湿地	4.3	4.8	4 219.4	285.2	92.9	2.1
	耕地	96.9	12.0	244.3	49 745.8	2 809.5	0.6
	人工表面	1.9	6.9	15.5	18.5	10 480.4	0.1
	其他	0.4	0.8	1.9	1.5	0.3	187.9

沂–沭–泗河流域一级生态系统类型的土地变化比例转移强度见表 2-43。由表可见，2000~2005 年，湿地的转移强度最高，为 6.3%，且表现为向耕地和人工表面转移，强度分别为 4.6% 和 1.5%；耕地和其他的转移强度次之，分别为 3.1% 和 2.2%，且耕地主要向人工表面转移，强度为 2.6%，其他分别向草地、湿地和耕地转移，强度分别为 0.4%、0.9%、0.7%；草地和林地转移强度分别为 1.4% 和 0.7%，其中草地向人工表面转移了 0.4%，林地向耕地转移强度为 0.7%。

2005~2010 年，湿地的转移强度最高，为 4.7%，且表现为主要向耕地，强度为 4.2%；耕地转移强度次之，强度为 3.3%，且耕地主要向人工表面转移，强度为 2.9%；草地和其他转移强度都为 1.1%，草地主要向林地和湿地转移，强度分别为 0.6% 和 0.3%，其他主要向湿地转移，强度为 0.8%；林地转移强度为 0.4%，主要向耕地转移了 0.3%。

2000~2010 年，湿地的转移强度最高，为 8.4%，且表现为向耕地转移，强度为 6.2%，向人工表面转移强度为 2%；耕地转移强度次之，强度为 6.0%，且耕地主要向人工表面转移，强度为 5.3%，向湿地转移强度为 0.5%；草地和其他转移强度分别为 2.0% 和 2.6%，草地主要向林地、湿地、耕地和人工表面转移，强度分别为 1.0%、0.4%、0.4% 和 0.2%；其他主要向草地、湿地和耕地转移，强度分别为 0.4%、1.0% 和 0.8%。

表 2-43　沂–沭–泗河流域一级生态系统类型的土地变化比例转移强度　（单位：%）

时段	类型	林地	草地	湿地	耕地	人工表面	其他
2000~2005年	林地	99.3	0.0	0.0	0.7	0.0	0.0
	草地	0.4	98.6	0.2	0.3	0.5	0.0
	湿地	0.1	0.1	93.7	4.6	1.5	0.0
	耕地	0.1	0.0	0.4	96.9	2.6	0.0
	人工表面	0.0	0.0	0.2	0.2	99.6	0.0
	其他	0.2	0.4	0.9	0.7	0.0	97.8

续表

时段	类型	林地	草地	湿地	耕地	人工表面	其他
2005~2010 年	林地	99.6	0.0	0.1	0.3	0.0	0.0
	草地	0.6	98.9	0.3	0.1	0.1	0.0
	湿地	0.0	0.1	95.3	4.2	0.3	0.1
	耕地	0.1	0.0	0.3	96.7	2.9	0.0
	人工表面	0.0	0.1	0.0	0.1	99.8	0.0
	其他	0.0	0.0	0.8	0.2	0.1	98.9
2000~2010 年	林地	99.1	0.0	0.1	0.4	0.5	0.0
	草地	1.0	98.0	0.4	0.4	0.2	0.0
	湿地	0.1	0.1	91.6	6.2	2.0	0.0
	耕地	0.2	0.0	0.5	94.0	5.3	0.0
	人工表面	0.0	0.1	0.1	0.2	99.6	0.0
	其他	0.2	0.4	1.0	0.8	0.2	97.4

　　将沂–沭–泗河流域三期土地利用覆盖数据以栅格方式按行列方式记录各种生态系统类型的土地变化转移强度，见表 2-44。由表可见，各个期间均表现为湿地、耕地、人工表面转换强度较大，其中 2000~2005 年，3 种地类转换强度分别为 5.4%、1.8% 和 7.1%，2005~2010 年，人工表面转换强度最大，为 6.5%，湿地和耕地转换强度分别为 4.3% 和 1.9%，2000~2010 年，人工表面转换强度最大，为 14.2%，湿地和耕地转化强度次之，分别为 7.2% 和 3.3%。2000~2005 年和 2005~2010 年，耕地转换强度逐年增强，从 1.8% 增加到 1.9%，人工表面的变化与之相反，从 7.1% 降低到 6.5%，在此期间，除了耕地，其余各种地类转换强度具有相同的特征，转换强度减弱。比较前 5 年（2000~2005 年）和整个 10 年（2000~2010 年），转换强度逐渐增强。

表 2-44　按行列记录沂–沭–泗河流域一级生态系统类型的土地变化的转移强度

（单位：%）

时段	林地	草地	湿地	耕地	人工表面	其他
2000~2005 年	0.9	1.1	5.4	1.8	7.1	1.4
2005~2010 年	0.7	0.8	4.3	1.9	6.5	1.3
2000~2010 年	1.4	1.5	7.2	3.3	14.2	2.0

　　综合以上沂–沭–泗河流域各生态系统类型的转移情况汇总各生态系统转移方向，如图 2-27 所示。整个 10 年（2000~2010 年），耕地主要向人工表面转移，且转移面积逐年递增，其次耕地向湿地、湿地向耕地双向转移；2000~2005 年和 2005~2010 年，也有类似的转移方向。

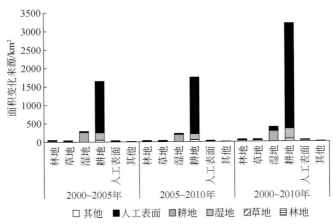

图 2-27   沂–沭–泗河流域一级生态系统类型变化方向

沂–沭–泗河流域三期生态系统类型的土地面积比例如图 2-28 所示。生态系统类型空间变化主要分布在南四湖周边的各大城市，如山东省的枣庄市、临沂市和江苏省的徐州市等。2000 ~ 2005 年和 2005 ~ 2010 年，耕地在显著减少，人工表面在显著增加。

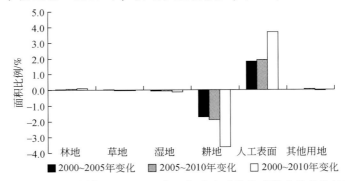

图 2-28   沂–沭–泗河流域 2000 ~ 2010 年一级生态系统类型的土地变化的面积比例

采用类型转换强度和综合生态系统动态度对沂–沭–泗河流域各阶段生态系统转换的强度进行评判，计算结果见表 2-45。由表可见，对于一级生态系统，类型转换强度 2000 ~ 2005 年同 2005 ~ 2010 年变化方向一致，前者为 52.0%，后者为 55.2%，相对于 2000 ~ 2005 年，说明 2005 ~ 2010 年生态系统覆被类型变化趋势渐渐变好。从综合生态系统动态度来看，2000 ~ 2005 年和 2005 ~ 2010 年都为 2.8%。对于二级生态系统，综合生态系统动态度在 2000 ~ 2005 年为 5.6%，2005 ~ 2010 年为 7.2%。

表 2-45   沂–沭–泗河流域生态系统转化强度比较   （单位：%）

时段	一级生态系统		二级生态系统
	类型转换强度 LCCI$_{ij}$	综合生态系统动态度 EC	综合生态系统动态度 EC
2000 ~ 2005 年	52.0	2.8	5.6
2005 ~ 2010 年	55.2	2.8	7.2

　　沂-沭-泗河流域二级生态系统综合变化率，见表2-46。由表可见，2000～2005年，综合变化率排序为：常绿阔叶灌木林（60.3%）＞工业用地（34.3%）＞乔木绿地（14.3%）＞交通用地（13.3%）＞水库/坑塘（10.8%）＞草本绿地（8.7%）＞运河/水渠（8.6%）＞草本湿地（7.3%）＞居住地（6.0%）＞采矿场（4.7%）＞裸土（3.5%）等。2005～2010年，综合变化率排序为：草本湿地（20.7%）＞工业用地（13.2%）＞运河/水渠（9.5%）＞水库/坑塘（9.3%）＞居住地（6.3%）＞采矿场（5.0%）＞交通用地（4.6%）＞裸土（3.6%）等。2000～2010年，综合变化率排序为：常绿阔叶灌木林（60.3%）＞工业用地（54.1%）＞＞草本湿地（20.6%）＞交通用地（19.0%）＞乔木绿地（15.9%）＞水库/坑塘（14.9%）＞居住地（12.9%）＞运河/水渠（11.3%）＞草本绿地（8.7%）＞水田（5.5%）＞裸土（5.0%）＞采矿场（4.4%）＞常绿阔叶林（4%）等。

表2-46　沂-沭-泗河流域二级生态系统综合变化率（按行和列统计计算）（单位：%）

类型	2000～2005年	2005～2010年	2000～2010年
常绿阔叶林	0.8	3.1	4.0
落叶阔叶林	0.9	0.6	1.3
常绿针叶林	0.6	1.7	2.3
落叶针叶林	0.5	0.2	0.7
针阔混交林	0.5	0.0	0.4
常绿阔叶灌木林	60.3	0.0	60.3
落叶阔叶灌木林	1.2	1.6	2.8
乔木园地	1.1	0.7	1.8
灌木园地	0.7	1.1	1.8
乔木绿地	14.3	2.2	15.9
灌木绿地	0.0	0.0	0.0
草丛	1.1	0.8	1.5
草本绿地	8.7	0.0	8.7
草本湿地	7.3	20.7	20.6
湖泊	2.0	2.0	3.4
水库/坑塘	10.8	9.3	14.9
河流	2.8	2.6	3.6
运河/水渠	8.6	9.5	11.3
水田	2.2	3.7	5.5
旱地	1.8	1.5	2.9
居住地	6.0	6.3	12.9
工业用地	34.3	13.2	54.1
交通用地	13.3	4.6	19.0
采矿场	4.7	5.0	4.4
稀疏林	0.3	0.3	0.3

续表

类型	2000 ~ 2005 年	2005 ~ 2010 年	2000 ~ 2010 年
稀疏草地	0.1	0.0	0.1
裸岩	0.9	0.5	1.4
裸土	3.5	3.6	5.0

2.3 岸边带生态系统格局及变化

岸边带是内陆河流连接水体和陆地的重要生态交错带，具有多重生态系统服务功能，如涵养水源、蓄洪防旱、促淤造地、维持生物多样性和生态平衡等。因此，在研究流域生态环境问题时岸边带的构成、格局及变化对于深入了解流域的特征和功能起着非常重要的作用。本节选取 500m、1000m、1500m、2000m、2500m 和 3000m 的岸边带作为研究对象来了解淮河流域岸边带构成、格局及其变化的特点和规律。

2.3.1 岸边带主要生态系统类型的空间分布

淮河流域不同宽度岸边带生态系统空间分布如图 2-29 所示。由图可见，随着岸边宽度的增加，岸边带内的耕地面积比例逐渐增加，且岸边带土地覆被类型体现的是河流周边人类活动的强度。例如，分布在山区和丘陵地带的河流，岸边带主要土地类型为林地和草地，而分布在广大平原区的河流周边的岸边带主要的土地利用类型为耕地和人工表面，且随岸边宽度增加，这两种土地利用类型的比例在逐渐增加，尤其在流域的中游东部和下游东部表现得更为明显。

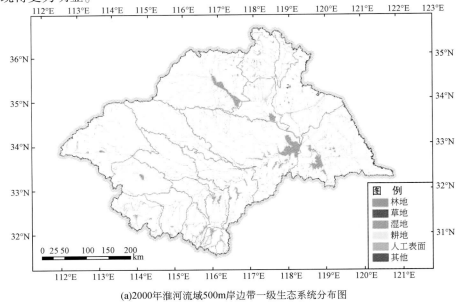

(a)2000年淮河流域500m岸边带一级生态系统分布图

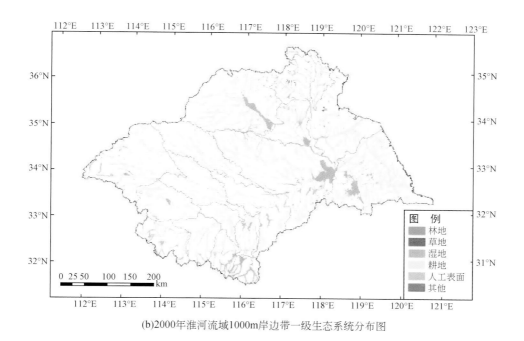

(b)2000年淮河流域1000m岸边带一级生态系统分布图

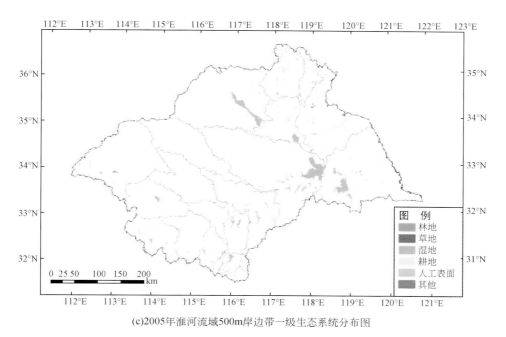

(c)2005年淮河流域500m岸边带一级生态系统分布图

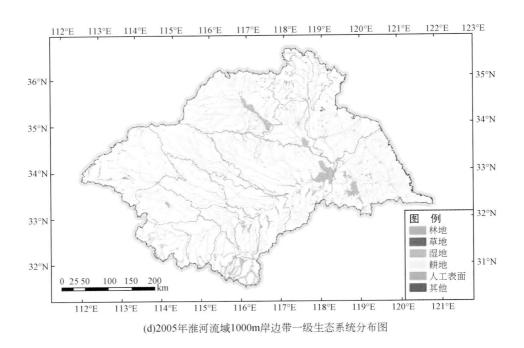

(d)2005年淮河流域1000m岸边带一级生态系统分布图

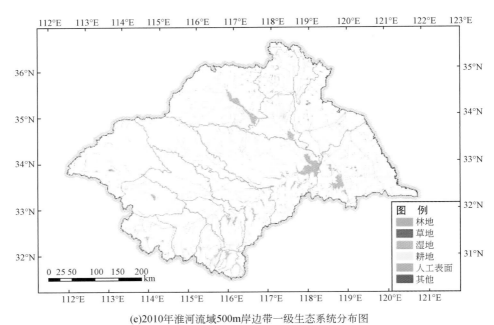

(e)2010年淮河流域500m岸边带一级生态系统分布图

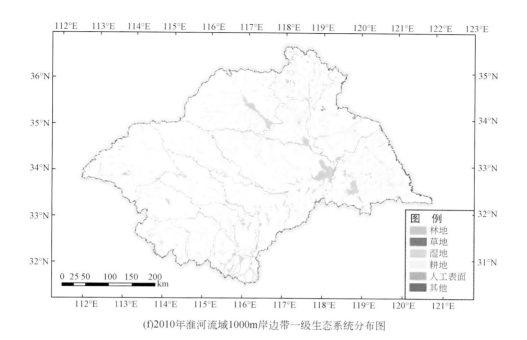

(f)2010年淮河流域1000m岸边带一级生态系统分布图

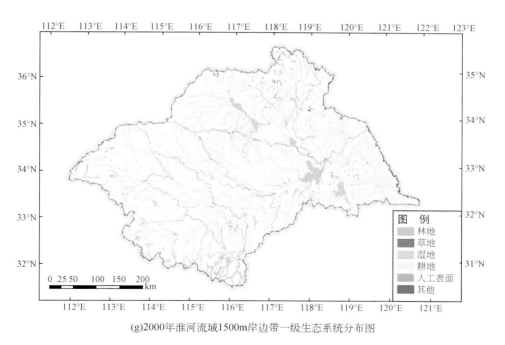

(g)2000年淮河流域1500m岸边带一级生态系统分布图

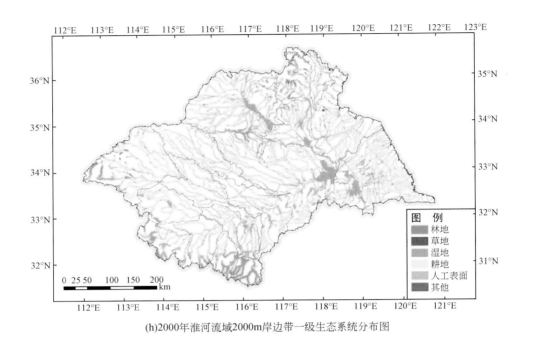

(h)2000年淮河流域2000m岸边带一级生态系统分布图

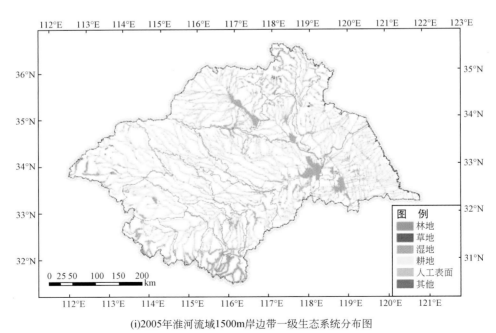

(i)2005年淮河流域1500m岸边带一级生态系统分布图

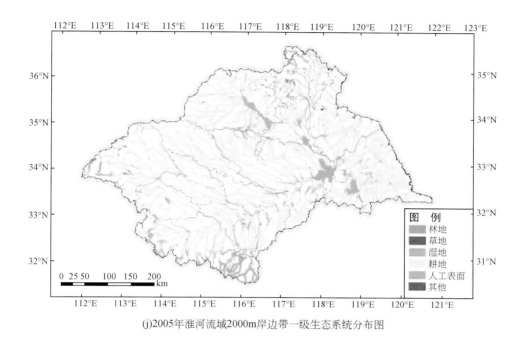

(j)2005年淮河流域2000m岸边带一级生态系统分布图

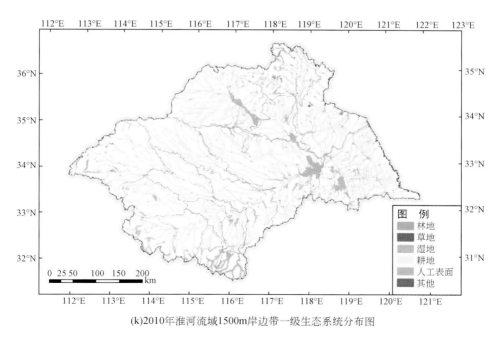

(k)2010年淮河流域1500m岸边带一级生态系统分布图

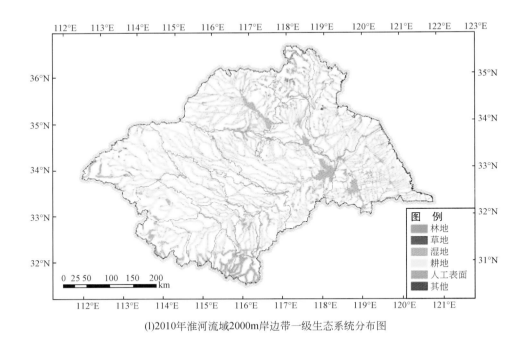

(l)2010年淮河流域2000m岸边带一级生态系统分布图

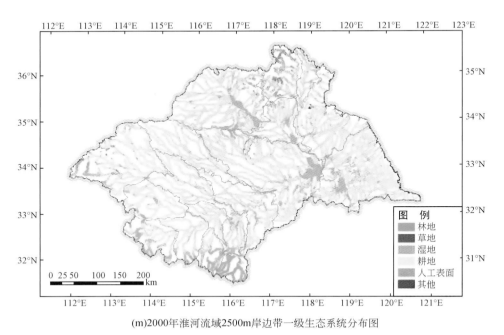

(m)2000年淮河流域2500m岸边带一级生态系统分布图

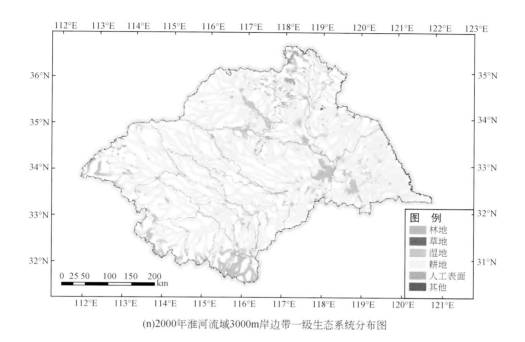

(n)2000年淮河流域3000m岸边带一级生态系统分布图

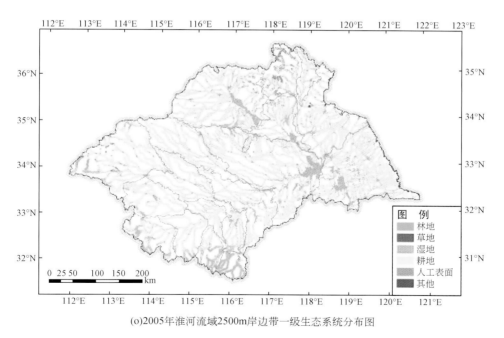

(o)2005年淮河流域2500m岸边带一级生态系统分布图

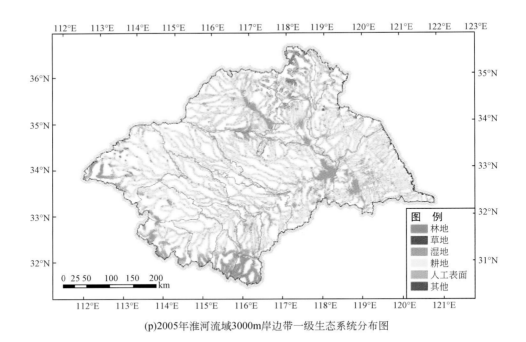

(p)2005年淮河流域3000m岸边带一级生态系统分布图

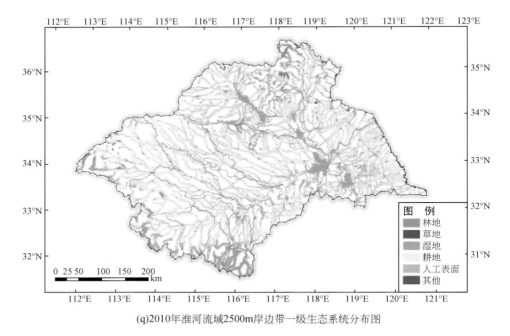

(q)2010年淮河流域2500m岸边带一级生态系统分布图

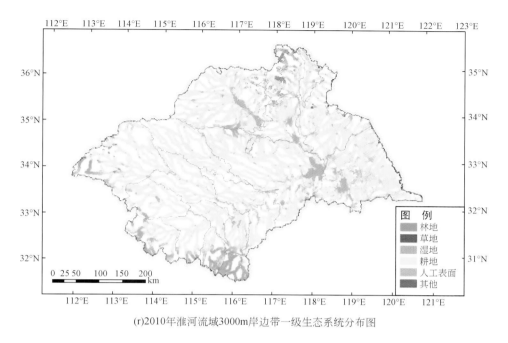

(r)2010年淮河流域3000m岸边带一级生态系统分布图

图 2-29　淮河流域不同宽度岸边带 2000 ~ 2010 年一级生态系统类型空间分布

2.3.2　岸边带生态系统的构成特征

淮河整个流域不同宽度的河岸带土地利用构成特征，见表 2-47。由表可见，在 10 年变化过程中，500 ~ 1000m 宽度岸边带中耕地占地面积比例都最大，其次为湿地。随着岸边带宽度的增加，耕地和人工表面面积比例逐渐增大，表明人类活动强度逐渐增强；而林地和草地等自然生态系统的面积及比例也有相同的规律特征；对于湿地，湿地面积所占比例逐渐减少。农田面积和建设用地（即居住地、交通用地、工业农地等）的面积所占的比例随岸边带宽度的增加则增加，表明随着离河岸距离越远，人类的干扰程度增加。

表 2-47　不同宽度岸边带一级生态系统类型的土地面积/比例构成特征

岸边带宽度 /m	土地类型	2000 年		2005 年		2010 年	
		面积/km²	比例/%	面积/km²	比例/%	面积/km²	比例/%
500	林地	2 630.32	6.54	2 583.97	6.43	2 591.88	6.45
500	草地	320.83	0.80	320.80	0.80	310.99	0.77
500	湿地	9 758.99	24.27	9 809.38	24.39	9 701.51	24.13
500	耕地	22 514.26	55.99	22 101.99	54.96	21 437.71	53.31
500	人工表面	4 761.66	11.84	5 195.09	12.92	5 950.83	14.80

岸边带宽度/m	土地类型	2000 年		2005 年		2010 年	
		面积/km²	比例/%	面积/km²	比例/%	面积/km²	比例/%
500	其他	226.65	0.56	201.46	0.50	219.78	0.55
1000	林地	4 911.09	6.93	4 803.75	6.78	4 819.74	6.80
1000	草地	666.05	0.94	665.62	0.94	651.37	0.92
1000	湿地	11 106.07	15.67	11 095.94	15.66	10 999.63	15.52
1000	耕地	44 263.18	62.47	43 549.25	61.46	42 137.78	59.47
1000	人工表面	9 621.86	13.58	10 486.31	14.80	11 967.07	16.89
1000	其他	286.49	0.40	253.86	0.36	279.14	0.39
1500	林地	7 078.40	7.17	6 920.38	7.01	6 941.03	7.03
1500	草地	1 044.25	1.06	1 041.90	1.06	1 025.27	1.04
1500	湿地	12 035.23	12.20	11 954.22	12.11	11 880.63	12.04
1500	耕地	64 390.54	65.26	63 414.09	64.27	61 368.96	62.19
1500	人工表面	13 794.70	13.98	15 046.29	15.25	17 135.64	17.37
1500	其他	329.91	0.33	296.15	0.30	321.51	0.33
2000	林地	9 190.17	7.42	8 992.92	7.26	9 014.01	7.28
2000	草地	1 414.53	1.14	1 409.75	1.14	1 390.43	1.12
2000	湿地	12 785.07	10.33	12 652.39	10.22	12 601.84	10.18
2000	耕地	82 637.47	66.75	81 418.83	65.77	78 828.62	63.68
2000	人工表面	17 397.90	14.05	18 985.75	15.34	21 599.78	17.45
2000	其他	371.90	0.30	337.39	0.27	362.36	0.29
2500	林地	11 216.44	7.67	10 981.39	7.51	11 003.24	7.52
2500	草地	1 774.47	1.21	1 767.65	1.21	1 745.15	1.19
2500	湿地	13 412.88	9.17	13 246.71	9.06	13 215.86	9.03
2500	耕地	98 914.20	67.62	97 483.30	66.64	94 437.58	64.56
2500	人工表面	20 558.78	14.05	22 432.84	15.33	25 485.16	17.42
2500	其他	409.35	0.28	374.22	0.26	399.11	0.27
3000	林地	13 090.22	7.88	12 823.32	7.72	12 845.31	7.73
3000	草地	2 117.68	1.27	2 108.61	1.27	2 083.29	1.25
3000	湿地	13 934.45	8.39	13 741.43	8.27	13 720.90	8.26
3000	耕地	113 213.91	68.16	111 594.88	67.19	108 176.38	65.13
3000	人工表面	23 299.59	14.03	25 423.21	15.31	28 840.50	17.36
3000	其他	441.52	0.27	405.92	0.24	430.98	0.26

淮河各子流域不同宽度岸边带一级生态系统类型的土地面积比例，如图 2-30 所示。林地比例最小的为淮河下游，湿地分布最大区域也在淮河下游。而林地比例较大的为淮河

上游区，另外该区域的湿地面积所占比例最小。耕地面积比例在淮河上游占有比重最大，而人工表面在淮河中游和淮河下游占有比重较大，这些区域也是人口分布最密集的区域。仅-沂-沭泗河流域分布有一定面积比例的草地。

随着河岸带宽度的增加，淮河上游一级生态系统类型的土地面积比例随时间的变化不大，然而其他三个子流域随时间的变化，耕地面积比例持续减少，而人工表面面积比例持续增加。这说明淮河上游人类干扰强度相对较弱，城市扩张过程相对于其他三个子流域也要缓慢。

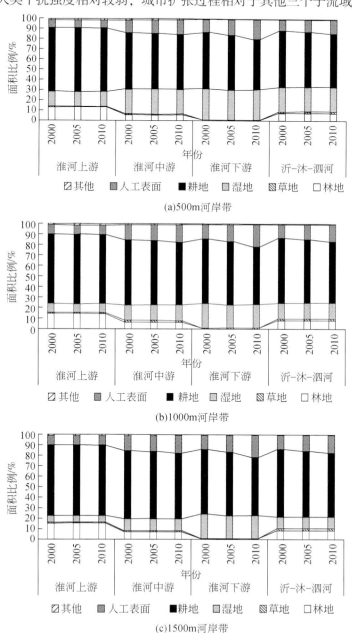

(a)500m河岸带

(b)1000m河岸带

(c)1500m河岸带

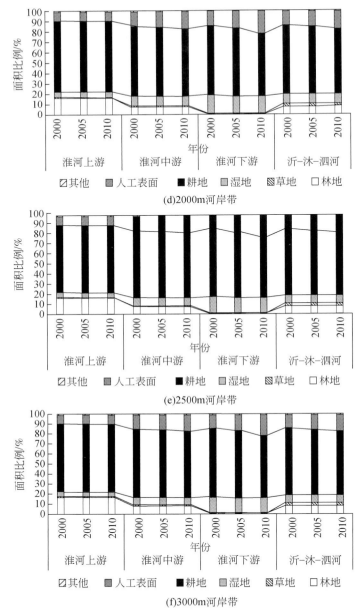

图 2-30　淮河各子流域不同宽度岸边带土地利用类型面积比例（2000 年、2005 年、2010 年）

2.3.3　岸边带生态系统的格局变化

2.3.3.1　淮河流域岸边带一级生态系统类型的空间变化

淮河流域不同宽度岸边带一级生态系统类型的土地面积空间变化分布，如图 2-31 所示。由图可见，随着岸边带宽度的增加，可以清楚地看到发生生态系统类型的土地面积变化的区域发生在河流水系发达的整个淮河下游和淮河中游的东南部区域（图中红色密集的区域即为变化的区域）。

(a)2000~2005年淮河流域500m岸边带一级生态系统变化分布图

(b)2005~2010年淮河流域500m岸边带一级生态系统变化分布图

(c)2000~2005年淮河流域1000m岸边带一级生态系统变化分布图

(d)2005~2010年淮河流域1000m岸边带一级生态系统变化分布图

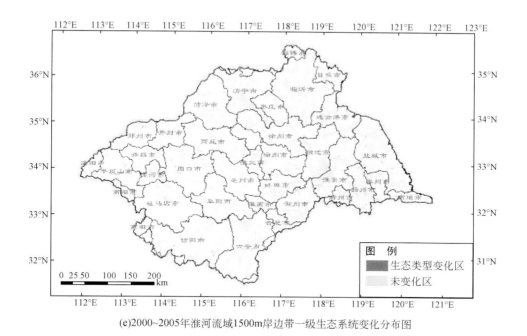

(e)2000~2005年淮河流域1500m岸边带一级生态系统变化分布图

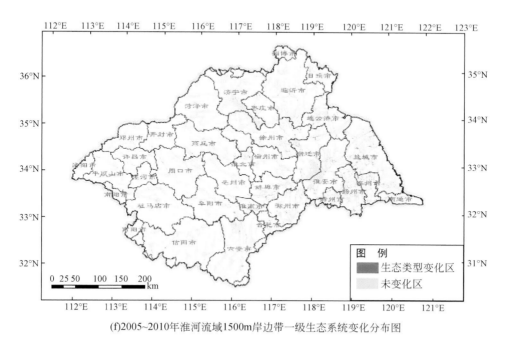

(f)2005~2010年淮河流域1500m岸边带一级生态系统变化分布图

(g)2000~2005年淮河流域2000m岸边带一级生态系统变化分布图

(h)2005~2010年淮河流域2000m岸边带一级生态系统变化分布图

(i)2000~2005年淮河流域2500m岸边带一级生态系统变化分布图

(j)2005~2010年淮河流域2500m岸边带一级生态系统变化分布图

(k)2000~2005年淮河流域3000m岸边带一级生态系统变化分布图

(l)2005~2010年淮河流域3000m岸边带一级生态系统变化分布图

图 2-31　淮河流域不同宽度岸边带 2000~2010 年一级生态系统类型的空间变化

2.3.3.2 子流域岸边带一级生态系统的变化

不同子流域不同宽度岸边带在 3 个时期一级生态系统变化情况如下。

淮河上游岸边带变化情况如图 2-32 所示。

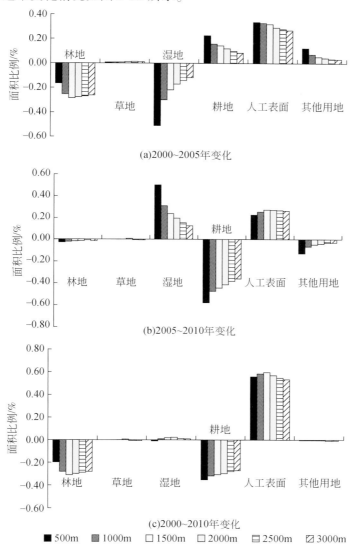

图 2-32 淮河上游不同宽度岸边带一级生态系统变化情况

1）2000～2005 年，林地和湿地面积均大幅度减少，耕地、人工表面和其他面积均增加。其中湿地、耕地面积在靠近河流的岸边（500m）变化幅度相对较大，其他面积随离河流距离越来越远，变化幅度递减。

2）2005～2010 年，林地和草地面积变化很小，湿地和人工表面面积均大幅度增加，而耕地面积大幅度减少。其中耕地和湿地面积在靠近河流的岸边（500m）变化幅度相对较大，其他面积随离河流距离越来越远，变化幅度递减，到离河流 1500m 后变化幅度趋于稳定。

3）整个 10 年（2000～2010 年），林地和耕地面积均大幅度减少，人工表面面积大幅度增加，其中耕地面积在靠近河流的岸边（500m）变化幅度相对较大，并随离河流距离越来越远，变化幅度递减；林地和人工表面面积在离河流 1500m 范围内变化幅度递增，之后变化幅度递减。

淮河中游岸边带变化情况如图 2-33 所示。

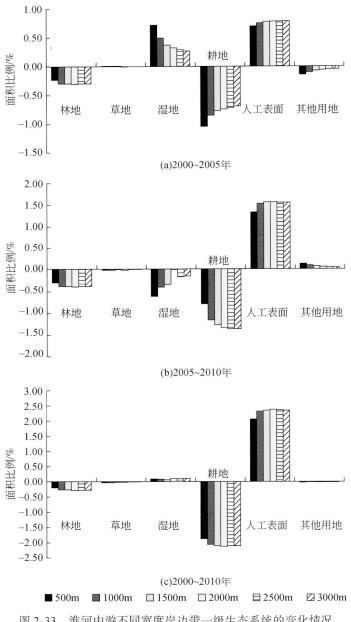

(a)2000~2005年

(b)2005~2010年

(c)2000~2010年

■500m ■1000m ▦1500m ▢2000m ▤2500m ▨3000m

图 2-33 淮河中游不同宽度岸边带一级生态系统的变化情况

1）2000～2005 年，林地、耕地、其他用地面积均减少，湿地和人工表面面积均增加。其中湿地、耕地面积在靠近河流的岸边（500m）变化幅度相对较大，其他面积随距离河流越来越远，变化幅度增大，到离河流 1500m 时，变化幅度趋于稳定。

2）2005～2010 年，林地和草地面积变化很小，而人工表面面积大幅度增加，湿地和耕地面积减少。其中湿地面积在距离河流的岸边 500m 时，变化幅度最大，之后随岸边宽度的增加，变化幅度递减，耕地和人工表面面积随离河流距离越来越远，变化幅度递增，耕地面积变化幅度在离河流 2000m 时趋于稳定，人工表面面积在离河流 1000m 时趋于稳定。

3）整个 10 年（2000～2010 年），林地和耕地面积均减少，人工表面面积大幅度增加，其中耕地和人工表面面积在离开河流的岸边 500m 以后变化幅度增大，到 1000m 后变化幅度趋于稳定。

淮河下游岸边带变化情况如图 2-34 所示。

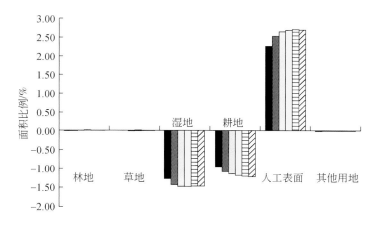

(a)2000～2005年变化

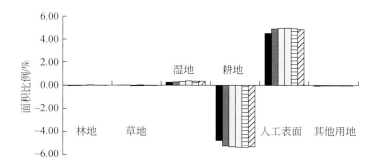

(b)2005～2010年变化

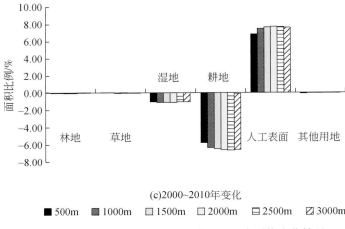

(c)2000~2010年变化

■ 500m　■ 1000m　☐ 1500m　☐ 2000m　☐ 2500m　▨ 3000m

图 2-34　淮河下游不同宽度岸边带一级生态系统变化情况

1）2000～2005 年，林地和草地面积基本没变化，湿地和耕地面积均减少，人工表面面积增加。其中湿地、耕地面积在靠近河流的岸边（1000m）变化幅度不再增加，人工表面面积在靠近河流的岸边（1500m）变化幅度不再增加。

2）2005～2010 年，林地、湿地和草地面积变化很小，而人工表面面积大幅度增加，耕地面积减少。其中耕地和人工表面面积在靠近河流的岸边（1000m）变化幅度稳定下来。

3）整个 10 年（2000～2010 年），湿地和耕地面积均减少，人工表面面积大幅度增加，其中耕地和人工表面面积在靠近河流的岸边（1500m）变化幅度稳定下来。

沂-沭-泗河流域岸边带变化情况如图 2-35 所示。

1）2000～2005 年，林地和草地面积基本没变化，耕地面积减少，人工表面面积大幅增加。其中耕地和人工表面面积在靠近河流的岸边（1000m）变化幅度显著增大，之后随岸边带宽度的增加，变化幅度趋于稳定。

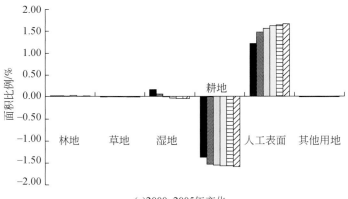

(a)2000~2005年变化

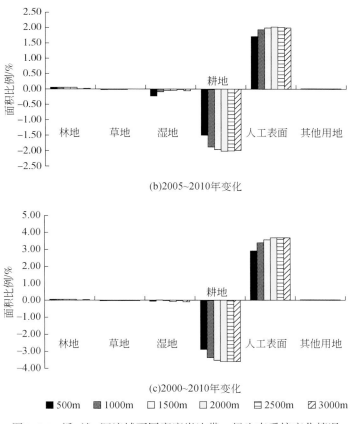

图 2-35　沂–沭–泗流域不同宽度岸边带一级生态系统变化情况

2）2005 ~ 2010 年，林地、湿地和草地面积变化很小，人工表面面积大幅度增加，耕地面积大幅减少。其中耕地和人工表面面积在靠近河流的岸边（1000m）变化幅度显著增大，而之后随岸边带宽度的增加，变化幅度趋于稳定。

3）整个 10 年（2000 ~ 2010 年），林地、湿地和草地面积变化很小，耕地面积大幅减少，人工表面面积大幅度增加，其中耕地和人工表面在靠近河流的岸边（1000m）变化幅度显著增大，而之后随岸边带宽度的增加，变化幅度趋于稳定。

第3章 | 生态系统服务功能及变化

生态系统服务（ecosystem services）是指生态系统与生态过程所形成及所维持的人类赖以生存的自然环境条件与效用，它不仅给人类提供生存必需的食物、医药及工农业生产的原料，而且维持了人类赖以生存和发展的生命支持系统（欧阳志云等，1999a）。

生态系统服务功能是指生态系统与生态过程所形成及所维持的人类赖以生存的自然环境条件与效用。它不仅为人类提供了食品、医药及其他生产生活原料，更重要的是维持了人类赖以生存的生命支持系统，维持生命物质的生物地化循环与水文循环，维持生物物种与遗传多样性，净化环境，维持大气化学的平衡与稳定。人们逐步认识到，生态服务功能是人类生存与现代文明的基础。近些年来，由于面临着人口增长、快速的城市化等经济社会的快速发展问题，当前对生态系统所能提供的服务要求也越来越高，生态系统服务功能的研究已引起了人们的广泛重视，生态学家、经济学家纷纷探讨生态系统服务功能的内涵与定量评价方法，并已成为当前生态学研究的前沿课题。

以水资源、水污染问题为问题导向，本章重点分析研究了淮河流域产水功能、土壤保持功能和水质净化功能三大与"水"相关的生态系统服务功能的现状及发展趋势。

3.1 产水功能

3.1.1 评价方法

淮河流域水资源供需矛盾极为突出，水资源极为稀缺，已经成为阻碍社会经济快速发展的重要因素。流域生态系统产水功能的评估对于了解流域水资源动态变化具有重要的意义。淮河流域产水功能的估算采用 InVEST 模型中产水模块进行。

InVEST 模型的产水模块是一种基于水量平衡的估算方法，根据某栅格单元的降雨量减去实际蒸散发后的水量即为水源供给量，包括地表产流、土壤含水量、枯落物持水量和冠层截留量。根据 Zhang 等（2001）基于 Budyko 水热耦合平衡假设提出的算法计算实际蒸散。模型主要算法如下：

$$Y(x) = \left[1 - \frac{\text{AET}(x)}{P(x)}\right] P(x) \tag{3-1}$$

式中：$P(x)$ 为像元 x 的年降水量；$\mathrm{AET}(x)$ 为像元 x 所在各土地利用类型的蒸发量。$\mathrm{AET}(x)/P(x)$ 是由 Zhang 等（2001）开发的 Budyko 曲线的一个近似值，可由式（3-2）进行计算：

$$\frac{\mathrm{AET}(x)}{P(x)} = \frac{1 + \omega(x)R(x)}{1 + \omega(x)R(x) + \dfrac{1}{R(x)}} \tag{3-2}$$

式中，$R(x)$ 为像元 x 的 Budyko 干燥指数（无量纲），即潜在蒸散量同降水量的比率（Budyko，1974）；$\omega(x)$ 表示无量纲的修正参数，该指标可用来描述自然的气候-土壤非生理属性特征，由一年内植物可吸收水量除以降水量计算得出：

$$\omega(x) = Z\frac{\mathrm{AWC}(x)}{P(x)} \tag{3-3}$$

式中，$\mathrm{AWC}(x)$ 为植物有效体积含水量（mm），可通过土壤质地和有效根深度来确定 $\mathrm{AWC}(x)$，即计算出植物使用过程中土壤内持有和释放的水量，通过估计田间持水量和凋萎点、最低限根层深度和植物根深度的差异量进行计算。最低限根层深度是指由于生理和化学特征导致根的渗透被严格限制的土壤深度。植物根深度通常根据一种植物类型 95% 的根生物量达到的深度给出。Z 值是一个季节性因子，即反映季节降雨分布和降雨强度。对于冬季降雨的地区，一般 Z 值以 10 的顺序给出，而对于全年都有降雨或夏季降雨的湿润地区，Z 值以 1 的顺序给出。当计算 $\omega(x)$ 时，一些特殊的生物群系已经给出（Milly 1994；Potter et al.，2005；Donohue et al.，2007）。

$$R(x) = \frac{K_c(l_x)\,\mathrm{ET}_0(x)}{P(x)} \tag{3-4}$$

式中，$\mathrm{ET}_0(x)$ 表示像元 x 的参考蒸散量；$K_c(l_x)$ 为与土地利用覆盖相关的像元 x 的植物蒸散系数。$\mathrm{ET}_0(x)$ 基于生长在当地的参考植物（如苜蓿）得出的蒸散量，体现了当地气候条件。$K_c(l_x)$ 大多由土地利用/覆被中植被特征决定（Allen et al.，1998）。$K_c(l_x)$ 调整了 $\mathrm{ET}_0(x)$ 值，通过土地利用/覆被图中每种作物或植被类型得出，然后被用来估计流域内的实际 ET（AET）。

3.1.2　产水功能空间分布及构成特征

3.1.2.1　淮河流域产水功能空间分布

在 InVEST 模型中，流域产水功能通过产水量来反映，估算出淮河流域产水量空间分布，如图 3-1 所示。产水量年际变化具有一定的规律性，2000～2005 年产水量增强，而 2005～2010 年又减弱；产水量空间变化差异较大，2000 年产水量高值区位于流域上游，2005 年产水量高值区位于流域的上游和下游，2010 年产水量高值区位于流域的中游和下游；高值产水量区域基本位于整个流域的西南部和东部。

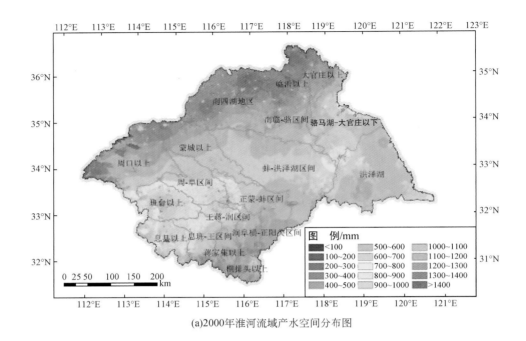

(a)2000年淮河流域产水空间分布图

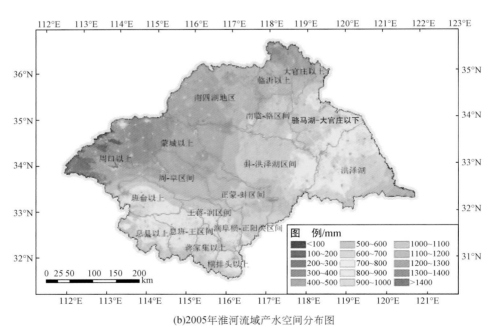

(b)2005年淮河流域产水空间分布图

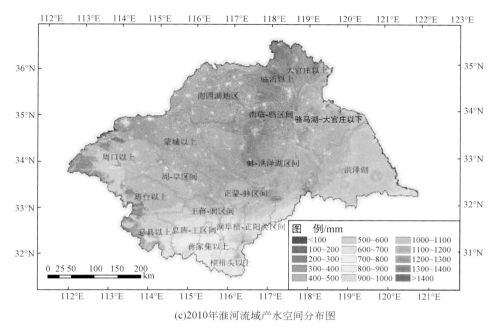

(c)2010年淮河流域产水空间分布图

图 3-1　淮河流域产水量空间分布（2000 年、2005 年、2010 年）

3.1.2.2　淮河子流域产水量分布

淮河流域各子流域产水量分布，如图 3-2 所示。各子流域受降雨等气象因素的影响，产水量存在较大的差异：同一年份各子流域产水量差异明显，整体上表现出上游和下游高

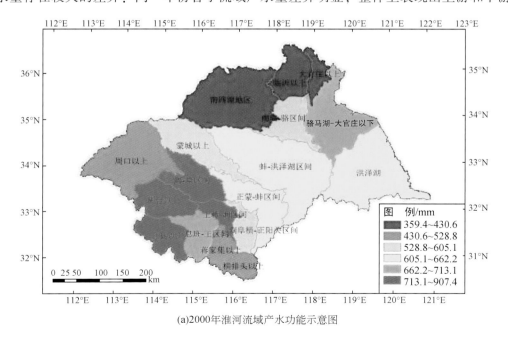

(a)2000年淮河流域产水功能示意图

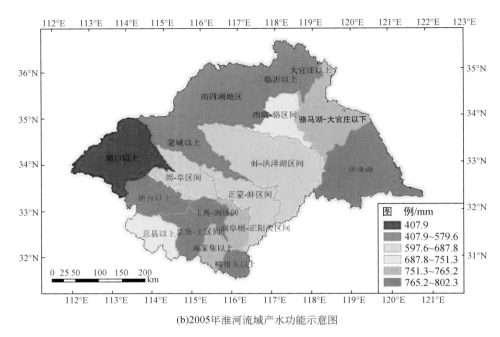

(b)2005年淮河流域产水功能示意图

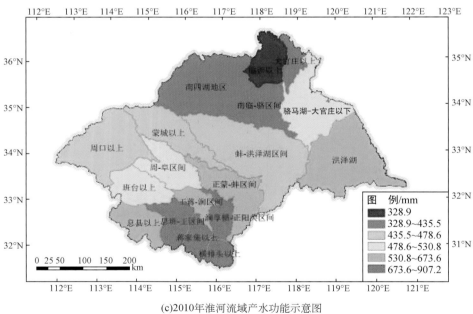

(c)2010年淮河流域产水功能示意图

图3-2　淮河子流域产水功能分布（2000年、2005年、2010年）

而中游低，即西南部和东部流域高于其他区域的格局；不同年份间，上游产水量较为稳定，而中下游的产水量波动剧烈，受降雨气候的影响，易发生水灾或者旱灾。根据淮河流域子流域2000~2010年产水量变化情况和范围，按等间距将其产水量定性划分为六个级别。

2000 年，产水量最高值区域主要位于上游的子流域包括息县以上水系、班台以上水系、王蒋–润区间水系、周–阜区间水系，产水量在 713.1 ~ 907.4mm；第二高值区域包括的三级水系包括息班–王区间水系、骆马湖–大官庄以下水系，产水量范围为 662.2 ~ 713.1mm；产水量排名第三的三级水系包括洪泽湖水系、蚌–洪泽湖区间水系、正蒙–蚌区间水系，产水量范围为 605.1 ~ 662.2mm；产水功能排名第四的三级水系包括蒙城以上水系、润阜横–正阳关水系、南临–骆区间水系，产水量范围在 528.8 ~ 605.1mm；产水功能排名第五的三级水系包括蒋家集以上水系、周口以上水系、横排头以上水系，产水量为 430.6 ~ 528.8mm；产水功能最低三级水系为南四湖地区水系、临沂以上水系、大官庄以上水系，产水量仅为 359.4 ~ 430.6mm。

2005 年，产水量最大的子流域主要分布在淮河流域上游和下游，包括的三级水系包括息–班王区间水系、班台以上水系、王蒋–润区间水系、横排头以上水系和洪泽湖水系，产水量为 765.2 ~ 802.3mm；产水量第二高值区域为蒋家集以上水系、润阜横–正阳关区间水系、骆马湖–大官庄以下水系，产水量为 751.3 ~ 765.2mm；产水量排名第三的三级水系为南临–骆区间水系和息县以上水系，产水量在 687.8 ~ 751.3mm；产水量排名第四的三级水系为周–阜区间水系、正蒙–蚌区间水系和蚌–洪泽湖区间水系，产水量范围在 579.6 ~ 687.8mm；产水量排名第五的三级水系为蒙城以上水系、南四湖地区水系、大官庄以上水系和临沂以上水系，产水功能范围在 407.9 ~ 579.6mm；产水功能最低的三级水系为周口以上水系，产水量小于 407.9mm。

2010 年，产水量最高值三级水系包括蒋家集以上水系、横排头以上水系、息班–王区间水系、润阜横–正阳关区间，产水量为 637.6 ~ 907.2mm；产水量第二高值的三级水系有息县以上水系、王蒋–润区间水系、正蒙–蚌区间水系和洪泽湖水系，产水量为 530.8 ~ 673.6mm；产水量排名第三的三级水系为班台以上水系、周–阜区间水系和骆马湖–大官庄以下水系，产水量为 478.6 ~ 530.8mm；产水量排名第四的三级水系包括蒙城以上水系、周口以上水系和蚌–洪泽湖区间水系，产水功能范围在 435.5 ~ 478.6mm；产水量排名第五的三级水系为南四湖地区水系、南临–骆区间和大官庄以上水系，产水量范围在 328.9 ~ 435.5mm；产水量最低的三级水系为临沂以上水系，产水量小于 328.9mm。

3.1.2.3 淮河流域产水量构成特征

淮河流域一级生态系统产水量的构成特征，见表 3-1 和图 3-3。在 2000 年有 56.63% 的区域产水量达到较高以上水平，有 67.1% 的区域达到中等以上水平的产水量；2005 年，较高水平以上的产水量比例下降为 17.74%，但中等水平的产水量区域高于 2000 年的中等水平，2000 年仅为 10.47%，而 2005 年达到 51.63%；2010 年，产水量较高水平大幅下降，仅为 6.12%，中等产水量水平的比例为 22.3%，有 71.58% 以上区域的产水量达到中等以下水平。

表 3-1　淮河流域一级生态系统产水量构成特征

年份	统计参数	低	较低	中	较高	高
2000	面积/km²	2 837.48	6 989.05	3 127.62	15 922.56	990.53
	比例/%	9.50	23.40	10.47	53.31	3.32
2005	面积/km²	5 205.46	3 945.35	15 419.58	990.53	4 306.31
	比例/%	17.43	13.20	51.63	3.32	14.42
2010	面积/km²	8 150.79	13 228.68	6 659.06	1 345.77	482.94
	比例/%	27.29	44.29	22.30	4.50	1.62

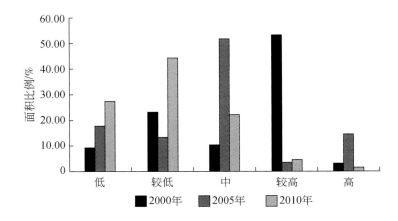

图 3-3　2000~2010 年淮河流域一级生态系统产水量构成面积比例

3.1.3　产水功能变化特征

淮河流域一级生态系统不同等级水平的产水量变化转移矩阵见表 3-2，转移强度见表 3-3。2000~2005 年，产水量为低等水平的区域全部向较低水平转移，转移面积达到了 229 835.6 km²；有 421 642.3 km² 区域的产水量由较低水平转为低等水平，有 144 470.5 km² 区域的产水量由较低水平转向中等水平；有 112 068.7 km² 区域的产水量由中等水平转向高等水平，但同时也有 141 268.5 km² 区域的产水量维持中等水平不变；有 89 737.9 km² 区域的产水量由较高水平转向较低水平，有 963 246.9 km² 的区域的产水量由较高水平转为中等水平，但也有 236 742.8 km² 区域的产水量由较高水平转为高等水平；有 80 233.3 km² 区域的产水量由高等水平转为较高等水平。从转移强度来看，有 74.5% 地区的产水量从较低水平下降为低等水平；有 74.7% 地区的产水量从较高水平下降为中等水平；有 100% 地区的产水量从高等水平降低为较高水平，可见 2000~2005 年淮河流域产水功能逐渐下降。

表 3-2　淮河流域一级生态系统不同等级产水功能转移矩阵　　（单位：km²）

年份	类型	低	较低	中	较高	高
2000~2005	低	0.0	229 835.6	0.0	0.0	0.0
	较低	421 642.3	0.0	144 470.5	0.0	0.0
	中	0.0	0.0	141 268.5	0.0	112 068.7
	较高	0.0	89 737.9	963 246.9	0.0	236 742.8
	高	0.0	0.0	0.0	80 233.3	0.0
2005~2010	低	421 642.3	0.0	0.0	0.0	0.0
	较低	0.0	229 835.6	0.0	50 620.0	39 117.9
	中	238 571.7	538 055.7	413 971.5	58 387.1	0.0
	较高	0.0	0.0	80 233.3	0.0	0.0
	高	0.0	303 632.1	45 179.3	0.0	0.0
2000~2010	低	0.0	229 835.6	0.0	0.0	0.0
	较低	566 112.8	0.0	0.0	0.0	0.0
	中	0.0	112 068.7	141 268.5	0.0	0.0
	较高	94 101.1	729 619.1	317 882.3	109 007.1	39 117.9
	高	0.0	0.0	80 233.3	0.0	0.0

表 3-3　淮河流域一级生态系统不同等级产水功能转移强度　　（单位:%）

年份	类型	低	较低	中	较高	高
2000~2005	低	0.0	100.0	0.0	0.0	0.0
	较低	74.5	0.0	25.5	0.0	0.0
	中	0.0	0.0	55.8	0.0	44.2
	较高	0.0	7.0	74.7	0.0	18.3
	高	0.0	0.0	0.0	100.0	0.0
2005~2010	低	100.0	0.0	0.0	0.0	0.0
	较低	0.0	71.9	0.0	15.8	12.3
	中	19.1	43.1	33.1	4.7	0.0
	较高	0.0	0.0	100.0	0.0	0.0
	高	0.0	87.0	13.0	0.0	0.0
2000~2010	低	0.0	100.0	0.0	0.0	0.0
	较低	100.0	0.0	0.0	0.0	0.0
	中	0.0	44.2	55.8	0.0	0.0
	较高	7.3	56.6	24.6	8.5	3.0
	高	0.0	0.0	100.0	0.0	0.0

  2005～2010 年，产水量处于低等水平的区域没有任何转移，面积为 421 642.3km²；产水量处于较低水平的区域有 229 835.6 km² 没有转移，但有 50 620.0km² 转向较高等水平，有 39 117.9km² 转向高等水平；产水量处于中等水平的区域有 413 971.5 km² 没有转移，有 58 387.1 km² 转向较高等水平，有 238 571.7km² 转向低等水平，有 538 055.7km² 转向较低等水平；产水量为较高水平的区域全部转向中等水平，面积为 80 233.3 km²；产水量为高等水平的区域有 303 632.1km² 转向较低水平，有 45 179.3km² 转向中等水平。从转移强度来看，产水量处于低等水平 100% 的区域未发生转移，产水量处于较低水平 71.9% 的区域未发生转移，但有 15.8% 转到较高水平，12.3% 转到高等水平；产水量处于中等水平 19.1% 的区域转向中等水平，43.1% 的区域转向较低等水平，33.1% 的区域未发生转移，4.7% 的区域转向较高水平；产水量处于较高等水平 100% 的区域转向中等水平；产水量处于高等水平 87% 的区域转向较低等水平，有 13% 转向中等水平。总体看来，产水功能进一步下降。

  2000～2010 年，产水量处于低等水平的区域全部转向较低水平，其面积为 229 835.6km²；产水量处于较低等水平的区域全部转向低等水平，面积为 566 112.8km²；产水量处于中等水平的区域有 141 268.5 km² 没有转移，有 112 068.7 km² 转向较低等水平；产水量处于较高水平的区域有 109 007.1km² 没有发生转移，有 94 101.1km² 转向低等水平，有 729 619.1km² 转向较低等水平，有 317 882.3km² 转向中等水平，有 39 117.9km² 的转向高等水平；产水量处于高等水平的区域全部转向中等水平，面积为 80 233.3km²。从转移强度来看，产水量处于低等水平的区域 100% 转向较低等水平；但也有 100% 的区域由较低水平转向低等水平；产水量处于中等水平的区域，有 44.2% 转向较低水平，有 55.8% 没有发生转移；产水量处于较高水平的仅 8.5% 没有发生转移，有 7.3%、56.6%、24.6%、3.0% 分别转向低等水平、较低水平、中等水平和高等水平；产水量处于高等水平的区域 100% 全部转向中等水平。由此看来，整个 10 年期间，淮河流域的产水功能是下降的。

3.2 土壤保持功能

  土壤保持，作为生态系统调节服务之一，在预防全球性环境问题——土壤侵蚀，维持区域生态安全与可持续发展中发挥重要作用。早在 20 世纪 80 年代初，学术界已开始关注农田侵蚀对农业发展乃至粮食安全的严重威胁，并广泛开展了农田侵蚀损失评估研究。随着生态系统服务研究的兴起与不断深入，人们逐渐将重心转移到生态系统抑制土壤侵蚀所避免的损失，即土壤保持价值上来，代表性研究如 Costanza 对全球生态系统土壤保持功能价值的估算。近年来，美国斯坦福大学、大自然保护协会和世界自然基金会联合开发了生态系统服务价值化和权衡得失综合评价工具（InVEST）（Tallis et al.，2010），其中土壤保持模块（avoided reservoir sedimentation）在 USLE 基础上加以改进，使土壤保持功能评估的合理性和准确性均得到提升。该模型已成功应用于美国宾夕法尼亚州阿勒格尼县东南（Rife et al.，2010）与北京山区（周彬等，2010）土壤侵蚀的模拟以及白洋淀流域（Bai et al., 2011) 和长江上游 (Ren et al., 2011) 生态系统土壤保持功能的研究。

本节采用 InVEST 模型中土壤保持模块的计算原理来估算淮河流域 2000~2010 年土壤保持功能的动态变化。

3.2.1 评价方法

根据 InVEST 模型中土壤保持模块 (Tallis et al., 2010) 的计算原理, 生态系统土壤保持量包含侵蚀减少量和泥沙持留量两部分。前者反映各地块对自身潜在侵蚀的减少, 以潜在侵蚀与实际侵蚀的差表示; 后者表示该地块对进入它的上坡来沙的持留, 以来沙量与泥沙持留效率的乘积表示。

模型基本形式如下

$$\text{SEDRET}_x = R_x K_x \text{LS}_x (1 - C_x P_x) + \text{SEDR}_x \tag{3-5}$$

$$\text{SEDR}_x = \text{SE}_x \sum_{y=1}^{x-1} \text{USLE}_y \prod_{z=y+1}^{x-1} (1 - \text{SE}_z) \tag{3-6}$$

$$\text{USLE}_x = R_x \cdot K_x \cdot \text{LS}_x \cdot C_x \cdot P_x \tag{3-7}$$

式中, SEDRET_x 和 SEDR_x 分别为栅格 x 的土壤保持量和泥沙持留量; USLE_x 和 USLE_y 分别为栅格 x 及其上坡栅格 y 的实际侵蚀量, R_x、K_x、LS_x、C_x 和 P_x 分别为栅格 x 的降雨侵蚀力因子、土壤可蚀性因子、地形因子、覆盖管理因子和水土保持措施因子, SE_x 为栅格 x 的泥沙持留效率。

估算过程中需要对各参数准备, 包括如下。

(1) R——降雨侵蚀力因子

降雨是引起土壤侵蚀的主要驱动力, 降雨侵蚀力表征了降雨引起土壤发生侵蚀的潜在能力 (Wischmeier and Smith, 1978; 王万忠和焦菊英, 1996)。降雨侵蚀力因子无法直接通过野外降雨实验测定, 一般借助雨强和雨量等降雨参数采用估算方法得出。当前, 在估算侵蚀力因子时采用式 (3-8) (http://www.fao.org/docrep/t1765e/t1765e0e.htm):

$$R = E \cdot I_{30} = (210 + 89\lg I_{30}) I_{30} \tag{3-8}$$

式中, E 为降雨动力指标; I_{30} 表示 30 分钟内最大降雨强度 (cm/h)。

(2) K——土壤可蚀性因子

K 因子反映了土壤对侵蚀的敏感性及降水所产生的径流量与径流速率的大小。K 值的大小与土壤质地、土壤有机质含量有较高的相关性。K 值估算常用的方法是 Wischmeier 诺莫图, 根据研究区土壤普查得到的土壤质地、土壤有机质百分含量、土壤结构、土壤透水性等几个主要因子, 到诺莫图上查找可得 K 值。但是这种方法不适用于我国大部分地区。也有研究根据 RUSLE (修正的通用土壤流失方程) 推荐的缺少资料区域采用土壤颗粒的几何平均直径 (Dg) 计算 K 值的方法, 公式 (史志华等, 2002; 吴再兴, 2010) 为

$$K = 7.594 \left\{ 0.0034 + 0.0405\exp\left[-\frac{1}{2} \left(\frac{\log(Dg) + 1.695}{0.7101} \right)^2 \right] \right\} \tag{3-9}$$

这里的土壤可蚀性因子 K 值采用门明新等 (2004) 在河北地区的研究结果, 其获取

土壤可蚀性因子的方法为根据土壤颗粒组成资料，在验证双参数修正的经验逻辑生长模型准确性的基础上，将土壤质地由我国使用的卡庆斯基制转换为美国制，并采用公式法计算土壤可蚀性因子 K 值（表3-4）。

表3-4 土壤可蚀性 K 值

土壤名称	土壤可蚀性 K 值	土壤名称	土壤可蚀性 K 值
砂浆黑土	0.2879	中性石质土	0.2350
石灰性砂浆黑土	0.3412	泥质石质土	0.2194
山地草甸土	0.2137	钙质石质土	0.2953
盐化草甸土	0.1958	酸性石质土	0.1279
潮土	0.3401	红黏土	0.2920
湿潮土	0.3537	冲积土	0.0961
脱潮土	0.3971	草甸风砂土	0.2615
盐化潮土	0.4116	钙质粗骨土	0.2293
碱化潮土	0.3404	酸性粗骨土	0.1442

（3）LS——坡长、坡度复合因子

地形因子是在相同条件下，每单位面积坡面土壤流失量与标准小区（坡长为22.13m，坡度为9%）流失量的比值，反映坡长、坡度等对土壤侵蚀的影响（Wischmeier and Smith，1978）。

InVEST模型中对LS的取值采取缓坡、陡坡分段计算，坡度阈值默认为25°。分两种情况：

缓坡（<25°）：

$$LS = \left(\frac{FA \cdot CS}{22.13}\right)^m \left[\left(\frac{\sin(S \cdot 0.01745)}{0.09}\right)^{1.4}\right] \times 1.6 \tag{3-10}$$

$$m = \begin{cases} 0.5 & (S \geqslant 5\%) \\ 0.4 & (3.5\% < S < 5\%) \\ 0.3 & (1\% < S \leqslant 3.5\%) \\ 0.2 & (S \leqslant 1\%) \end{cases} \tag{3-11}$$

陡坡（>25°）：

$$LS = 0.08\lambda^{0.35}PS^{0.6}$$
$$\lambda = \begin{cases} CS & (流向 = 1，4，16，64) \\ 1.4CS & (其他流向) \end{cases} \tag{3-12}$$

式中，LS为地形因子；FA和CS分别为栅格汇流量和栅格分辨率；S和PS分别为坡度（°）和百分数坡度%；m为坡长指数。

（4）C——地表植被覆盖因子

覆盖管理因子定义为特定植被覆盖与管理状态下土壤侵蚀量与实施清耕的连续休闲地

土壤侵蚀量的比值（Wischmeier and Smith，1978）。它是控制土壤侵蚀的积极因素，反映了植被类型、覆盖度等对土壤侵蚀的影响。地表植被覆盖因子反映了植被对地表的保护作用。规定在完全没有植被保护的裸露地面 C 值为 1，完全被植被覆盖的地面 C 值为 0。显然在一般的流域，C 值的取值范围为 0 ~ 1，且其值大小取决于具体的植被覆盖、轮作顺序和管理措施的综合作用等。自从通用土壤流失方程引入我国的流域进行应用以来，我国学者对 C 值的取值也有一定的研究。本书参考美国通用土壤流失方程 C 值（表 3-5）与张雪花等（2004）对我国进行的实地调查以及不同土地利用下的实验数据得到淮河流域不同土地利用的 C 值，见表 3-6。

表 3-5　美国通用土壤流失方程 C 值表

植被覆盖度/%	0	20	40	60	80	100
草地	0.45	0.24	0.15	0.09	0.043	0.011
灌木	0.4	0.22	0.14	0.085	0.04	0.011
乔灌木	0.39	0.020	0.11	0.06	0.027	0.007
森林	0.10	0.08	0.06	0.02	0.004	0.001

表 3-6　张雪花等（2004）实地调查实验 C 值数据

土地利用类型	Ⅲ类	C 值	>10	<10
耕地	水田	0.04		
	旱地		0.341	0.148
林地	有林地	0.06		
	灌木林	0.085		
	疏林地	0.08		
	其他林地	0.1		
草地	中覆盖草地（20% ~ 50%）	0.15		
	高覆盖草地（>50%）	0.09		
水域	河渠	0.03		
	湖泊	0		
	水库坑塘	0		
	滩地	0.06		
建设用地	城镇用地	0.3		
	农村居民地	0.391		
	其他建筑用地	0.3		
未利用土地	沼泽地	0.06		
	裸地	0.549		
	裸岩石砾地	0.18		

（5）P——水土保持措施因子

水土保持措施因子 P 又称侵蚀防治措施因子，是指采用水土保持措施后，土壤流失量与顺坡种植时的土壤流失量的比值，通常的控制措施有等高耕作、梯田修筑等。坡面侵蚀量实验研究结果表明，如果以自然植被和坡耕地 P 因子为 1，那么灌木丛为 0.8，农耕地为 0.35～0.47，湿地为 1.0 等。

（6）SE——泥沙持留效率

泥沙持留效率反映了侵蚀产生的泥沙在输移过程中因植被过滤、拦截等作用而发生沉积的过程（Zhang et al., 2010；饶恩明等，2013）。被拦截泥沙比例越大，则持留效率越高。不同类型植被因结构、生物量等的差异而具有不同的持留能力。本章参照 InVEST 模型数据库获得不同植被类型的泥沙持留效率。

3.2.2 土壤保持功能空间分布及构成特征

3.2.2.1 淮河流域土壤保持功能空间分布

基于 InVEST 模型中土壤保持模块，计算淮河流域土壤保持功能，得到空间分布如图 3-4 所示。土壤保持功能随时间推移，该功能逐渐增强，且高值区位于山区，平原区较低；土壤保持功能高值区域基本位于整个流域的西南部、南部和北部。

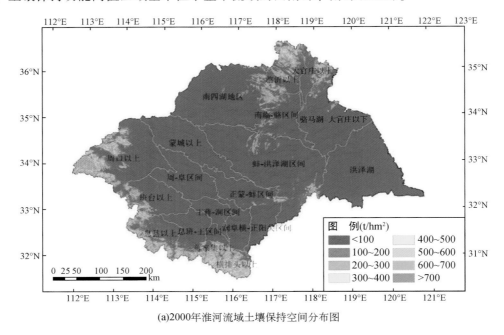

(a)2000年淮河流域土壤保持空间分布图

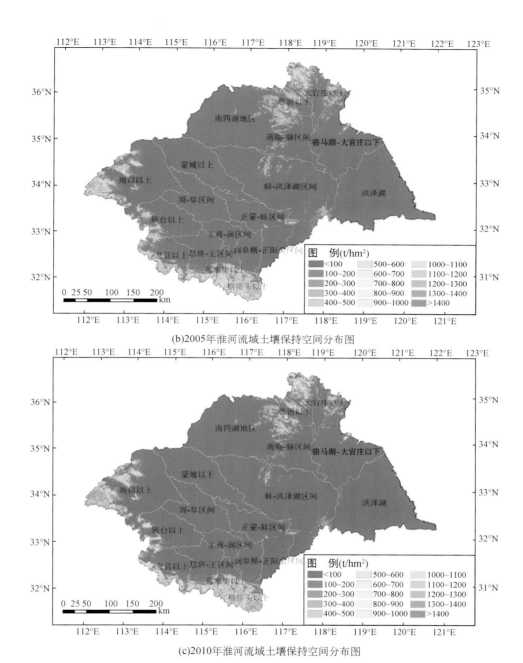

(b)2005年淮河流域土壤保持空间分布图

(c)2010年淮河流域土壤保持空间分布图

图 3-4　淮河流域土壤保持功能空间分布（2000 年、2005 年、2010 年）

3.2.2.2　子流域土壤保持功能空间分布

淮河流域各子流域土壤保持功能分布，如图 3-5 所示。根据土壤保持功能计算结果的范围按等间隔将土壤保持功能划分为 6 个级别。2000 年，土壤保持功能最高值区域位于蒋家集以上水系、横排头以上水系，土壤保持量为 463.7～762.1t/hm²；第二高值区域在周口以上水系、息县以上水系、班台以上水系、临沂以上水系，土壤保持量为范围在200.3～463.7t/hm²；土壤保持功能排名第三的区域在息班–王区间、大官庄以上水系，土壤保持量为115.5～200.3t/hm²；土壤保持功能排名第四的区域在蚌–洪泽湖区间水系、骆马湖–大官庄以下水系和南临–骆区间水系，土壤保持量为56.9～115.5t/hm²；土壤保持功能排名第五的区域在周–阜区间水系、正蒙–蚌区间水系、润阜横–正阳关水系和南四湖地区水系，范围在33.5～56.9t/hm²；土壤保持功能排名第六的区域在洪泽湖水系、王蒋–润区间水系和蒙城以上水系，范围在16.0～33.5t/hm²。

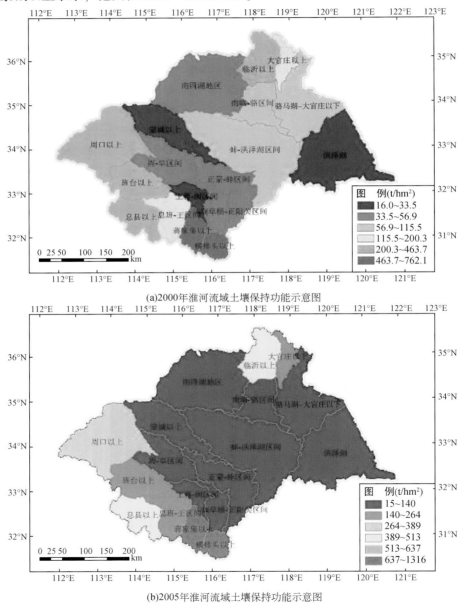

(a)2000年淮河流域土壤保持功能示意图

(b)2005年淮河流域土壤保持功能示意图

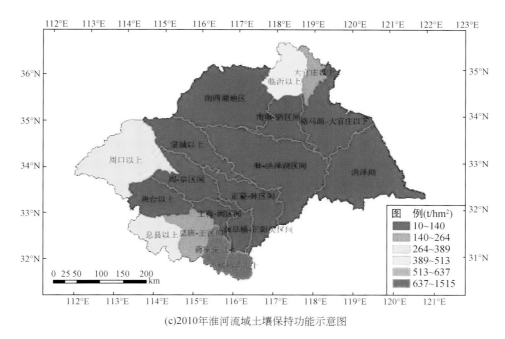

(c)2010年淮河流域土壤保持功能示意图

图 3-5　淮河子流域土壤保持功能分布（2000 年、2005 年、2010 年）

2005 年，土壤保持功能最高值区域位于横排头以上水系和蒋家集以上水系，土壤保持量为 637～1316t/hm²；第二高值区域在息县以上水系和临沂以上水系，土壤保持量为 389～513t/hm²；土壤保持功能排名第三的区域在周口以上水系，土壤保持量为 264～389t/hm²；土壤保持功能排名第四的区域在班台以上水系、息班-王区间水系、大官庄以上水系，土壤保持量为 140～264t/hm²；土壤保持功能排名第五的区域在蒙城以上水系、南四湖地区水系、南临-骆区间水系、骆马湖-大官庄以下水系、周-阜区间水系、正蒙-蚌区间水系、王蒋-润区间水系、润阜横-正阳关水系、蚌-洪泽湖区间水系和洪泽湖水系，范围在 15～140t/hm²。

2010 年，土壤保持功能最高值区域位于横排头以上水系和蒋家集以上水系，土壤保持量为 637～1515t/hm²；第二高值区域在临沂以上水系，土壤保持量为 389～513t/hm²；土壤保持功能排名第三的区域在总县以上水系、周口以上水系，土壤保持量为 264～389t/hm²；土壤保持功能排名第四的区域分布在息班-王区间、大官庄以上水系，土壤保持量为 140～264t/hm²；其余的区域为土壤保持功能排名第五的区域，包括班台以上水系、周-阜区间水系、王蒋-润区间水系、润阜横-正阳关水系、正蒙-蚌区间水系、蚌-洪泽湖区间水系、蒙城以上水系、南四湖地区水系、南临-骆区间水系、骆马湖-大官庄以下水系和洪泽湖水系，范围在 10～140t/hm²。

3.2.2.3　淮河流域土壤保持功能构成特征

淮河流域一级生态系统土壤保持功能的构成特征，见表 3-7 和图 3-6。淮河流域土壤保持功能整体偏低，10 年间，土壤保持功能基本在低等水平徘徊。2000 年，仅有 1.62% 区域的土壤保持功能达到中等以上水平，2005 年，土壤保持功能稍微有所提升，有 3.71% 区域的土壤保持功能达到中等以上水平，2010 年，土壤保持功能下降，有 2.09% 的区域的土壤保持功能达到中等以上水平。

表 3-7　淮河流域一级生态系统土壤保持功能构成特征

年份	统计参数	低	较低	中	高
2000	面积/km²	213 014.48	51 482.97	4 348.93	
	比例/%	79.23	19.15	1.62	
2005	面积/km²	238 553.81	20 318.74	5 624.90	4 348.93
	比例/%	88.73	7.56	2.09	1.62
2010	面积/km²	217 363.41	45 858.08	5 624.90	
	比例/%	80.85	17.06	2.09	

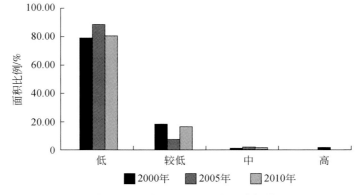

图 3-6　2000～2010 年淮河流域一级生态系统土壤保持功能构成面积比例

3.2.3　土壤保持功能变化特征

淮河流域一级生态系统不同等级土壤保持功能转移矩阵见表 3-8，转移强度见表 3-9。由表可见，2000～2005 年，土壤保持功能处于低水平的区域全部没有转变，面积为 213 014.48km²；土壤保持功能处于较低水平的区域有 25 539.34km² 转向低等水平，有 5624.90km² 转向中等水平；土壤保持功能处于中等水平的区域全部转向高等水平，转移面积为 4348.93km²；土壤保持功能处于高等水平的区域有 213 014.48km² 转向低等水平，有 25 539.34km² 转向较低水平。从转移强度来看，土壤保持功能处于低水平的区域 100% 没有转变；土壤保持功能处于高等水平的区域 100% 转向较低水平和低等水平，可见 2000～2005 年土壤保持功能逐渐下降。

表 3-8　淮河流域一级生态系统不同等级土壤保持功能转移矩阵　（单位：km²）

时段	类型	低	较低	中	高
2000～2005 年	低	213 014.48	0.00	0.00	0.00
	较低	25 539.34	20 318.74	5 624.90	0.00
	中	0.00	0.00	0.00	4 348.93
	高	213 014.48	25 539.34	0.00	
2005～2010 年	低	0.00	20 318.74	0.00	
	较低	0.00	0.00	5624.90	
	中	4 348.93	0.00	0.00	
	高	213 014.48	0.00		
2000～2010 年	低	0.00	45 858.08	5624.90	
	较低	4 348.93	0.00	0.00	
	中	213 014.48	0.00	0.00	0.00
	高	25 539.34	20 318.74	5624.90	0.00

表 3-9　淮河流域一级生态系统不同等级土壤保持功能转移强度　（单位:%）

时段	类型	低	较低	中	高
2000～2005 年	低	100.00	0.00	0.00	0.00
	较低	49.60	39.47	10.93	0.00
	中	0.00	0.00	0.00	100.00
	高	89.29	10.71	0.00	
2005～2010 年	低	0.00	100.00	0.00	
	较低	0.00	0.00	100.00	
	中	100.00	0.00	0.00	
	高	100.00	0.00		
2000～2010 年	低	0.00	89.07	10.93	
	较低	100.00	0.00	0.00	
	中	100.00	0.00	0.00	0.00
	高	49.60	39.47	10.93	0.00

2005～2010 年，土壤保持功能处于低等水平的区域全部转向较低等水平，转移面积为 20 318.74km²；土壤保持功能处于较低水平的区域全部转向中等水平，转移面积为 5624.90km²；土壤保持功能处于中等水平的区域全部转向低等水平，转移面积为 4348.93km²；土壤保持功能处于高等水平的区域全部转向低等水平，转移面积为 213 014.48km²。从转移强度来看，土壤保持功能处于低等水平和较低水平区域 100% 转向较好水平，即较低水平和高等水平，但与之相反，土壤保持功能处于中等水平和高等水平区域有 100% 转向较差水平，即低等水平。从综合转移面积和转移强度来看，2005～2010 年土壤保持功能总体变化不大。

2000～2010 年，土壤保持功能处于低等水平的区域有 45 858.08km² 转向较低等水平，有 5624.90km² 转向中等水平；土壤保持功能处于较低水平的区域全部转向低等水平，转移面积为 4348.93km²；土壤保持功能处于中等水平的区域全部转向低等水平，转移面积为 213 014.48km²；土壤保持功能处于高等水平的区域全部转向不同层次的低级水平，分别向低等水平、较低水平和中等水平转移，转移面积分别为 25 539.34km²、20 318.74km²、5624.9km²。从转移强度来看，土壤保持功能处于低等水平的区域 89.07% 转向较低水平，而土壤保持功能处于高等水平的区域 49.60% 转向低等水平，39.47% 转向较低水平，10.93% 转向中等水平。从综合转移面积和转移强度来看，2000～2010 年土壤保持功能变化不大。

3.3　水质净化功能

3.3.1　评价方法

淮河流域生态系统水质净化功能由 InVEST 模型中"水质净化"模块估算得出。该模块通过考虑非点源污染产生过程，结合水体中氮、磷的含量来表征生态系统截留能力。通过计算每一个像元的养分持留量，然后在流域或者子流域的尺度上计算总污染负荷和平均污染负荷，总氮磷输出越高，总氮磷去除（即水质净化）功能则越低。InVEST 水质净化模块评估土地利用类型在一年时间提供的营养物质持留服务，并强调土地利用变化对水质的影响。

模型将通过两个步骤对水质净化功能进行评估。

第一步，运用"产水量"模块（wateryieldmodel）计算单个栅格的年平均径流量（具体过程可参加本书 4.2 章节）。

第二步，利用"水质净化"模块（nutrient retention），该模块只考虑非点源污染，利用水体中的总氮或总磷的含量来表征水质状况。总氮或总磷的输出速率由研究区域的土地利用类型、土壤类型、地表水量、污染负荷等参数决定。"水质净化"模块首先确定流域内每个栅格污染物的持留量，然后计算流域内总污染负荷及平均污染负荷。研究区域内氮磷持留量越大，水质净化服务则越高。计算方程如下：

$$\text{ALV}_x = \text{HSS}_x \cdot \text{pol}_x \tag{3-13}$$

式中，ALV_x 为栅格 x 的修正负荷值，pol_x 为栅格 x 的输出系数，HSS_x 为栅格 x 的水文敏感度，计算公式如下：

$$\text{HSS}_x = \frac{\lambda_x}{\lambda_w} \tag{3-14}$$

$$\lambda_x = \log\left(\sum_U \text{Yu}\right) \tag{3-15}$$

式中，λ_w 为研究区域中平均径流指数；λ_x 为栅格 x 的径流指数；$\sum_U \text{Yu}$ 为栅格 x 上游径流路径内的栅格产水量总和，其中包括栅格 x 自身产水量。

3.3.2 水质净化功能空间分布及构成特征

3.3.2.1 淮河流域水质净化功能空间分布

淮河流域水质净化（N 保持）功能空间分布，如图 3-7 所示；水质净化（P 保持）功能空间分布如图 3-8 所示。水质净化功能随时间推移，N 和 P 保持功能逐渐增强，且高值区位于平原区的湖泊周边，围绕在洪泽湖和安徽的正蒙–蚌区间水系。

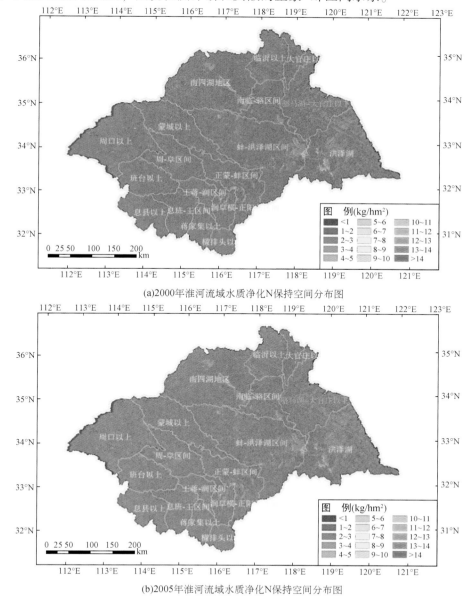

(a)2000年淮河流域水质净化N保持空间分布图

(b)2005年淮河流域水质净化N保持空间分布图

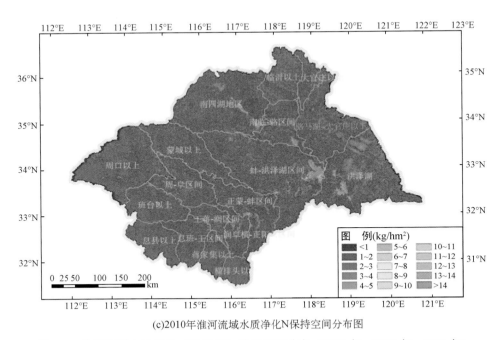

(c)2010年淮河流域水质净化N保持空间分布图

图 3-7　淮河流域水质净化（N 保持）功能空间分布（2000 年、2005 年、2010 年）

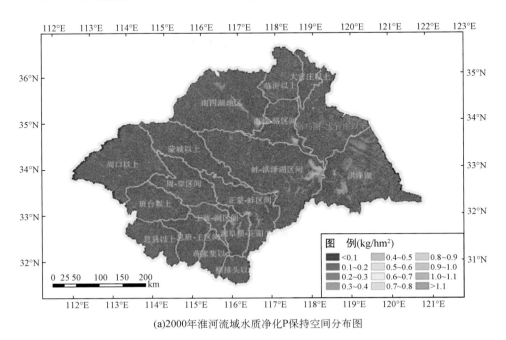

(a)2000年淮河流域水质净化P保持空间分布图

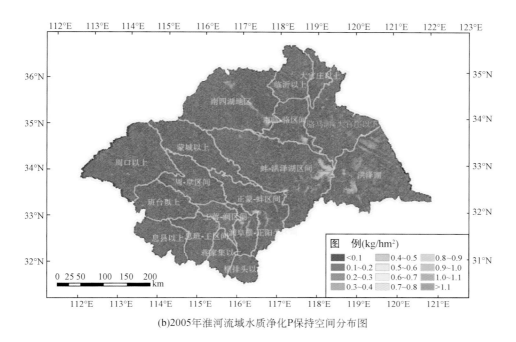

(b)2005年淮河流域水质净化P保持空间分布图

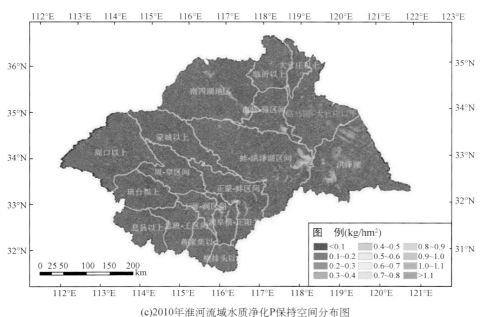

(c)2010年淮河流域水质净化P保持空间分布图

图 3-8　淮河流域水质净化（P 保持）功能空间分布（2000 年、2005 年、2010 年）

3.3.2.2 淮河子流域水质净化功能分布

淮河流域各子流域水质净化（N 保持）功能分布见图 3-9。根据模型最终计算结果的范围按等间隔将水质净化 N 保持功能分 6 个级别。2000 年，水质净化 N 保持功能最高值区域位于骆马湖–大官庄一下水系、洪泽湖水系、正蒙–蚌区间水系、王蒋–润区间水系，水质净化 N 保持量范围为 13～15kg/hm²；第二高值区域在淮河流域的蒙城以上水系、息班–王区间水系、南临–骆区间水系、南四湖地区水系、蚌–洪泽湖区间水系，周–阜区间水系，润阜横–正阳关水系，N 保持量范围为 11～13kg/hm²；水质净化 N 保持功能排名第三的区域在班台以上水系、周口以上水系、息县以上水系、大官庄以上水系，水质净化 N 保持量范围为 9～11kg/hm²；水质净化 N 保持功能排名第四的区域在蒋家集以上水系和临沂以上水系，水质净化 N 保持量范围为 7～9kg/hm²；水质净化 N 保持功能排名第五的区域在横排头以上水系，N 保持量范围为 3～5kg/hm²。

2005 年，水质净化 N 保持功能最高值区域在骆马湖–大官庄一下水系、洪泽湖水系，水质净化 N 保持功能范围为 13.5～15.5kg/hm²；第二高值区域在淮河流域的王蒋–润区间水系、润阜横–正阳关水系、正蒙–蚌区间水系、蚌–洪泽湖区间水系、南临–骆区间水系、周–阜区间水系、息–班王区间水系，水质净化 N 保持功能范围为 11.5～13.5kg/hm²；水质净化 N 保持功能排名第三的区域在淮河流域的大官庄以上水系、班台以上水系、蒙城以上水系、南四湖地区水系，水质净化 N 保持功能范围在 9.5～11.5kg/hm²；水质净化 N 保持功能排名第四的区域在，临沂以上水系、周口以上水系、息县以上水系、蒋家集以上水系，水质净化 N 保持功能范围为 7.5～9.5kg/hm²；水质净化 N 保持功能排名第五的区域在横排头以上水系，水质净化 N 保持功能范围为 3.5～5.5kg/hm²。

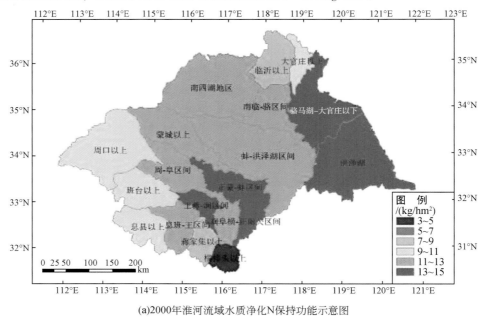

(a)2000年淮河流域水质净化N保持功能示意图

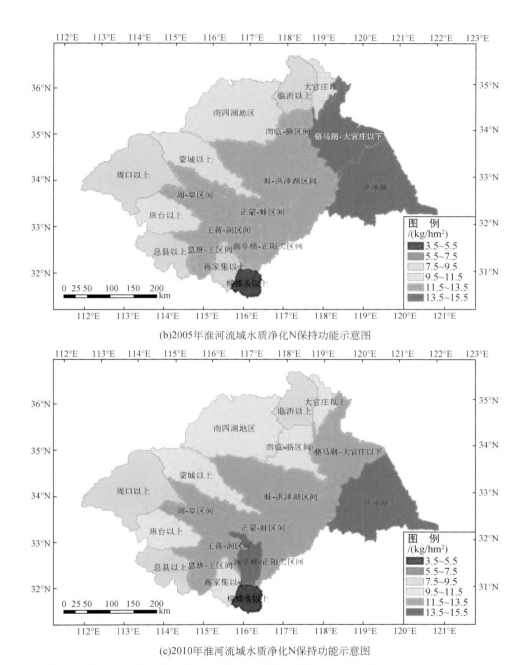

(b)2005年淮河流域水质净化N保持功能示意图

(c)2010年淮河流域水质净化N保持功能示意图

图 3-9 淮河子流域水质净化（N保持）功能空间分布（2000年、2005年、2010年）

2010年，水质净化 N 保持功能最高值区域位于在洪泽湖水系、润阜横–正阳关水系，水质净化 N 保持功能范围为 13.5～15.5kg/hm²；第二高值区域在王蒋–润区间水系、蚌–洪泽湖区间水系、正蒙–蚌区间水系、息班–王区间水系、周–阜区间水系、骆马湖–大官庄一下水系，水质净化 N 保持功能范围在 11.5 ~ 13.5kg/hm²；水质净化 N 保持功能排名第三的区域在班台以上水系，蒙城以上水系，蒋家集以上水系、南四湖地区水系、南临-骆区间水系、大官庄以上水系，水质净化 N 保持功能范围在 9.5 ~ 11.5kg/hm²；水质净化 N 保持功能排名第四的区域在息县以上水系、临沂以上水系、周口以上水系，水质净化 N 保持功能范围在 7.5 ~ 9.5kg/hm²；水质净化 N 保持功能排名第五的区域在横排头以上水系，水质净化 N 保持功能范围为 3.5 ~ 5.5kg/hm²。

淮河流域各子流域水质净化（P 保持）功能分布，如图 3-10 所示。根据水质净化 P 保持功能计算结果按等间隔划分 6 个级别。2000 年，水质净化 P 保持功能最高值区域位于骆马湖-大官庄以下水系、洪泽湖水系、正蒙-蚌区间水系，水质净化 P 保持功能在 1.05 ~ 1.1kg/hm²；第二高值区域在润阜横-正阳关水系、王蒋-润区间水系，水质净化 P 保持功能范围在 1.0 ~ 1.05kg/hm²；水质净化 P 保持功能排名第三的区域在蒙城以上水系、息班-王区间水系、南临-骆区间水系、班台以上水系、蚌-洪泽湖区间水系、周-阜区间水系，水质净化 P 保持功能范围在 0.87 ~ 1.0kg/hm²；水质净化 P 保持功能排名第四的区域在大官庄以上水系、周口以上水系、南四湖地区水系，水质净化 P 保持功能范围在 0.74 ~ 0.87kg/hm²；水质净化 P 保持功能排名第五的区域在息县以上水系、临沂以上水系、蒋家集以上水系，水质净化 P 保持功能范围在 0.32 ~ 0.74kg/hm²；水质净化 P 保持功能排名第六的区域在横排头以上水系，水质净化 P 保持功能范围小于 0.32kg/hm²。

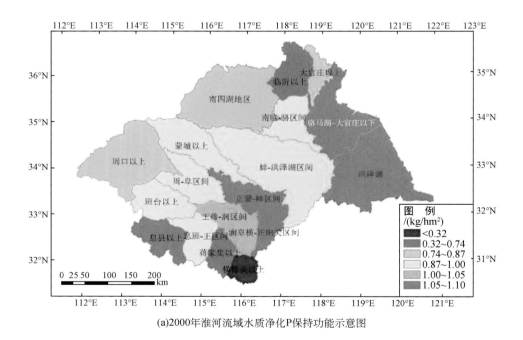

(a)2000年淮河流域水质净化P保持功能示意图

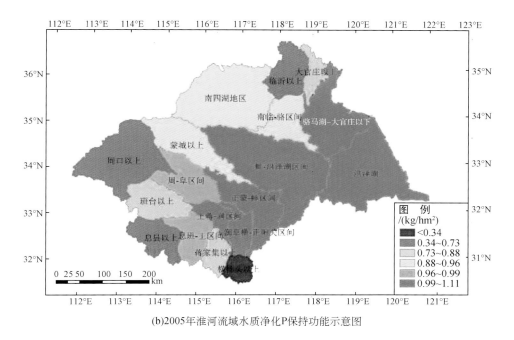

(b)2005年淮河流域水质净化P保持功能示意图

(c)2010年淮河流域水质净化P保持功能示意图

图 3-10 淮河子流域水质净化（P保持）功能空间分布（2000 年、2005 年、2010 年）

2005 年，水质净化 P 保持功能最高值区域位于在骆马湖–大官庄以下水系、润阜横–正阳关水系、王蒋–润区间水系、蚌–洪泽湖区间水系、洪泽湖水系、正蒙–蚌区间水系，水质净化 P 保持功能在 0.99 ~ 1.11kg/hm²；第二高值区域在息班–王区间水系、周–阜区间水系，水质净化 P 保持功能范围在 0.96 ~ 0.99kg/hm²；水质净化 P 保持功能排名第三的区域在蒙城以上水系、南临–骆区间水系和南四湖地区水系，水质净化 P 保持功能范围在 0.88 ~ 0.96kg/hm²；水质净化 P 保持功能排名第四的区域在班台以上水系、大官庄以上水系、蒋家集以上水系，水系水质净化 P 保持功能范围在 0.73 ~ 0.88kg/hm²；水质净化 P 保持功能排名第五的区域在息县以上水系、临沂以上水系、周口以上水系，水质净化 P 保持功能范围在 0.34 ~ 0.73kg/hm²；水质净化 P 保持功能排名第六的区域在横排头以上水系，水质净化 P 保持功能范围小于 0.34kg/hm²。

2010 年，水质净化 P 保持功能最高值区域位于在骆马湖–大官庄以下水系、润阜横–正阳关水系、洪泽湖区间水系，水质净化 P 保持功能在 1.06 ~ 1.09kg/hm²；第二高值区域在息班–王区间水系、正蒙–蚌区间水系、王蒋–润区间水系，水质净化 P 保持功能范围在 0.99 ~ 1.06kg/hm²；水质净化 P 保持功能排名第三的区域在蒙城以上水系、南临–骆区间水系、周–阜区间水系、蚌–洪泽湖区间水系、南四湖地区水系，水质净化 P 保持功能范围在 0.89 ~ 0.99kg/hm²；水质净化 P 保持功能排名第四的区域在班台以上水系、大官庄以上水系、周口以上水系，水系水质净化 P 保持功能范围在 0.74 ~ 0.89kg/hm²；水质净化 P 保持功能排名第五的区域在息县以上水系、临沂以上水系、蒋家集以上水系，水质净化 P 保持功能范围在 0.35 ~ 0.74kg/hm²；水质净化 P 保持功能排名第六的区域在横排头以上水系，水质净化 P 保持功能范围小于 0.35kg/hm²。

3.3.2.3 淮河流域水质净化功能的构成特征

淮河流域一级生态系统不同等级的水质净化 N 保持功能的构成特征，见表 3-10 和图 3-11。淮河流域水质净化 N 功能整体变化不大，2000 年，有 79.24% 的区域的水质净化 N 保持功能达到中等以上水平，2005 年，水质净化 N 保持功能稍微有点降低，有 77.53% 的区域的水质净化 N 保持功能达到中等以上水平，2010 年，水质净化 N 保持功能又恢复到 2000 年水平，有 79.24% 的区域的水质净化 N 保持功能达到中等以上水平。

表 3-10 淮河流域一级生态系统不同等级水质净化（N 保持）功能构成特征

年份	统计参数	低	较低	中	高
2000	面积/km²	4 348.93	51 482.97	95 702.70	117 311.77
	比例/%	1.62	19.14	35.60	43.64
2005	面积/km²	4 348.93	56 067.71	91 117.96	117 311.77
	比例/%	1.62	20.85	33.89	43.64
2010	面积/km²	4 348.93	51 482.97	134 737.41	78 277.07
	比例/%	1.62	19.14	50.11	29.13

淮河流域一级生态系统不同等级水质净化 P 保持功能的构成特征，见表 3-11 和图 3-12。淮河流域水质净化 P 功能整体变化不大，2000 ~ 2010 年，有 79.23% 的区域的水质净化 P 保

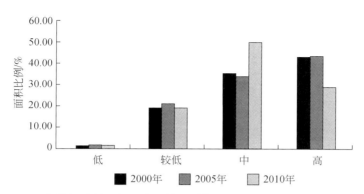

图 3-11 2000～2010 年淮河流域一级生态系统不同等级水质净化（N 保持）功能构成面积比例

持功能都达到中等以上水平，只是在中等和高等水平所占比例有波动。2000 年，水质净化 P 保持功能有 48.27% 达到高等水平，2005 年，有 51.58% 的区域的水质净化 P 保持功能达到高等以上水平，2010 年，水质净化 P 保持功能又降下来，有 46.95% 的区域的水质净化 P 保持功能达到高等以上水平。

表 3-11 淮河流域一级生态系统不同等级水质净化（P 保持）功能构成特征

年份	统计参数	低	较低	中	高
2000	面积/km²	4 348.93	51 482.97	83 250.48	129 763.99
	比例/%	1.62	19.15	30.96	48.27
2005	面积/km²	4 348.93	51 482.97	74 335.50	138 678.98
	比例/%	1.62	19.15	27.65	51.58
2010	面积/km²	4 348.93	51 482.97	86 787.72	126 226.76
	比例/%	1.62	19.15	32.28	46.95

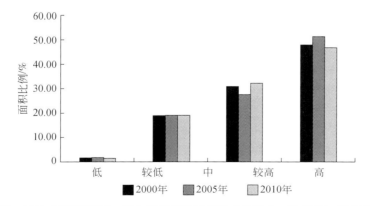

图 3-12 2000～2010 年淮河流域一级生态系统不同等级水质净化（P 保持）功能构成面积比例

3.3.3 水质净化功能变化特征

淮河流域一级生态系统不同等级水质净化 N 保持功能转移矩阵见表 3-12，转移强度见表 3-13。由表可见，2000～2005 年，水质净化 N 保持功能处于低等、中等、高等水平的区域全部没有转变，面积分别为 4348.931、51 482.97、117 311.8km²；水质净化 N 保持功能处于较高水平的区域有 4584.74km² 转向中等水平，有 91 117.96km² 保持原水平没有转变；全部高等水平的水质净化 N 保持功能没有变化，面积为 117 311.8km²。从转移强度来看，水质净化 N 保持功能处于较高水平区域的仅有 4.79% 转向中等水平，其他各等级水平区域的水质净化 N 保持功能没有改变，可见该阶段水质净化 N 保持功能仅有小幅度的下降。

表 3-12　淮河流域一级生态系统不同等级水质净化（N 保持）功能转移矩阵　（单位：km²）

时段	类型	低	中	较高	高
2000～2005 年	低	4 348.931	0	0	0
	中	0	51 482.97	0	0
	较高	0	4 584.74	91 117.96	0
	高	0	0	0	117 311.8
2005～2010 年	低	4 348.931	0	0	0
	中	0	51 482.97	4 584.74	0
	较高	0	0	91 117.96	0
	高	0	0	39 034.7	78 277.07
2000～2010 年	低	4 348.931	0	0	0
	中	0	51 482.97	0	0
	较高	0	0	95 702.7	0
	高	0	0	39 034.7	78 277.07

表 3-13　淮河流域一级生态系统不同等级水质净化（N 保持）功能转移强度　（单位:%）

时段	类型	低	中	较高	高
2000～2005 年	低	100.00	0.00	0.00	0.00
	中	0.00	100.00	0.00	0.00
	较高	0.00	4.79	95.21	0.00
	高	0.00	0.00	0.00	100.00
2005～2010 年	低	100.00	0.00	0.00	0.00
	中	0.00	91.82	8.18	0.00
	较高	0.00	0.00	100.00	0.00
	高	0.00	0.00	33.27	66.73

续表

时段	类型	低	中	较高	高
2000～2010 年	低	100.00	0.00	0.00	0.00
	中	0.00	100.00	0.00	0.00
	较高	0.00	0.00	100.00	0.00
	高	0.00	0.00	33.27	66.73

2005～2010 年，水质净化 N 保持功能处于低等和较高等水平的区域全部没有转变，面积分别为 4348.931km² 和 91 117.96km²；水质净化 N 保持功能处于中等水平的区域有 51 482.97km² 没有转变，有 4584.74km² 向较高水平转化；水质净化 N 保持功能处于高等水平的区域有 39 034.7 km² 转向较高水平，有面积为 78 277.07 km² 区域的水质净化 N 保持功能没有变化。从转移强度来看，水质净化 N 保持功能处于中等水平的区域仅有 8.18% 转变为较高水平，而水质净化 N 保持功能处于高等水平的区域却有 33.27% 转变为较高水平。其他各水平层次间没有变化。可见该阶段水质净化 N 保持功能有小幅度的下降。

2000～2010 年，水质净化 N 保持功能处于低等、中等和较高水平的区域没有转变，面积分别为 4348.931km²、51 482.97km²、95 702.7km²；水质净化 N 保持功能处于高等水平的区域有 39 034.7km² 转向较高水平，有 78 277.07km² 没有转变。从转化强度来看，处于高等水平的水质净化 N 保持功能仅有 33.27% 转向较高水平，其他各等级水平的水质净化 N 保持功能保持原状。可见该阶段水质净化 N 保持功能有小幅度的下降。

淮河流域一级生态系统不同等级水质净化 P 保持功能转移矩阵见表 3-14，转移强度见表 3-15。由表可见，2000～2005 年，水质净化 P 保持功能处于低等、中等和高等水平的区域全部没有转变，面积分别为 4348.93km²、51 482.97km²、129 763.99km²；水质净化 P 保持功能处于较高水平的区域仅有 8914.98 km² 转向高等水平，而 74 335.5km² 没有转变。从转移强度来看，较高水平的水质净化 P 保持功能区域仅有 10.71% 转向高等水平，其他各等级水平的水质净化 P 保持功能区域没有转变。可见该阶段水质净化 P 保持功能有小幅度的上升。

表 3-14　淮河流域一级生态系统不同等级水质净化（P 保持）功能转移矩阵　（单位：km²）

时段	类型	低	中	较高	高
2000～2005 年	低	4 348.93	0.00	0.00	0.00
	中	0.00	51 482.97	0.00	0.00
	较高	0.00	0.00	74 335.50	8 914.98
	高	0.00	0.00	0.00	129 763.99
2005～2010 年	低	4 348.93	0.00	0.00	0.00
	中	0.00	51 482.97	0.00	0.00
	较高	0.00	0.00	74 335.50	0.00
	高	0.00	0.00	12 452.22	126 226.76

时段	类型	低	中	较高	高
	低	4 348.93	0.00	0.00	0.00
2000~2010 年	中	0.00	51 482.97	0.00	0.00
	较高	0.00	0.00	74 335.50	8 914.98
	高	0.00	0.00	12 452.22	117 311.77

表 3-15　淮河流域一级生态系统不同等级水质净化（P 保持）功能转移强度　（单位：%）

时段	类型	低	中	较高	高
	低	100.00	0.00	0.00	0.00
2000~2005 年	中	0.00	100.00	0.00	0.00
	较高	0.00	0.00	89.29	10.71
	高	0.00	0.00	0.00	100.00
	低	100.00	0.00	0.00	0.00
2005~2010 年	中	0.00	100.00	0.00	0.00
	较高	0.00	0.00	100.00	0.00
	高	0.00	0.00	8.98	91.02
	低	100.00	0.00	0.00	0.00
2000~2010 年	中	0.00	100.00	0.00	0.00
	较高	0.00	0.00	89.29	10.71
	高	0.00	0.00	9.60	90.40

　　2005~2010 年，水质净化 P 保持功能处于低等、中等和较高等水平的区域全部没有转变，面积分别为 4348.93km²、51 482.97km²、74 335.5km²；水质净化 P 保持功能处于高等水平的区域仅有 12 452.22 km² 转向较高水平，而 126 226.76km² 没有转变。从转移强度来看，高等水平的水质净化 P 保持功能区域仅有 8.98% 转向较高等水平，其他各等级水平的水质净化 P 保持功能区域没有转变。可见该阶段水质净化 P 保持功能有小幅度的回落。

　　2000~2010 年，水质净化 P 保持功能处于低等、中等水平的区域全部没有转变，面积分别为 4348.93km²、51 482.97km²；水质净化 P 保持功能处于较高等水平的区域仅有 8914.98km² 转向高等水平，而 74 335.5km² 没有转变；水质净化 P 保持功能处于高等水平的区域仅有 12 452.22km² 转向较高水平，而 117 311.77km² 没有转变。从转移强度来看，较高水平的水质净化 P 保持功能区域仅有 10.71% 转向高等水平，高等水平的水质净化 P 保持功能区域又有 9.6% 转向较高等水平，而其他各等级水平的水质净化 P 保持功能区域没有转变。可见该阶段水质净化 P 保持功能有很小幅度的提高。

第4章 淮河流域水资源及其开发利用

淮河流域地处我国的腹心地带，地理位置优越，自然资源丰富，交通便利，是我国重要的粮、棉、油产地和能源基地。然而，流域内水资源短缺和水污染问题十分严峻。淮河流域多年平均水资源总量为 595 亿 m^3，占全国 2.2%，而承载的人口和耕地面积分别占全国 13.1% 和 11.7%，水资源人均、亩均占有量都只有我国平均水平的 1/5，属于严重缺水地区之一。淮河流域降水时空分布极不均匀，年内汛期 6~9 月份雨量约占全年降水量 70%，因此淮河流域旱灾和洪涝灾害都非常严峻。

淮河流域水资源承载的底线在哪里？水资源系统所能支撑的社会经济发展规模有多大？回答这些问题需要对过去多年来水资源及其开发利用进行系统地回顾，这对于梳理淮河流域水资源问题和制定社会经济发展规划也有着重要的指导意义。本章系统地介绍了淮河流域过去几十年来水资源变化及其开发利用情况，总结了淮河流域存在的水资源问题，并对各种水资源问题进行了分析。

本次评价统一采用 1956~2000 年和 2000~2010 年（共 55 年）两期同步监测调查系列资料，并对实测资料不足 55 年的进行地区了插补。其中 1956~2000 年时间段平均水资源量及开发强度用来表征淮河流域历史状况，2000~2010 年时间段的水资源开发逐年波动用来分析近十年来水资源及开发变化趋势。

4.1 水资源量

地表水资源量和水资源总量评价统一采用 1956~2010 年来年 55 年同步系列资料，地下水资源评价统一采用 1980~2010 年系列资料。数据主要来源于国家气象部门和水利部淮河水利委员会。

整体上，淮河流域人口和耕地面积分别占全国的 13.1% 和 11.7%，粮食产量占全国的 16.1%，GDP 占全国的 13%，而流域多年平均水资源量仅占全国的 2.8%。1956~2000年，多年平均水资源总量仅为 799 亿 m^3。2000~2010 年，水资源平均总量有所上升，达到 947.23 亿 m^3，其中地表水资源为 714.30 亿 m^3，地下水资源量为 375.81 亿 m^3，水资源总量在 2003 年为最大。淮河流域水资源总量的分布和降水基本相似，均表现为南部大、北部小的趋势，流域水资源空间分布极为不均。

4.1.1 降水

面降水量采用算术平均值法、面积加权法和等值线图量算法计算。三级区套地级行政区降水量，一般采用算术平均法或泰森多边形法计算；少数计算分区，因为面积较大，采用四级区套县面积加权法计算，四级区套县面降水用算术平均法计算。水资源三级区、二级区、一级区及行政省级和地市级分区的降水量，均以计算分区为基本计算单元，用面积加权法计算。

4.1.1.1 降水量

1956～2000 年，淮河流域多年平均年降水深 875mm（淮河水系 911 mm，沂–沭–泗河水系 788 mm），相应降水量 2353 亿 m³（淮河水系 1731 亿 m³，沂–沭–泗河水系 622 亿 m³），水资源二级区降水量占全区降水量的比例，如图 4-1 所示。

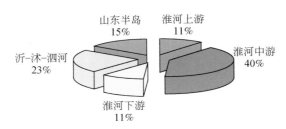

图 4-1　二级区降水量占全区降水量的比例

1956～2000 年，湖北省多年平均年降水深为 1127.5mm，相应降水量为 15.8 亿 m³；河南省多年平均年降水深为 842.3mm，相应降水量为 728 亿 m³；安徽省多年平均年降水深为 943.2mm，相应降水量为 628 亿 m³；江苏省多年平均年降水深为 945.1mm，相应降水量为 600 亿 m³；山东省多年平均年降水深为 706.9mm，相应降水量为 381 亿 m³。分流域分省份多年平均降水情况见表 4-1。

表 4-1　淮河流域多年平均降水量

区域		多年平均降水			不同频率径流量/mm			
		降水深/mm	降水量/亿 m³	降水量占总量百分比/%	20%	50%	75%	95%
二级区	淮河上游	1008.5	309	11.1	1204.6	989.3	836.5	646
	淮河中游	863.8	1112	40.2	984.3	855.5	760.7	637.2
	淮河下游	1011.2	310	11.2	1192.2	995	853.7	675.2
	沂–沭–泗河	788.4	622	22.5	910.9	779	682.8	559.2
淮河流域	湖北省	1127.5	15.8	0.6	1320.4	1111	960.1	768.3
	河南省	842.3	728	26.3	979.8	831.1	723.4	585.6
	安徽省	943.2	628	22.7	1097.2	930.7	810.1	655.8
	江苏省	945.1	600	21.7	1092	933.8	818.6	670.4
	山东省	746.9	381	13.8	880.5	734.9	630.6	498.6
小计		874.9	2353	85	1010.9	864.4	757.7	620.6

相比较而言，淮河流域 2000 ~ 2010 年年平均降水深为 920.4mm（图 4-2），略高于 1956 ~ 2000 年平均降水深。从年际变化来看，2001 年降水深最小，仅为 637mm，2003 年降水深最大，达到为 1287.5mm；从年降水总量上看，流域 2000 ~ 2010 年年降水总量平均达到 2470.5 亿 m³，在 2001 年和 2003 年达到最小值和最大值，分别为 1689.82 亿 m³ 和 3462.91 亿 m³。

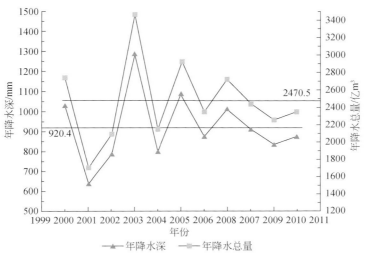

图 4-2 淮河流域年降水量和年降水总量变化情况

4.1.1.2 地区分布

流域降水量地区分布很不均匀，总体呈南部大、北部小，沿海大、内陆小，山丘区大、平原区小的规律。多年平均降水深变幅在 600 ~ 1600mm，南部大别山最高，达 1600 mm，北部沿黄平原区最少，不足 600mm，南北向相差约 1000mm；西部伏牛山区和东部地区为 900 ~ 1000 mm，中部平原区为 600 ~ 800mm，东西向两边大、中间小。

年降水量 800 mm 等值线大体为湿润与半湿润的分界线。流域 800 mm 等值线西起伏牛山北部，经叶县向东略偏南延伸到太和县北部后转变方向，沿永城—微山—蒙阴一线向东北伸展，在蒙阴附近向东从沂蒙山南坡绕到五莲山北麓，进入黄海。此线以南降水量大于 800mm，属湿润带，降水相对丰沛；以北小于 800mm，属于过渡带，即半干旱半湿润带，降水相对偏少。流域多年平均年降水深等值线图（1956 ~ 2010 年），如图 4-3 所示。

4.1.1.3 年内分配年际变化

（1）年内分配

淮河流域降水量的年内分配具有汛期集中，季节分配不均，最大、最小月降水量相差悬殊等特点。

流域汛期（6 ~ 9 月）由于大量暖湿空气随季风输入，降水量大且集中程度高，多年平均汛期降水 400 ~ 900mm，占全年总量的 50% ~ 75%。降水集中程度自南往北递增。淮

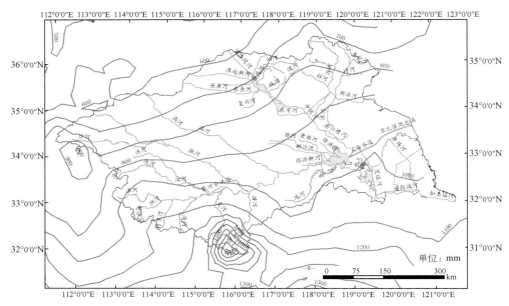

图4-3 淮河流域降雨等值线分布

河以南山丘区集中程度最低，为50%～60%；沂-沭-泗河水系（沂沭河下游平原区除外）集中程度最高，达70%～75%。

流域一年四季降水量变化较大。夏季6～8月降水最多，降水量为350～700mm，占全年降水量的40%～67%（图4-4）；春季3～5月降水量为100～430mm，占年降水量的13%～30%；秋季9～11月降水量小于春季大于冬季，在100～300mm，占年降水量的20%左右；冬季12～次年2月降水最少，降水量为20～100mm，占全年降水量的3%～10%。

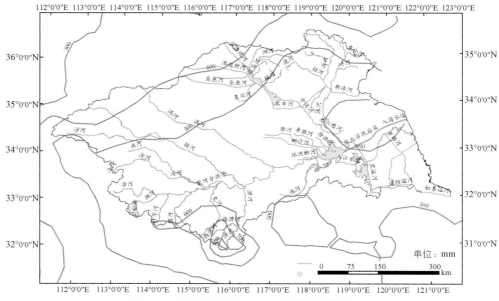

图4-4 淮河流域夏季6～8月降雨等值线分布

（2）年际变化

季风气候的不稳定性和天气系统的多变性，造成年际之间降水量差别很大。主要表现为最大与最小年降水量的比值（即极值比）较大，年降水量变差系数较大等特点。根据1956～2010年资料统计，流域内多数雨量站最大年降水量与最小年降水量的比值在2～4，个别站大于5。极值比在面上分布为南部小于北部、山区小于平原、淮北平原小于滨海平原。

年降水量变差系数CV在0.20～0.30，总趋势自南向北和自东往西逐渐增大。南部大别山区CV值为0.20左右，为全区最小。

根据1956～2010年系列年降水过程分析，淮河流域丰枯变化频繁。典型枯水年有1966年、1978年、1988年、2001年（图4-5），连续2年以上枯水时段主要有1966～1968年、1976～1978年和1992～1995年，典型丰水年有1956年、1964年、1991年、2003年、2007年（图4-6），连续2年以上丰水时段主要有1962～1965年、1974～1975年和1990～1991年。

4.1.2　蒸发

淮河内常用的观测器（皿）有E601、ϕ80cm和ϕ20cm三种型号。20世纪80年代以前，水文系统的蒸发资料以ϕ80cm蒸发器为主，80年代以后，逐步采用E601型蒸发器观测。气象部门主要应用ϕ20cm蒸发器进行观测，系列较长。本次评价，不同口径蒸发器的观测值，统一换算成E601型蒸发器的蒸发量，采用E601型蒸发器观测的水面蒸发量近似表示水面蒸发量。

本次评价选用水文、气象部门的蒸发资料共173站，其中主要站104个，参考站69个，长系列站47个。

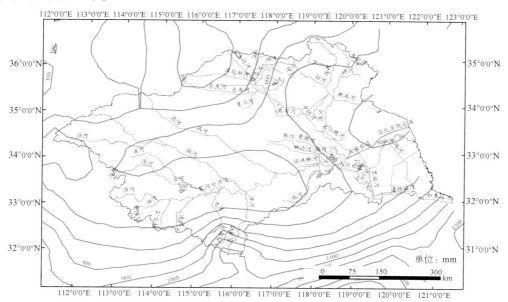

图4-5　典型枯水年份（2001年）降雨等值线分布

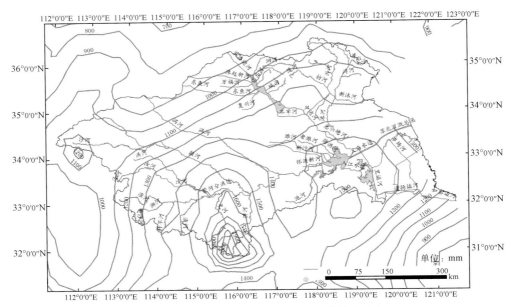

图 4-6 典型丰水年（2003 年）降雨等值线分布

4.1.2.1 水面蒸发

（1）地区分布

流域蒸发量的地区分布呈现自南往北递增的趋势。南部大别山蒸发量最小，不足 800mm。1000mm 蒸发量等值线，西起河南登封，往东经杞县、民权，折向东北，经山东 巨野，从南四湖以北折向东南经济宁、滕州、微山，于枣庄向东北方向沿沂蒙山南坡经临 沂、沿黄海海岸线方向穿诸城、胶州，经即墨、过莱阳、乳山、文登，至荣城以北出域， 此线以南蒸发量小于 1000mm，以北大于 1000mm。

（2）年内分配

水面蒸发量年内分配受温度、湿度、风速和日照等气象因素年内变化的影响，在不同 纬度、不同地形条件下的年内分配也不一致。一般是南方变化小，北方变化大；山区变化 小，平原变化大。

年水面蒸发量主要集中在 5～8 月，连续 4 个月最大蒸发量一般占年总量的 50%左右， 在地区分布上较为稳定。最大月蒸发量通常出现在 7、8 月份，最大月蒸发量占年总量的 13%左右；最小月蒸发量多出现在 1 月，占年蒸发量的 3%左右。最大与最小月蒸发量的 比值为 3～7，总体趋势为西部小于东部，南部小于北部。

一年四季中，夏季蒸发量最大，占年总量的 37%左右；春季略大于秋季，占 29%左 右，秋季占 23%；冬季最小，占 10%左右。

（3）年际变化

淮河流域水面蒸发量年际变化及其地区差异较降水量变化小，总体上北部变幅大于 南部。

4.1.2.2 陆地蒸发

淮河流域多年平均年陆地蒸发量为 653.8mm，占流域多年平均年降水量的 74.7%。水资源二级区中淮河上游最低，为 66.7%。淮河流域多年平均陆地蒸发量见表 4-2。

表 4-2 淮河流域多年平均陆地蒸发量

区域		陆地蒸发量/mm	降水量/mm	蒸发占降水量比例/%
二级区	淮河上游	672.5	1008.5	66.7
	淮河中游	656.6	863.8	76.0
	淮河下游	742.4	1011.2	73.4
	沂-沭-泗河	607.7	788.4	77.1
淮河流域	湖北省	734.3	1127.5	65.1
	河南省	636.2	842.3	75.5
	安徽省	679.4	943.2	72.0
	江苏省	707.7	945.1	74.9
	山东省	581.0	746.9	77.8
小计		653.8	874.9	74.7

干旱指数自南往北递增，同纬度山区小于平原，沿海小于内陆，总变幅为 0.5～2.0。南部大别山区干旱指数最小，仅为 0.5 左右。1.0 干旱指数等值线，西端起源洪河上游山区，沿西北—东南走向，经遂平、汝南，到达新蔡后折向东北，沿线经阜阳、固镇、泗县、泗阳、灌南、响水，最后进入东海。该线以南干旱指数小于 1.0，气候相对湿润；以北干旱指数大于 1.0，气候相对干旱。

4.1.3 地表水水资源量

地表水资源量是指河流、湖泊、冰川等地表水体中由当地降水形成的、可以逐年更新的动态水量，用天然河川径流量表示。本次评价成果是指通过实测径流还原计算和对天然年径流量一致性分析处理，能够反映近期下垫面条件的 1956～2010 年系列的天然径流量。

淮河上中游区、沂-沭-泗河水系天然年径流量系列计算，以大江大河一级支流控制站和中等河流控制站作为骨干站点，计算各三级区 1980～2010 年的天然年径流量系列，再利用小河径流站或水文比拟法将三级区天然年径流量系列划分为所属地级行政区系列。淮河下游水网区主要采用流域水文模型法，以四级区套地市为计算单元将下垫面划分为水面、水田、旱地（包括非耕地）和城镇等类型区，以现状下垫面条件，计算各类型区的产流量，然后按面积加权计算三级区的地表水资源量。

4.1.3.1 分区地表水水资源

淮河流域多年平均地表水资源量为 595 亿 m³（淮河水系为 452.4 亿 m³，沂-沭-泗河水系为143亿 m³），折合年径流深为221.1mm（淮河水系为238mm，沂-沭-泗河水系为180.7mm）。

湖北省、河南省、安徽省、江苏省和山东省多年平均地表水资源量分别为5.5亿 m³、178亿 m³、176亿 m³、151亿 m³ 和167亿 m³，年径流深分别为393.2mm、206.1mm、263.8mm、237.4mm 和165.9mm。

受降水和下垫面条件的影响，地表水资源量地区分布总体与降雨相似，总的趋势是南部大、北部小，同纬度山区大于平原，平原地区沿海大、内陆小。

淮河流域年径流深变幅为50～1000mm。南部大别山最高达1000mm，次高在西部伏牛山区，径流深为400mm，东部滨海地区为250～300mm，北部沿黄河一带径流深仅为50～100mm。

年径流深300mm 等值线是多水区与过渡区之间的分界线。流域年径流深300mm 等值线，西起洪汝河上游山丘区，经河南省板桥、确山、息县、固始至安徽省东淝河上游官亭出域。该线以南径流深大于300mm，以多水带为主，局部地区（白马尖东南坡）径流深大于1000mm 为丰水带；该线以北，除伏牛山、沂蒙山、五莲山、盱眙山局部地区大于300mm 和南四湖湖西平原西部小于50mm 外，其他地区均处于过渡带，径流量相对偏少。

淮河流域多年平均水资源量，见表4-3。

表4-3　淮河流域多年平均地表水资源量

区域		多年平均径流			不同频率径流量/亿 m³			
		径流深/mm	径流量/亿 m³	径流量占总量百分比/%	20%	50%	75%	95%
二级区	淮河上游	336	103	15.2	147	91.5	59	27.8
	淮河中游	207.2	267	39.4	361	248	177	102
	淮河下游	268.8	82.4	12.2	123	69.5	40.1	15.1
	沂沭泗河	180.7	143	21.1	197	131	90.4	48.7
淮河流域	湖北省	393.2	5.5	0.8	7.76	4.96	3.28	1.63
	河南省	206.1	178	26.3	248	162	110	57.5
	安徽省	263.8	176	26	241	162	113	61.7
	江苏省	237.4	151	22.3	222	147	90.8	14.2
	山东省	165.9	84.7	12.5	119	76.3	50.5	25.1
小计		221.1	595	87.9	812	550	386	215

流域地表水资源量年内分配的不均匀性超过降水。多年平均汛期6～9月径流量约占年量的55%～85%，集中程度呈自南向北递增趋势。淮河水系一般为55%～70%，沂-沭-泗河水系为70%～82%；多年平均最大月径流占年径流量的比例一般为18%～40%，集中程度也呈自南向北递增趋势。淮河水系一般为18%～30%，沂-沭-泗河水系为25%～35%；径流的年际变化也比降水更为剧烈。最大年与最小年径流量的比值一般为5～40倍，呈现南部小，北部大，平原大于山区的规律。淮河水系一般为5～25倍，沂-沭-泗河水系为10～25倍；年径流变

差系数值变幅一般为 0.40～0.85，并呈现自南向北递增、平原大于山区的规律。淮南大别山区年径流变差系数较小，为 0.40～0.50，其他地区一般为 0.50～0.75。

总体上，淮河流域地表水水资源的主要特征是地区分布不均匀、年内分配不均和年际变化大。地区分布不均从图中可以看出，安徽、河南、山东、江苏、湖北五省差异较明显，2000～2010 年，2003 年各省地表水水资源均最大，2001 年各地区地表水资源总量均最小（图 4-7）。

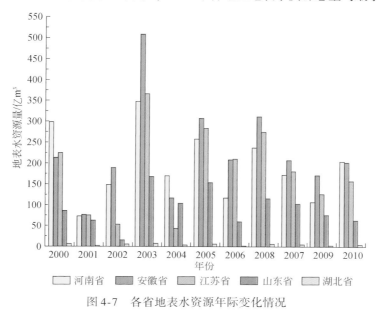

图 4-7　各省地表水资源年际变化情况

4.1.3.2　主要河流水资源

流域河流众多，本次评价根据流域面积较大和具有代表性的原则，选取淮河、洪汝河、沙颍河、涡河、史河、潖河、沂河、沭河 8 条主要河流进行水资源量评估。

淮河流域主要河流天然径流量统计结果，见表 4-4。

表 4-4　淮河流域主要河流天然径流量特征值

| 河流 | 控制站 | 集水面积/m³ | 天然年径流量 | | | | | | | | | |
| | | | 多年平均 | | 不同频率年径流量/亿 m³ | | | | 最大 | | 最小 | |
			径流量/亿 m³	径流深/mm	20%	50%	75%	95%	径流量/亿 m³	出现年份	径流量/亿 m³	出现年份
淮河	王家坝	30 630	102	332.4	145	91.1	59.2	28.4	239	1956	22.7	1966
	鲁台子	88 630	255	287.8	350	235	164	89.6	526	1956	77.7	1966
	蚌埠	121 330	305	251.3	430	275	182	90.3	649	1956	68.2	1978
	中渡	158 160	367	232.1	518	331	219	109	829	1956	66.5	1978
		190 032	450	236.6	634	405	268	133	1017	1991	57.7	1978

河流	控制站	集水面积/m³	天然年径流量								
			多年平均		不同频率年径流量/亿 m³				最大		最小	
			径流量/亿 m³	径流深/mm	20%	50%	75%	95%	径流量/亿 m³	出现年份	径流量/亿 m³	出现年份
洪汝河	班台	11 280	27.6	244.6	42.4	22.1	11.6	3.6	81.8	1975	2.68	1966
		12 380	30.2	244	46.5	24.1	12.5	3.79	88.5	1956	2.81	1966
沙颍河	阜阳	35 246	51.8	147	75.2	45.3	28.2	12.4	139	1964	12	1966
		36 728	55	149.7	79.8	48.1	29.9	13.1	144	1964	13.1	1966
涡河	蒙城	15 475	13.2	85.5	19.1	11.6	7.3	3.26	61.4	1963	3.06	1966
		15 905	14	88.1	20.2	12.4	7.84	3.56	63.5	1963	3.49	1966
史河	蒋家集	5 930	31.4	530.2	42.3	29.3	21.1	12.3	65.9	1991	7.88	1978
		6 889	36.1	523.3	48.5	33.6	24.2	14.1	75.2	1991	9.33	1978
淠河	横排头	4 370	33.9	776.1	43.5	32.5	25.1	16.6	67.2	1991	12.5	1978
		6 000	39.5	657.9	51.5	37.5	28.3	18	84.4	1991	14.3	1978
沂河	临沂	10 315	27	261.8	38.7	23.9	15.3	7.08	62.2	1964	5.54	1989
		*10 772	28.2	261.6	40.4	25	16	7.39	64.3	1963	5.95	1989
沭河	大官庄	4 529	12	264.9	16.8	10.9	7.24	3.66	24.4	1974	2.42	1989
		*5 747	15.2	264.7	21.3	13.8	9.3	4.77	30.7	1974	3.39	1989

＊仅为山东省境内面积。

4.1.3.3 入海、入江水量

淮河流域入海水量仅指通过海岸线直接下泄到黄海的水量，不包括通过长江间接下泄到黄海的水量。淮河流域多年平均入海水量为 286 亿 m³。年内不同时期入海水量情况与天然径流年内分配大体一致。淮河流域连续最大 4 个月入海水量发生在 6～9 月，占全年的 63% 左右；连续最小 4 个月，出现在 12～次年 3 月，不足全年总量的 14%。淮河流域年最大入海水量为 537 亿 m³，出现在 1963 年；最小为 90 亿 m³，出现在 1978 年；最大年是最小年的 6 倍。

淮河流域 1956～2000 年平均入江水量为 183 亿 m³。最大年为 1991 年，入江水量为 615 亿 m³，最小年为 1978 年，入江水量为 0。入江水量年内分配主要受降雨影响，同时受湖库调节能力的影响，多年平均连续最大 4 个月入江水量为 140 亿 m³，占全年入海总量的 77%，出现在 7～10 月；连续最小 4 个月入江水量为 8.6 亿 m³，不到全年的 5%，出现在 12～次年 3 月。

2000 年以后入江入海总量为 549 亿 m³，其中 2003 年为最高，总量达到 1223 亿 m³，2001 年为最低，仅为 257 亿 m³。各年份入江入海总量的变化情况，如图 4-8 所示。

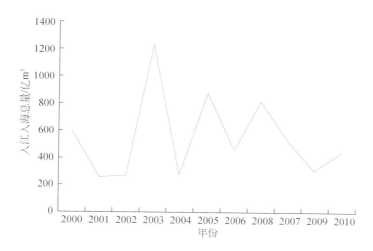

图 4-8　2000～2010 年淮河流域入江入海总量

4.1.3.4　引江、引黄水量

长江是淮河下游地区枯水季节生产和生活的重要水源地。1956～2000 年，淮河流域年平均引江水量为 42 亿 m³。引江水量的年际变化，除受天然降水的影响外，还受引水工程的制约。最大年引江水量为 1978 年的 113 亿 m³，最小为 1963 年的 4 亿 m³。随着工农业生产和城乡居民生活用水的增加，引江水量也在不断加大，20 世纪五六十年代每年引水量 10 多亿 m³，七八十年代增加到 50 亿 m³，到 90 年代达 60 亿 m³。多年平均最大连续四个月引江水量出现在 5～8 月，占年量的 54%，最小连续四个月引江水量出现在 11～次年 2 月，占年量的 18%。

流域北部沿黄地区主要靠引黄河水作为补充水源。河南的引黄水量主要集中在贾鲁河和惠济河上游，山东的引黄水量主要分布在南四湖湖西和小清河西部平原地区。淮河流域多年平均引黄水量为 30 亿 m³。其中淮河流域多年平均为 21 亿 m³（其中河南省为 7.6 亿 m³、山东省为 13.4 亿 m³）。

4.1.3.5　出入省境水量

出入省水量是指出入省界的实际水量。1956 年以来多年出入省境水量如下。

1）湖北省多年平均出境水量为 5 亿 m³，全部流入河南省。

2）河南省多年平均入境水量为 12 亿 m³，其中湖北省流入 5 亿 m³，安徽省流入 7 亿 m³。多年平均出境水量省为 165 亿 m³，除很小一部分流入山东省外，其余均流入安徽省。

3）安徽省多年平均入境水量为 168 亿 m³，其中河南省流入 165 亿 m³，江苏省流入 3 亿 m³。多年平均出境水量为 300 亿 m³，其中 293 亿 m³ 流入江苏省，7 亿 m³ 流进河南省。

4）江苏省多年平均入境水量为 352 亿 m³，其中安徽省流入 294 亿 m³，山东省流入 58 亿 m³。多年平均出境水量为 466 亿 m³，除 3 亿 m³ 流入安徽省和山东省外，其余流入长江和黄海。

5）山东省多年平均出境水量为 135 亿 m³，其中 58 亿 m³ 流入江苏省，余下入海。

4.1.4　地下水水资源量

浅层地下水是指赋存于地面以下饱水带岩土空隙中参与水循环的、和大气降水及当地地表水有直接补排关系且可以逐年更新的动态重力水。

平原区根据地形地貌、水文地质条件和包气带岩性、多年（1980～2010 年）年平均埋深的界线，山丘区根据水文站控制流域界线和水资源三级区界线，流域共划分了 220 个均衡计算区，其中平原区 172 个，山丘区 48 个。本小节在各均衡计算区地下水资源量评价成果的基础上，对近期下垫面条件下各级水资源分区套行政分区和行政分区不同矿化度（M）分区的多年平均年浅层地下水资源量、可开采量及其地域分布特征进行了全面评价。

淮河平原区总面积占淮河流域总面积的 2/3。其中，淡水浅层地下水计算面积占平原区总面积的 88%。淮河流域多年平均年地下水资源量淡水为 252.50 亿 m³。

此外，微咸水计算面积为 0.72 万 km²，占流域总面积的 0.2%、占平原区总面积的 4%。多年平均年地下水资源为 6.40 亿 m³。淮河山丘区浅层地下水总面积占流域总面积的 1/3。山丘区多年平均年地下水资源量为 87.04 亿 m³。

淮河流域地下水资源量为区内平原区地下水资源量与山丘区地下水资源量之和，扣除重复计算量。淮河流域多年平均年浅层地下水资源量淡水为 337.89 亿 m³。

流域二级水资源分区、各省（$M \leqslant 2g/L$）多年平均年地下水资源量，见表 4-5。2000～2010 年淮河流域各省地下水资源量，如图 4-9 所示。由图可见，河南省地下水总量最大，平均高于安徽省 20% 以上，高于江苏省 50% 以上。除 2003 年大量地表降雨量补给，使得地下水资源量明显提高外，其余各年份趋于平稳。

流域多年平均年浅层地下水资源量模数值分布的总体规律为：平原区大于山丘区，山前倾斜平原区和山间河谷平原区大于其他平原区，岩溶丘山区大于一般山丘区。

淮河上游平原区为 15.0 万～20.0 万 m³/km²，淮河中游区为 17.3 万～18.0 万 m³/km²，淮河下游苏北灌溉总渠以北及山东省大部分地区为 15.0 万～21.2 万 m³/km²。

淮河流域淮南大别山区与西部伏牛山区为 6.6 万～14.2 万 m³/km²；北部鲁南山丘区为 5.9 万～9.6 万 m³/km²；中部山丘区一般小于 5.0 万 m³/km²。流域岩溶山区淡水多年平均年浅层地下水资源模数平均为 19.5 万 m³/km²；最大值发生在淮河中游蚌洪区间北岸的安徽省淮北市，为 28.6 万 m³/km²，最小值发生在淮河中游王蚌区间北岸的河南省平顶山市，为 12.4 万 m³/km²。

表 4-5 淮河流域不同地貌区（M≤2g/L）多年平均浅层地下水资源量

区域		山丘区					平原区					分区		
		面积/km²	河川基流量/m³	开采净消耗量/m³	地下水资源量/m³	地下水资源量模数/[m³/(a·km²)]	面积/km²	降水入渗补给量/m³	地表水体补给量（扣除河川基流形成的）/m³	地下水资源量/m³	地下水资源量模数/[m³/(a·km²)]	总面积/km²	重复水量/m³	地下水资源量/m³
一级区	淮河上游	14 875	17.6	0.5	18.4	12.3	15 713	25.0	1.7	26.7	17.0	30 588	0.3	44.7
	淮河中游	42 391	29.6	7.5	37.4	8.8	84 071	120.6	10.0	130.5	15.5	126 462	0.3	167.6
	淮河下游	1503	0.9		0.9	5.9	17 886	19.0	5.9	24.9	13.9	19 389		25.8
	沂-沭-泗河	29 671	20.3	7.3	30.4	10.2	42 135	58.3	12.1	70.4	16.7	71 806	1.0	99.7
	湖北	1 400	1.1		1.1	7.9						1400		1.1
淮河流域	河南	31 104	29.3	6.2	36.1	11.6	55 151	75.5	6.1	81.6	14.8	86 255	0.6	117.1
	安徽	24 136	16.4	1.8	18.3	7.6	42 490	66.6	4.6	71.1	16.7	66 626		89.4
	江苏	4 349	3.0		3.0	6.9	41 669	52.6	13.8	66.3	15.9	46 018		69.3
	山东	27 451	18.5	7.3	28.5	10.4	20 495	28.2	5.2	33.5	16.3	47 946	1.0	61.0
小计		88 440	68.4	15.3	87.1	9.8	159 805	222.8	29.7	252.5	15.8	248 245	1.6	337.8

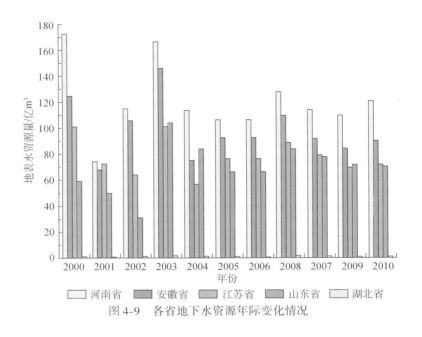

图 4-9　各省地下水资源年际变化情况

4.1.5　水资源总量

一定区域内的水资源总量是指当地降水形成的地表水和地下水产水量，即地表径流量与降水入渗补给地下水量之和。本次评价统一到近期下垫面条件下各分区 1956 ~ 2010 年的水资源总量系列。其中采用 1956 ~ 2000 年的数据分析过去的平均水平，2000 ~ 2010 年的数据分析近十年的动态变化。

4.1.5.1　分区水资源总量

总体上，淮河流域水资源总量的分布和降水基本相似，均表现为南部大、北部小。多年平均产水模数为 27.8 万 m³/km²，淮河上游最大，为 39.6 万 m³/km²，南方明显大于北方。1956 ~ 2000 年，多年平均水资源总量为 799 亿 m³（淮河水系为 588.1 亿 m³，沂-沭-泗河水系为 211 亿 m³）。按照流域内各个行政省来看，湖北省、河南省、安徽省、江苏省和山东省多年平均水资源总量分别为 5.5 亿 m³、246 亿 m³、231 亿 m³、193 亿 m³ 和 124 亿 m³。按照流域水资源区来看，流域上、中、下游区平均水资源量分布不均，流域中游水资源量最大，下游最小，分别为 374 亿 m³ 和 93.1 亿 m³。20%、50%、70% 和 90% 的频率水平下，水资源总量表现了较大空间差异。

从流域内行政省和水资源区来看，流域产水系数差别不大，上游产水系数最高，为 0.39，下游产水系数最低为，0.30（表 4-6）；流域内安徽省产水系数最大，而山东省和江苏省最低。由于区域产水系数差别不大，淮河流域的水资源量分布主要受降雨影响。

表 4-6 淮河流域多年平均水资源总量

区域		降水量/亿 m³	地表水资源量/亿 m³	地下水		水资源总量/亿 m³	不同频率水资源总量/亿 m³				产水系数	产水模数/万 m³/km²
				资源量/亿 m³	不重复量/亿 m³		20%	50%	75%	95%		
二级区	淮河上游	309	103	44.7	18.3	121	167	111	77	41.4	0.39	39.6
	淮河中游	1112	267	168	108	374	491	355	266	166	0.34	29.1
	淮河下游	310	82.4	25.8	10.7	93.1	137	80.1	48.1	19.6	0.30	30.4
	沂-沭-泗河	622	143	99.8	68.2	211	276	200	151	95.1	0.34	26.7
淮河流域	湖北省	15.8	5.5	1.1	0	5.5	7.76	4.96	3.28	1.63	0.34	39.3
	河南省	728	178	117	67.8	246	325	232	172	105	0.34	28.5
	安徽省	628	176	89.4	55.3	231	301	220	166	106	0.37	34.7
	江苏省	600	151	69.3	42.4	193	274	173	113	54.8	0.32	30.4
	山东省	381	84.7	65	39	124	167	116	83.1	48.4	0.32	24.3
小计		2353	595.4	338.5	205.2	799	1049	757	567	355	0.34	29.7

4.1.5.2 地区分布与年际变化

从近些年来看，2000~2010 年水资源变化基本上与历史平均水平相差不大。从 2000~2010 年的均值来看，水资源总量平均为 947.23 亿 m³，其中地表水资源为 714.30 亿 m³，地下水资源量为 375.81 亿 m³（图 4-10）。2000~2010 年的水资源总量平均值略高于 1956~2000 年。

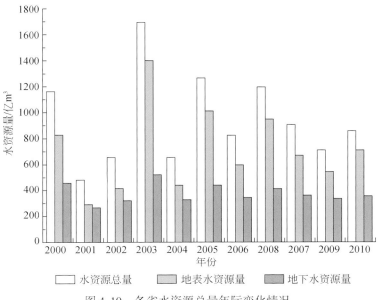

图 4-10 各省水资源总量年际变化情况

从年际变化来看，2003年流域水资源总量最大，达到1695.04亿 m³，几乎是历史均值的2倍；而2001年水资源总量最低，仅为482.96亿 m³，约达到历史均值的50%。由于流域面积大，降雨强度多变，流域内各省水资源存在一定的波动（表4-7）。

表4-7　各省水资源年际变化情况　　　　　　　　　（单位：亿 m³）

年份	淮河流域	河南省	安徽省	江苏省	山东省	湖北省
2000	1164.66	431.87	294.32	308.81	122.96	6.7
2001	482.96	127.77	129.59	131.49	92.88	1.23
2002	656.58	230.75	273.74	105.97	39.92	6.2
2003	1695.04	449.29	552.64	458.8	226.73	7.57
2004	653.2	243.82	159.33	89	156.8	4.25
2005	1265.89	333.07	353.8	361.65	210.57	6.81
2006	826.44	187.6	256.06	275.56	104.67	2.55
2007	1198.87	316.64	356.76	353.73	164.54	7.2
2008	905.34	247.03	253.27	250.57	148.2	6.26
2009	710.92	186.86	216.89	185.91	118.97	2.29
2010	859.59	278.85	246.88	220.34	108.07	5.45

从水资源量的空间分布来看，水资源量较大的区域主要位于流域上游山区的区县，如六安市、南阳市、临沂市等；而水资源量较少的主要为流域内郑州市、许昌市、漯河市、亳州市等中游的地级市。由于淮河中游主要为流域农业高产区，用水量大，水资源短缺问题较为严重。因此，应该做好流域内水资源调度工作，做好防洪抗旱工作，保障生产生活用水（图4-11）。

图4-11　各地级市水资源量空间分布

4.2 水资源开发利用

淮河流域人均地表水资源量为500m³，仅为世界平均水平的1/20、全国平均水平的1/5；每公顷平均地表水资源量为27.8m³，也仅为世界平均水平的1/7、全国平均水平的1/5，属于严重缺水地区。

虽然淮河流域水资源短缺，但淮河流域的总用水量仍呈逐年增长趋势，如2000年用水量比1980年增加67亿m³，人均用水量在300~400m³。工业和生活用水增长迅速，年平均增长率分别为4.1%和4.7%，流域水资源开发利用面临着较大压力。

4.2.1 供水设施与供水能力

4.2.1.1 供水设施

淮河是新中国成立后最先进行大规模治理的第一条大河，60多年来，淮河流域已修建了大量的水利工程，已初步形成淮水、沂-沭-泗水、江水、黄水并用的水资源利用工程体系。山丘区以利用地表水的蓄水工程为主；平原区为闸、站、井及大量输水河、渠等工程地表、地下水并用，由于平原区水资源不足，需要经常引（抽）江、引黄补源；东部沿江及北部沿黄地区为本流域跨流域调水工程主要供水区。

截至2000年，淮河流域及山东半岛已建成大中小型水库和塘坝5741座，总库容为303亿m³，兴利库容150亿m³，分别占多年平均年径流量的51%和25%，其中大型工程蓄水库容占全部蓄水工程的63%。主要分布于淮河上游和淮南山区、沂蒙山区（图4-12）。淮河流域蓄水工程总库容与天然径流的比值是全国平均的2.5倍，但大型工程蓄水库容占全部总蓄水库容的比例低于全国平均13%。

图4-12 淮河流域主要水库和湖泊分布

表 4-8 流域供水设施情况

	区域	蓄水工程		引水工程		提水工程		调水工程		地下水井	其他水源
		总数/座	其中大型/座	总数/处	其中大型/处	总数/处	其中大型/处	总数/处	其中大型/处	/万眼	工程/处
二级区	淮河上游	978	9	4	1	1 421	6	1		13	14 630
	淮河中游	2 464	9	234	6	7 913	6	7	6	82	54 084
	淮河下游	201		27	22	46	4	1	1	1	1 955
	沂-沭-潍河	2 098	18	125	59	3 753	8	11	10	40	
淮河流域	湖北省	69	1	28		31	0	1		2	
	河南省	1 425	13	206	3	4 925		7	6	80	68 707
	安徽省	1 938	4	91	83	4 387	3			16	
	江苏省	442	3	65	2	125	15	1	1	5	30
	山东省	1 867	15			3 665	0	11	10	33	1 932
小计		5 741	36	390	88	13 133	18	20	17	136	70 669

表 4-9 2000 年流域供水设施供水能力表

（单位：亿 m³）

	区域	地表水						地下水	其他水源	总计	
		蓄水工程		引提水工程		调水工程					
		设计供水能力	现状供水能力	设计供水能力	现状供水能力	设计供水能力	现状供水能力			设计供水能力	现状供水能力
二级区	淮河上游	33.44	20.63	8.16	4.87	0.12	0.08	8.57	0.01	50.3	34.16
	淮河中游	80.02	51.5	116.97	75.24	33.52	12.5	76.31	0.24	307.05	215.79
	淮河下游	6.84	5.32	46.16	38	130	90	3.04		186.05	136.36
	沂-沭-潍河	51.74	38.69	145.05	97.93	15.01	10.71	60.17	0.06	272.04	207.57
淮河流域	湖北省	2.17	1.67	0.11	0.09	0.12	0.08	0.04		2.44	1.88
	河南省	53.94	36.15	23.37	10.74	33.52	12.51	54.68	0.07	165.58	114.15
	安徽省	58.44	35.79	74.09	46.24			29.66		162.19	111.69
	江苏省	19.05	15.34	161.05	133.79	130	90	14.99	0.21	325.3	254.33
	山东省	38.45	27.18	57.72	25.19	15.01	10.71	48.71	0.04	159.93	111.83
小计		172.04	116.14	316.34	216.04	178.65	113.29	148.09	0.31	815.44	593.88

淮河流域已建成大中小型引水工程 390 处，总引水规模为 3.05 万 m³/s。主要分布在淮河中下游及洪泽湖、骆马湖和南四湖（以下简称"三湖"）周边地区。

淮河流域建成大中小型提水工程 13 133 处，提水规模 0.68 万 m³/s，大型提水工程规模占总提水规模的 18%。主要分布在淮河中游沿淮、淮河下游及三湖周边。

淮河流域已建成跨流域调水工程 20 处，总调水规模 0.2 万 m³/s，占全国跨流域调水总规模的 59%，大型调水工程占总提水规模的 93%。

淮河流域引水、提水、调水总规模达 4.1 万 m³/s，占全国总规模的 29%。此外，淮河流域还有机电井 136 万眼，其中配套机电井 114 万眼，主要分布在淮北地区。其他水源工程（集雨工程、污水处理回用和海水利用）9.2 万处。淮河流域供水设施情况见表 4-8。

4.2.1.2　供水能力

淮河流域各类供水工程设计年供水能力为 815.44 亿 m³，其中地表水供水工程为 667.01 亿 m³，地下水供水工程为 148.08 亿 m³；工程现状年供水能力为 593.88 亿 m³，其中地表水供水工程为 445.48 亿 m³，地下水供水工程为 148.08 亿 m³。其他水源供水工程较少。

淮河流域供水设施供水能力，见表 4-9。

4.2.2　供水量

2000 年以前多年淮河流域多年平均供水量为 501 亿 m³。在总供水中，地表水供水量为 352 亿 m³，占总供水的 70%，其中蓄、引、提、调工程供水量分别为 73 亿 m³、114 亿 m³、87 亿 m³ 和 77 亿 m³，分别占地表水供水量的 21%、32%、25% 和 22%；地下水供水量 148 亿 m³，占总供水的 30%，其他水源供水量很小。

2000 年流域供水水源组成情况如图 4-13 所示。

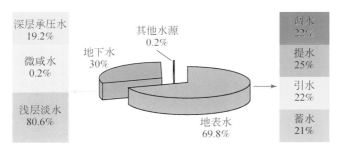

图 4-13　淮河区（淮河流域+山东半岛）供水水源组成

2000～2010 年以后，淮河流域各类供水工程年平均供水量有所增长，供水量上升至 571.7 亿 m³，其中地表水源供水 427.3 亿 m³，占总供水量的 74.74%；地下水源供水 142.9 亿 m³，占 25%；其他水源供水 1.5 亿 m³，占 0.3%。

淮河流域 2000～2010 年逐年供水组成见表 4-10。

表 4-10　分类型供水量年际变化　（单位：亿 m³）

供水组成	供水总量	地表水供水量	地下水供水量	其他供水量
2000 年	470.97	338.5	130.63	1.84
2001 年	536.8	390.49	145.24	1.07
2002 年	530.42	386.13	143.53	0.76
2003 年	410.87	291.93	118.32	0.62
2004 年	493.19	366.59	125.94	0.66
2005 年	479.63	356.42	122.64	0.57
2006 年	521.61	386.98	133.79	0.84
2007 年	487.07	353.99	132.18	0.9
2008 年	544.22	400.22	142.64	1.36
2009 年	572.12	423.05	147.64	1.43
2010 年	571.7	427.3	142.9	1.5

　　各地区供水量差异也较显著，从图 4-14 中可以明显看出，江苏省供水总量要明显高于其他各省，占总供水量的 40% 以上，安徽省和河南省供水量相当，都占总供水量的 20% 以上，山东省供水量略小，湖北省供水总量最少。

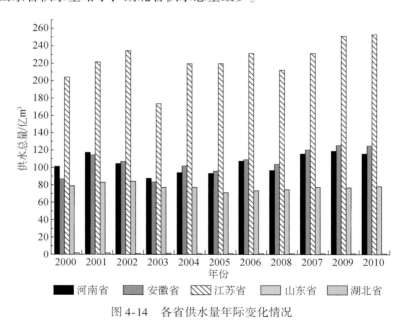

图 4-14　各省供水量年际变化情况

　　另外，还可从地表水和地下水各省供水比例上进一步说明（图 4-15）。对于地表水供水，江苏省贡献了全流域 56.89% 的总地表水供水量，安徽省次之，湖北省最小。而对于地下水供水而言，河南省贡献 48.7% 的总地下水供水量。因此，从这个层面进一步说明淮河流域各地区水资源分布不均，地表水和地下水资源也存在较大差异。

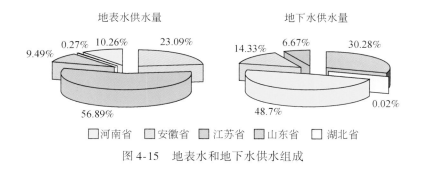

图 4-15 地表水和地下水供水组成

4.2.3 用水量

用水量是指配置给各类用水户包括输水损失在内的毛用水量。根据用户特性可分为生产用水、生活用水和生态环境用水三大类，其中生产类分为第一、第二、第三产业，第一产业用水包括农田灌溉和林牧渔畜用水。

1980～2000 年，淮河流域的总用水量仍呈增长趋势，2000 年用水量比 1980 年增加 67 亿 m³，人均用水量在 300～400m³。工业和生活用水增长迅速，就淮河流域整体而言，用水增量全部来自工业和生活用水增量，农业用水较 1980 年有所下降，在水资源短缺地区，存在工业和生活用水挤占农业用水现象。水资源二级区历年用水构成变化，如图 4-16 所示。

淮河流域用水总量中农业用水所占比例高，农业用水受气象因素的影响大。因此，流域总用水量具有年际变化大的特点。1980～2000 年，流域生活用水量增加了 40 亿 m³，年平均增长率为 4.1%，其中城镇生活用水年增长率为 8.6%；工业用水量增加了 61.3 亿 m³，年平均增长率为 4.7%；农业用水量减少 34.6 亿 m³。

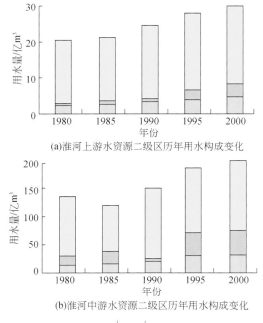

(a)淮河上游水资源二级区历年用水构成变化

(b)淮河中游水资源二级区历年用水构成变化

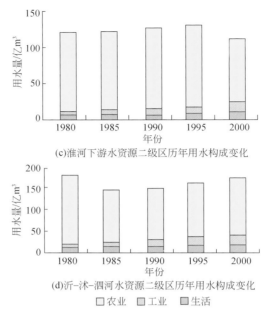

(c)淮河下游水资源二级区历年用水构成变化

(d)沂-沭-泗河水资源二级区历年用水构成变化

▢ 农业 ▢ 工业 ▨ 生活

图 4-16 水资源二级区历年用水构成变化

进入 2000 年以后，淮河流域各用水类型表现出了平稳增长的趋势（图 4-17），其中农业用水受降水影响较大。丰水年（2003 年），农业用水量比较小，而枯水年（2001 年），农业用水量则相对较大。各用水类型用水量差异也较显著，从图 4-18 中可以明显看出，农业用水量要明显高于其他用水类型，占总用水量的 63% 以上，工业用水量次之，达到 17.39%，其他用水类型用水比例均较少。

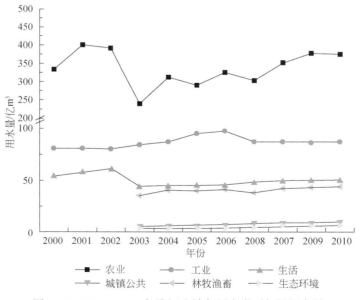

■ 农业 ● 工业 ▲ 生活
▽ 城镇公共 ◀ 林牧渔畜 ┅ 生态环境

图 4-17 2000～2010 年淮河流域各用水类型年际用水量

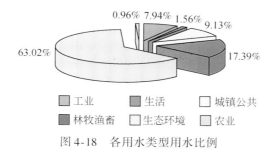

图 4-18 各用水类型用水比例

此外，从 2000 年、2005 年、2010 年各三级子流域用水空间分布上看（图 4-19），可以发现各子流域用水量差异较大，中游用水量最大，上游最小。虽然各个流域用水量差异较大，但在用水结构组成上较为相似，各水资源区的用水主力军仍然是农业用水。由于中游农业耕地面积大，而水资源总量仍不足，水资源短缺问题在中游较为突出。

4.2.4　开发利用程度与水平

淮河流域地处我国南北气候过渡带，兼有南北方水资源特点，降水时空分布不均和水土资源的不协调，导致不同水文年型，农业灌溉用水差别大，对于农业用水比例高的淮河流域来讲，农作物利用降水量少的年份，一方面使当地水资源开发利用程度偏高，另一方面加大了供水对跨流域调水的依赖程度。

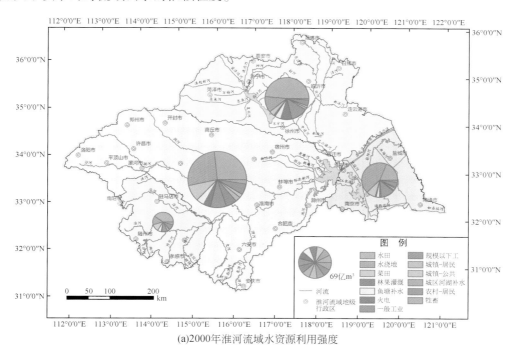

(a)2000年淮河流域水资源利用强度

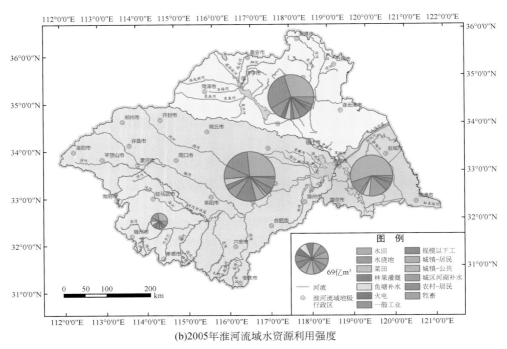

(b)2005年淮河流域水资源利用强度

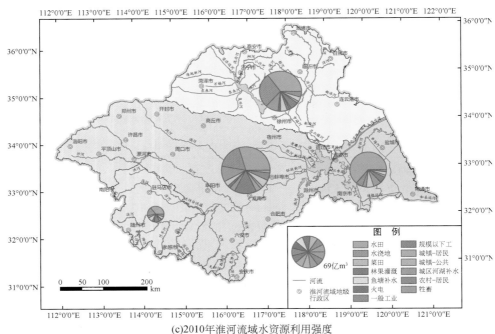

(c)2010年淮河流域水资源利用强度

图4-19 淮河流域各子流域2000年、2005年和2010年水资源利用强度的空间分布

　　根据多年淮河流域同期水资源利用率统计分析，淮河流域水资源开发利用率为48.5%（淮河水系为42.4%、沂-沭-泗河水系为67.8%）；同期平均当地平原浅层地下水资源量

以及当地地下水供水量分析，淮河流域地表水开发利用率为50.7%；平原浅层地下水开采率（利用量与可开采量的比值百分比）为48.2%（淮河水系为46.8%、沂-沭-泗河水系为50.8%）；从水资源利用量消耗程度看，多年水资源消耗率为37%，其中淮河流域34.4%（淮河水系为29.5%、沂-沭-泗河水系为50%）、山东半岛为59%。淮河多年统计水资源开发利用程度，见表4-11。

表4-11　1980年~2010年淮河流域水资源开发利用程度　　　　　（单位：%）

区域	地表水开发率	平原浅层地下水开采率	水资源利用率	水资源利用消耗率
淮河流域	50.7	48.2	48.5	34.4
淮河水系	44.2	46.8	42.4	29.5
沂-沭-泗河水系	74.7	50.8	67.8	50

淮河流域多年平均地表水资源利用程度不高，但各水系、不同年型差异显著，沂-沭-泗河水系多年平均地表水开发利用程度较高。淮河流域不同年型地表水开发利用程度变化大，淮河流域1997年地表水资源开发利用率达87%，1999年水资源开发利用率达82%。淮河流域中等干旱以上枯水年份地表水资源利用率基本在80%以上，已严重挤占河道、湖泊生态、环境用水。因此，枯水年份淮河流域地表水资源不仅已无增供能力，且为预留必要的湖泊、河道生态、环境需水，淮河流域枯水年份的地表水供水量还应较现状供水量适当减少。

淮河流域大规模地下水开采始于20世纪70年代初期，到70年代末，地下水井工程发展到高峰，80年代地下水井工程减少，90年代逐步恢复，基本恢复到70年代末水平，其中城镇地下水取水井持续增加。总体上看，流域地下水取水量呈逐步增长趋势，地下水开采率逐渐增大，由于淮河流域地表水和地下水之间联系密切，其地下水补给量、资源量和可开采量差异较大，本次淮河流域地下水资源开采率能较准确地反映地下水开发利用程度。从流域各水系地下水开采率看，平原浅层地下水开采率为57%。整体上，淮河水系还有较大的开发潜力，沂-沭-泗河水系尚有一定的开发利用潜力。从流域当地水资源消耗程度上看，水资源消耗率为37%。

第5章 淮河流域地表水环境及变化

淮河流域地处南北气候过渡带，地势低平，蓄排水困难，洪涝相互影响，跨省河道多，治理难度大，加上流域内人口密度大、沿淮重污染企业对水资源不合理开发利用，引起流域诸多生态环境问题的恶化，水环境污染、水生境破坏、水生态失衡问题较突出。而另一方面，近年来各级政府加大投入各类治淮工程，对流域生态环境特别是洪涝防治以及水环境产生一定的影响。由于多方面的叠加影响，近年来流域生态环境发生或正在发生重大的变化。国家经过"十五"、"十一五"水污染的综合治理，水环境恶化的势头虽得到了有效的控制，但在新时期，水环境管理中也面临诸多形势，新型污染物的产生、污染物的跨境转移、点源逐步控制农业非点源日益凸显、居民生活水平的提高对高质量饮用水的需求等。在诸多压力下，迫切需要回顾淮河流域 2000~2010 年水质的变化情况、污染物的变异趋势，并以此为基础，总结和分析淮河流域水环境管理中的成功的经验和失败的教训，以期为新时期水环境管理提供决策依据。开展淮河流域近十年水环境变化的调查和评估，将对流域生态环境建设提供重要的基础资料和有意义的指导。

淮河流域地表水环境评估的总体目标主要包括：①评估近十年不同管理目标水体（省界水体、主要支流、功能区）水质综合状况、类别及时空分布；②分析近十年各管理目标水体达标情况、主要超标项、主要污染物及其时空变化规律；③分析代表性污染物的浓度、分布及时空变异规律；④探讨流域点源污染排放、治理及其与河流水质改善的关系；⑤回顾淮河流域水质管理成效，提出新时期管理措施。

本章主要包括两部分内容，即地表水环境变化评估和点源污染评估。其中流域水环境评估主要分为两部分，第一部分是污染物专题分析，主要包括化学需氧量、氨氮、总磷等污染物，摸清淮河流域 2000~2010 年污染物的时空分布规律。第二部分包含水质类别综合评估，包含主要支流、省界水体和重点功能区；流域点源污染评估，包括生活和工业点源污染及污水处理时空动态，此外还匡算了点源污染物入河量，探讨了流域点源污染排放、治理及其与河流水质改善的关系。

对于淮河流域而言，为了管理的需求，流域监测断面可划分为三大类别，即主要支流、省界水体和重点功能区。主要支流主要考察重要汇入淮河干流的水质变化情况和动态，摸清导致淮河干流水质变化的主导因素；省界水体指河流流入和流出行政省的水质，为了避免跨省界污染的纠纷而设立。省界水体水质评估可为流域内跨省生态补偿以及流域内水资源合理有效利用提供重要的依据；功能区水质评估结合对应河段用水需求，结合国家相关标准，分析主要功能区的水质及超标情况，可为地方水资源管理提供有效的依据。

5.1　地表水监测与评价方法

5.1.1　监测断面的分布

为了考察地表水环境的变化情况，本章对省界水体、主干河道、重点功能区分别进行了常规监测。省界水体的监测是为了评估流域内跨省河流的污染情况而设置的；主干河道的监测是为了评估淮河流域内大型河道和淮河干流的水污染情况；重点功能区的监测是为了便于对流域内各功能区的管理而设置的。

各监测断面的监测频率为逐月，每月中旬巡测采样，并于当日或次日带入实验室分析测定（图5-1）。取样方法测定参照"地表水和污水监测技术规范（HJ/T 91—2002）"进行。水样的采集、室内分析和测试工作在淮河水利委员会水资源保护局的协同下完成。

(a)水样采集　　　　　　　　(b)样品保存与固定　　　　　　　　(c)现场测定

图5-1　水样采集流程

5.1.1.1　主要支流

淮河水质状况监测时采用"重点河流密集布点"的监测原则，共选取了流域5个典型河流的50个断面来进行监测。采集淮河流域逐月主干河道的水环境样品，干流共选取了13个断面，大运河选取了22个断面，颍河为6个，涡河为5个，沭河为4个。

淮河各监测断面的具体信息见表5-1。

表5-1　淮河主要干、支流监测断面信息　　　　　　　[单位：（°）]

隶属河流	断面名称	水质目标	经度	纬度
淮河干流	淮滨	Ⅲ	115.41	32.44
	王家坝	Ⅲ	115.60	32.43
	老坝头	Ⅲ	116.25	32.46
	鲁台子	Ⅲ	116.64	32.56
	凤台大桥	Ⅲ	116.73	32.71

续表

隶属河流	断面名称	水质目标	经度	纬度
淮河干流	淮南大涧沟	Ⅲ	117.06	32.69
	马头城	Ⅲ	116.71	32.61
	蚌埠闸	Ⅲ	117.28	32.95
	吴家渡	Ⅲ	117.38	32.96
	蚌埠公路桥	Ⅲ	117.43	32.96
	临淮关	Ⅲ	117.64	32.91
	小柳巷	Ⅲ	118.13	33.17
	盱眙水文站	Ⅲ	118.48	33.00
大运河	三江营	Ⅲ	119.72	32.31
	江都	Ⅲ	119.48	32.48
	高邮	Ⅲ	119.37	32.78
	宝应	Ⅲ	119.27	33.15
	淮阴	Ⅲ	118.96	33.57
	泗阳	Ⅲ	118.70	33.69
	宿迁	Ⅲ	118.30	33.98
	骆马湖	Ⅲ	118.32	34.12
	邳州	Ⅲ	117.93	34.32
	山头桥	Ⅲ	117.80	34.48
	韩庄闸	Ⅲ	117.35	34.58
	沙堤	Ⅲ	116.95	34.92
	解台闸	Ⅲ	117.38	34.32
	蔺家坝	Ⅲ	117.17	34.40
	前白口	Ⅲ	116.68	35.18
	微山岛	Ⅲ	117.27	34.67
	二级坝闸下航道	Ⅲ	117.00	34.78
	二级坝闸上航道	Ⅲ	116.83	34.98
	独山村	Ⅲ	116.78	35.10
	后营	Ⅲ	116.53	35.38
	邓楼站	Ⅲ	116.23	35.70
	东平湖	Ⅲ	116.04	35.93
颍河	项城上	Ⅳ	114.85	33.54
	槐店闸上	Ⅳ	115.08	33.39
	界首	Ⅳ	115.35	33.27
	阜阳闸上	Ⅳ	115.84	32.90
	颍上闸上	Ⅳ	116.28	32.64
	范台子	Ⅳ	116.32	32.64

续表

隶属河流	断面名称	水质目标	经度	纬度
涡河	付桥闸	IV	115.49	33.88
	亳州	IV	115.87	33.80
	涡阳下	IV	116.22	33.52
	蒙城下	IV	116.55	33.28
	怀远（涡）	IV	117.18	32.98
沭河	板泉	IV	118.62	35.10
	大官庄	IV	118.55	34.80
	高峰头	IV	118.36	34.53
	王庄闸	IV	118.38	34.19

各样点的空间分布如图 5-2 所示。

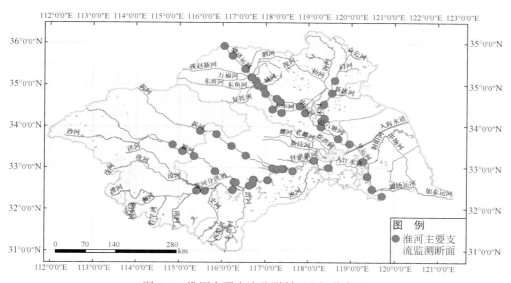

图 5-2　淮河主要支流监测断面空间分布图

5.1.1.2　省界水体

淮河省界水体监测，根据跨省河流的流量和污染状况进行，对污染较严重、水量较大的河流、水资源调蓄中发挥重要作用的河流都设置了监测断面。共选取了淮河流域 48 个跨省河流监测断面。其中，鲁—苏流向的监测断面有 19 个、苏—鲁流向为 3 个、苏—皖流向为 2 个、皖—苏流向为 7 个、皖—豫流向为 1 个、豫—皖流向为 15 个、鄂—豫流向为 1 个。

各监测断面的具体信息见表 5-2；各监测断面的空间分布如图 5-3 所示。

表 5-2 淮河省界水体监测断面信息 ［单位：（°）］

断面名称	北纬	东经	隶属河流	流向	水质目标
310 线港上桥	34.53	118.11	沂河	鲁—苏	Ⅲ
310 线黄泥沟河桥	34.54	118.05	黄泥沟河	鲁—苏	Ⅳ
310 线武河桥	34.54	118.05	武河	鲁—苏	Ⅳ
白家沟苍山县后台村公路桥	34.67	118.01	白家沟	鲁—苏	Ⅳ
班台	32.71	115.06	洪河	豫—皖	Ⅲ
苍山县南桥公路桥	34.72	117.99	汶河	鲁—苏	Ⅲ
苍山县南桥乡官家桥	34.70	118.04	东泇河	鲁—苏	Ⅲ
陈村	31.84	115.89	史河	豫—皖	Ⅳ
郸城砖桥口桥	34.05	115.61	大沙河	豫—皖	Ⅲ
东邳苍分洪道邳苍公路桥	34.69	118.13	东邳苍分洪道	鲁—苏	Ⅲ
东孙营闸上	33.93	115.54	惠济河	豫—皖	Ⅲ
复新河闸上	34.91	116.65	复兴河	苏—鲁	Ⅲ
赣榆黑林水文站	35.05	118.86	青口河	鲁—苏	Ⅲ
耿庄闸上	33.94	116.00	包河	豫—皖	Ⅲ
灌沟河潘楼	34.08	117.21	灌沟河	苏—皖	Ⅳ
横山公路桥	34.63	117.89	西泇河	鲁—苏	Ⅲ
黄口闸上	33.95	116.18	东沙河	豫—皖	Ⅲ
黄桥闸上	34.05	117.22	奎河	豫—皖	Ⅳ
贾集闸上游公路桥	33.66	115.63	油河	豫—皖	Ⅲ
界首沙河桥	33.26	115.34	沙颍河	豫—皖	Ⅳ
莒南富民桥	35.03	119.07	龙王河	鲁—苏	Ⅳ
琅溪河铜山县马兰	34.07	117.23	琅溪河	苏—皖	Ⅳ
老沈丘泉河桥	33.16	115.14	泉河	豫—皖	Ⅲ
老潍河泗洪中韩	33.47	118.17	老潍河	皖—苏	Ⅳ
蔺家坝闸上	34.40	117.17	不老河	鲁—苏	Ⅲ
鹿邑付桥闸上	33.88	115.49	涡河	豫—皖	Ⅳ
洺河大桥	33.59	115.68	洺河	豫—皖	Ⅲ
沛县李集	34.65	116.95	沛沿河	苏—鲁	Ⅲ
沛县龙固	34.91	116.81	大沙河	苏—鲁	Ⅲ
邳州古宅北桥	34.79	118.25	邳苍分洪道东偏泓	鲁—苏	Ⅲ
邳州邹庄呦山北桥	34.60	118.05	邳苍分洪道西偏泓	鲁—苏	Ⅲ
三捷庄闸上	34.46	118.15	白马河	鲁—苏	Ⅳ
沙沟河小红圈	34.59	118.09	沙沟河	鲁—苏	Ⅳ
山头桥	34.55	117.72	中运河	鲁—苏	Ⅲ

续表

断面名称	北纬	东经	隶属河流	流向	水质目标
石门头桥	34.82	118.78	石门头河	鲁—苏	IV
沭河高峰头	34.53	118.36	沭河	鲁—苏	IV
泗洪团结闸	33.40	118.17	新汴河	皖—苏	IV
泗县八里桥闸上	33.47	118.17	新濉河	皖—苏	IV
铜山燕桥	34.28	117.13	废黄河	皖—苏	III
沱河刘楼	33.84	116.71	沱河	豫—皖	IV
王家坝	32.43	115.60	淮河	豫—皖	III
小柳巷	33.17	118.13	淮河	皖—苏	III
新沭河大兴桥	34.76	118.74	新沭河	鲁—苏	III
绣针河204公路桥	35.12	119.26	绣针河	鲁—苏	III
叶集镇	31.70	115.91	史河	皖—豫	III
张咀渡口	33.15	117.87	怀洪新河	皖—苏	III
赵王河亳州梅城	33.78	115.61	赵王河	豫—皖	III
周党镇	31.89	114.52	竹竿河	鄂—豫	III

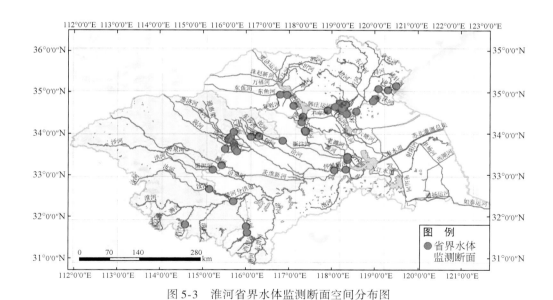

图 5-3　淮河省界水体监测断面空间分布图

5.1.1.3　重点水功能区

从 2003 年开始，山东、安徽、河南、江苏等省份才开始逐步推行流域水功能区管理制度，第一阶段淮河流域共产生 95 个功能区，并进行了常规监测，从开始进行的双月监测，到 2007 年转为逐月监测。以此为基础，2011 年国务院批复形成了 394 个重点功能区。因此，水功能区的连续点位数据仅有 95 个。本书，选取了这 95 个重点功能区断面来重点分析淮河流域 2000~2010 年水质变化趋势和特征。这 95 个重点功能区涵盖了流域内主要的水库、饮用水源、工业用水区等，能全面反映淮河流域主要功能区整体的水质状况。

各主要功能区的具体信息见表 5-3；监测断面分布图如图 5-4 所示。

表 5-3　淮河重点功能区监测断面信息　　　　［单位：(°)］

河流	水质监测断面	一级水功能区名称	二级水功能区名称	东经	北纬
淮河	金庄	淮河桐柏源头水保护区		113.37	32.39
	金庄	淮河桐柏开发利用区	淮河桐柏饮用水源区	113.37	32.39
	长台关	淮河河南信阳湖北随州保留区		114.07	32.31
	王家坝	淮河豫皖缓冲区		115.60	32.43
	凤台大桥	淮河干流阜阳六安滁州开发利用区	淮河凤台工业用水区	116.73	32.71
	淮南公路桥	淮河干流阜阳六安滁州开发利用区	淮河淮南饮用水源区	116.93	32.67
	蚌埠闸上	淮河干流阜阳六安滁州开发利用区	淮河蚌埠饮用水源区	117.28	32.96
	小柳巷	淮河皖苏缓冲区		118.13	33.17
洪河	道庄桥	洪河新蔡开发利用区	洪河西平饮用水源区	114.03	33.40
	班台	洪河豫皖缓冲区		115.06	32.71
汝河	板桥水库（坝上）	汝河泌阳水源地保护区		113.62	33.00
	遂平水文站	汝河遂平开发利用区	汝河遂平县城工业用水区	114.01	33.13
	宿鸭湖	宿鸭湖水库湿地自然保护区		114.30	33.03
	汝南—驻市公路桥	汝河汝南开发利用区	汝河汝南饮用水源区	114.34	32.99
沙河	昭平台水库（坝上）	沙河鲁山源头水保护区		112.76	33.72
	白龟山水库（坝上）	沙河白龟山水库开发利用区	沙河白龟山水库平顶山饮用水源区	113.25	33.72
	马门闸	沙河平顶山开发利用区	沙河周口市饮用水源区	114.55	33.60
北汝河	娄子沟	伏牛山国家级自然保护区		112.39	34.11
	襄城叶县公路桥	北汝河汝州开发利用区	北汝河襄城饮用水源区	113.48	33.84
	大陈水文站	北汝河汝州开发利用区	北汝河许昌饮用水源区	113.55	33.80
颍河	登封（大金店镇）	颍河登封源头水保护区		112.84	34.37
	告成	颍河许昌开发利用区	颍河登封工业用水区	113.15	34.39
	禹州市橡皮坝	颍河许昌开发利用区	颍河禹州饮用水源区	113.46	34.17
	化行水文站	颍河许昌开发利用区	颍河许昌饮用水源区	113.61	33.92
	界首	颍河豫皖缓冲区		115.35	33.25
涡河	付桥闸上	涡河豫皖缓冲区		115.49	33.88
史河	梅山水库（坝上）	梅山水库金寨河流源头自然保护区		115.88	31.67
	红石嘴	史河金寨开发利用区	史河金寨工业用水区	115.91	31.73
	叶集镇	史河皖豫缓冲区		115.89	31.88
	陈村	史河豫皖缓冲区		115.90	32.56

河流	水质监测断面	一级水功能区名称	二级水功能区名称	东经	北纬
城西湖	城西湖区	城西湖霍邱自然保护区		116.27	32.35
城东湖	城东湖区	城东湖霍邱自然保护区		116.33	32.25
瓦埠湖	寿淮公路桥	东淝河瓦埠湖六安合肥淮南调水水源保护区		116.94	32.49
淮河	盱眙化肥厂	淮河盱眙开发利用区	淮河盱眙县饮用水源用水区	118.48	33.00
洪泽湖	高良涧闸	洪泽湖调水水源保护区		118.88	33.34
	老子山			118.35	33.11
	蒋坝			118.74	33.12
	成河			118.64	33.35
	临淮			118.42	33.25
新汴河	瑶沟	新汴河泗洪保留区		118.14	33.40
徐洪河	沙集闸上	徐洪河睢宁调水水源保护区		118.13	33.88
入江水道	金湖	三河金湖调水水源保护区		119.01	33.02
	高邮湖水文站	入江水道高邮湖调水保护区		119.37	32.78
	万福闸上	入江水道邵伯湖调水保护区		119.49	32.52
	三江营	入江水道扬州调水水源保护区		119.72	32.31
二河	二河闸上	二河淮安调水水源保护区		118.88	33.35
里运河	邵伯（大）	里运河调水水源保护区		119.50	32.53
	高邮（大）			119.42	32.78
	宝应（大）			119.30	33.26
	引江桥			119.55	32.43
	淮阴（大）			119.10	33.54
古运河	淮阴（里）	古运河淮安区调水水源保护区		119.11	33.54
灌溉总渠	运东闸上	苏北灌溉总渠淮安调水保护区		119.15	33.47
	苏嘴（总渠）	苏北灌溉总渠保留区		119.45	33.64
	阜宁腰闸			119.58	33.77
	通榆桥			119.83	33.94
	六垛南闸			120.25	34.09
通榆河	响水（通）	通榆河响水海安调水保护区		119.56	34.20
	阜宁（通）			119.83	33.79
	盐城（通）			120.18	33.38
	东台（通）			120.33	32.87
	古贲大桥			120.48	32.61

河流	水质监测断面	一级水功能区名称	二级水功能区名称	东经	北纬
不牢河	刘山闸上	不牢河徐州调水水源保护区		117.77	34.42
	解台闸上			117.39	34.32
	蔺家坝闸上			117.17	34.40
中运河	邳州运河站	中运河徐州宿迁淮安调水水源保护区		117.93	34.32
	窑湾			118.07	34.18
	皂河闸			118.10	34.07
	宿迁闸			118.31	33.96
	泗阳闸			118.73	33.67
骆马湖	杨河滩闸	骆马湖调水水源保护区		118.26	34.00
	嶂山闸			118.32	34.12
新沭河	石梁河水库（坝上）	新沭河连云港开发利用区	新沭河连云港饮用水源区	118.86	34.77
梁济运河	郭楼	梁济运河济宁调水水源保护区		116.25	35.65
	后营			116.53	35.38
南四湖	二级坝闸上	南四湖上级湖调水水源保护区		116.98	34.87
	南阳			116.67	35.05
	王庙			116.57	35.20
	沙堤			116.95	34.92
	前白口			116.68	35.18
	独山村			116.78	35.10
	微山岛	南四湖下级湖调水水源保护区		117.27	34.67
	二级坝闸下			116.98	34.87
	大捐			117.13	34.73
	高楼			117.07	34.68
韩庄运河	台儿庄	韩庄运河台儿庄调水水源保护区		117.73	34.55
	韩庄闸上			117.35	34.58
沂河	田庄水库（坝上）	沂河沂源源头水保护区		118.12	36.20
	东里店	沂河淄博临沂开发利用区	沂河沂源工业用水区	118.43	36.03
	跋山水库（坝上）	沂河淄博临沂开发利用区	沂河沂水饮用水源区	118.55	35.90
	龙头汪金矿下游	沂河淄博临沂开发利用区	沂河沂南工业用水区	118.52	35.57
	临沂（小埠东坝）	沂河淄博临沂开发利用区	沂河临沂饮用水源区	118.37	35.03
	310线港上桥	沂河鲁苏缓冲区		118.12	34.53
沭河	青峰岭水库（坝上）	沭河沂水源头水保护区		118.87	35.78
	莒县水文站	沭河日照临沂开发利用区	沭河莒县饮用水源区	118.87	35.58
老沭河	大官庄	老沭河鲁苏缓冲区		118.55	34.80

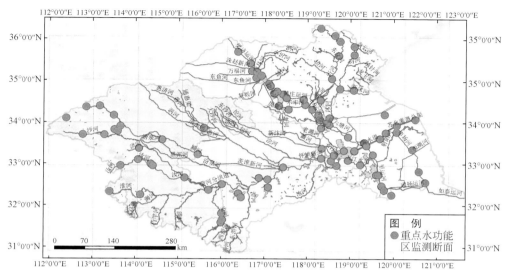

图 5-4 淮河重点功能区监测断面空间分布图

5.1.2 监测时间与项目

所有监测断面监测指标包括 pH、总磷、高锰酸盐指数、COD、氨氮、水温 6 项，主要支流和省界水体加测铜、锌、硒、砷、汞、镉、氟化物、六价铬、铅、氰化物、挥发酚、阴离子表面活性剂和硫化物 13 指标。

主要数据信息见表 5-4。

表 5-4 各监测单元数据信息

监测断面	指标	断面个数	时间跨度*
主要支流	pH、总磷、高锰酸盐指数、COD、氨氮、水温、铜、锌、硒、砷、汞、镉、氟化物、六价铬、铅、氰化物、挥发酚、阴离子表面活性剂、硫化物	50	2000～2010 年逐月，采样时间为每月中旬
省界水体	pH、总磷、高锰酸盐指数、COD、氨氮、水温、铜、锌、硒、砷、汞、镉、氟化物、六价铬、铅、氰化物、挥发酚、阴离子表面活性剂、硫化物	48	2000～2010 年逐月，采样时间为每月中旬
重点功能区	pH、总磷、高锰酸盐指数、COD、氨氮、水温、总氮	95	2003～2006 年双月采样，2007～2010 年逐月采样，采样时间为每月中旬

*2003 年以后，淮河流域才建立系统的水功能区水质月公报制度，因此数据最早年限为 2003 年。

所有水样加测 1 个平行样，并加标回收。各指标测定方法参照《地表水环境质量标准》（GB 3838—2002）中推荐的测试方法。

5.1.3 水质综合评价

5.1.3.1 评价标准和评价项目

1）评价标准应采用《地表水环境质量标准》（GB 3838—2002）。

2）评价项目应包括 GB 3838—2002 规定的基本项目。在 COD 大于 30mg/L[1] 的水域宜选用化学需氧量；在 COD 小于或等于 30mg/L[1] 的水域宜选用高锰酸盐指数。

3）流量、湖泊（水库）水面面积、水库蓄水量、总硬度等对水质评价具有辅助作用，可作为水质评价参考项目。

5.1.3.2 评价数据要求

1）水质评价采用的监测数据应符合以下要求。

a. 水质监测数据应由具备计量认证或国家实验室质量认可的监测机构提供。

b. 水样的采样布点及监测频率应符合《水环境监测规范》（SL219—98）的规定。

c. 监测项目的分析方法应采用国家或行业标准。

d. 水质监测数据的处理应符合 SL219—98 的规定。

2）水质评价数据应符合以下频次要求。

a. 月评价可采用一次监测数据，有多次监测数据时应采用多次监测结果的算术平均值。

b. 年度评价应采用 6 次（含 6 次）以上监测数据的算术平均值。

5.1.3.3 水质站水质评价

1）水质站水质评价应包括单项水质项目水质类别评价、单项水质项目超标频率评价、水质站水质类别评价和水质站主要超标项目评价 4 部分内容。

2）单项水质项目水质类别应根据该项目实测浓度值与 GB 3838—2002 标准限值的比对结果确定。当不同类别标准值相同时，应遵循"从优不从劣"的原则。

3）单项水质项目浓度超过 GB 3838—2002 Ⅲ类标准限值的称为超标项目。超标项目的超标倍数应按式（5-1）计算。水温、pH 和溶解氧不计算超标频率。

$$PB_i = \frac{NB_i}{N_i} \times 100\% \qquad (5-1)$$

式中：PB_i 为某水质项目超标频率；NB_i 为某水质项目超标水质站数（个）；N_i 为某水质项目评价水质站总数（个）。

4）水质站水质类别应按所评价项目中水质最差项目的类别确定。

5）水质站主要超标项目的判定方法是将各单项水质项目的超标倍数由高至低排序，列前三位的项目为水质站的主要超标项目。

5.1.3.4　流域及区域水质评价

1）流域及区域水质评价应包括各类水质类别比例、Ⅰ～Ⅲ类比例、Ⅳ～Ⅴ类比例、流域及区域的主要超标项目4部分内容。

2）各类水质类别比例为Ⅰ类、Ⅱ类、Ⅲ类、Ⅳ类、Ⅴ类及劣Ⅴ类比例；Ⅰ～Ⅲ类比例为Ⅰ类、Ⅱ类及Ⅲ类比例之和；Ⅳ～Ⅴ类比例为Ⅳ类及Ⅴ类比例之和。

3）河流应按水质站、代表河流长度两种口径进行评价；湖泊应按水质站、水面面积两种口径进行评价；水库应按水质站、水库蓄水量和水面面积三种口径进行评价。

4）流域及区域的主要超标项目应根据各单项水质项目超标频率的高低排序确定，排序前三位的为流域及区域的主要超标项目，水质项目超标频率按式（5-2）计算。

$$PB_i = \frac{NB_i}{N_i} \times 100\% \qquad (5\text{-}2)$$

式中，PB_i 为某水质项目超标频率；NB_i 为某水质项目超标水质站数（个）；N_i 为某水质项目评价水质站总数（个）。

5.1.3.5　评价成果图

1）评价成果图应包括单项水质项目水质类别图和水质站水质类别图。

2）评价成果图的底图应包括主要水系、水资源分区和行政分区要素。

3）在评价成果图中，水质站采用实心圆符号（●）、河流采用线型、湖泊水库采用面型表示。

4）水质类别着色应符合表5-5的规定。

表 5-5　水质类别图例图色值设置表

序号	水质类别	着色名称	红色	绿色	蓝色
1	Ⅰ类	蓝色	0	0	255
2	Ⅱ类	绿色	0	255	0
3	Ⅲ类	黄色	255	255	0
4	Ⅳ类	红色	255	0	0
5	Ⅴ类	紫色	255	0	255
6	劣Ⅴ类	黑色	0	0	0

5.1.4　水质达标评价

5.1.4.1　基本要求

1）评价范围包括水功能一级区中的保护区、保留区、缓冲区，水功能二级区中的饮用水源区、工业用水区、农业用水区、渔业用水区、景观娱乐用水区、过渡区和有水质管理目标的排污控制区。

2）饮用水源区按月评价，评价期内监测次数不应少于 1 次；缓冲区按月评价，评价期内监测次数不应少于 1 次；保护区、保留区可根据数据情况综合评定，评价期内监测次数不应少于 3 次；其他水功能区的评价周期可根据具体条件设置。

3）按年度评价的水功能区，评价期内监测次数不应少于 6 次。

4）流域及区域水功能区水质达标评价应按水资源分区和行政分区两种口径分别进行评价。

5.1.4.2 评价标准与评价项目

1）评价标准应以 GB 3838—2002 为基本标准，同时应根据水功能区功能要求综合考虑相应的专业标准和行业标准。

2）单一功能水功能区，应以其水质管理目标对应的水质标准为评价标准。多功能水功能区应以水质要求最高功能所规定的水质管理目标对应的水质标准为评价标准。

3）评价项目应根据水功能区功能要求确定。具有饮用水功能的水功能区评价项目应包括 GB 3838—2002 中的地表水环境质量标准基本项目和集中式生活饮用水地表水源地补充项目，有条件的地区宜增加有毒有机物评价项目。

5.1.4.3 评价数据要求

1）水功能区水质监测数据应符合监测数据要求。

2）水功能区水质代表值应按以下规定确定。

a. 只有一个水质代表断面的水功能区，应以该断面的水质数据作为水功能区的水质代表值。

b. 有多个水质监测代表断面的缓冲区，应以省界控制断面监测数据作为水质代表值。

c. 有多个水质监测代表断面的饮用水源区，应以最差断面的水质数据作为水质代表值。

d. 有两个或两个以上代表断面的其他水功能区，应以代表断面水质浓度的加权平均值或算术平均值作为水功能区的水质代表值。采用加权方法时，河流应以流量或河流长度作权重，湖泊应以水面面积作权重，水库应以蓄水量作权重。

5.1.4.4 单个水功能区达标评价

1）单个水功能区达标评价应包括单次水功能区达标评价、单次水功能区主要超标项目评价、水期或年度水功能区达标评价、水期或年度水功能区主要超标项目评价 4 部分。

2）单次水功能区达标评价应根据水功能区管理目标规定的评价内容进行。

a. 对规定了水质类别管理目标的水功能区，应进行水质类别达标评价。所有参评水质项目均满足水质类别管理目标要求的水功能区为水质达标水功能区；有任何一项不满足水质类别管理目标要求的水功能区均为水质不达标水功能区。

b. 对规定了营养状态管理目标的水功能区，应进行营养状态达标评价。满足营养状态管理目标要求的水功能区为营养状态达标水功能区，反之为营养状态不达标水功能区。

c. 水质类别和营养状态均达标的水功能区为达标水功能区，有任何一方面不达标的水功能区为不达标水功能区。

3）水期或年度水功能区达标评价应在各水功能区单次达标评价成果基础上进行。在评价水期或年度内，达标率大于（含等于）80%的水功能区为水期或年度达标水功能区。水期或年度水功能区达标率按式（5-3）计算。

$$FC_i = \left(1 - \frac{FG_i}{FN_i}\right) \times 100\% \tag{5-3}$$

式中，FC_i 为水质项目水期或年度超标率；FG_i 为水质项目水期或年度达标次数；FN_i 为水质项目水期或年度评价次数。

5.2　淮河流域地表水环境变化

2000 年以来，淮河流域水质正在不断好转。尤其是劣Ⅴ类断面比例明显减小，从 2000 年的 49.5% 减少为 2010 年的 22.2%。Ⅲ类水稳中有升，由 2000 年的 24.4% 上升至 2010 年的 38.9%。整体上，过去十多年期间，淮河干流及主要支流在国家和地方各省的大力治理下，水质改善较为明显。

从主要支流来看，大运河江苏入江和入海河道水质较好，而颖河、沭河和涡河水质较差，多处监测断面一直处于劣Ⅴ类；从省界水体来看：苏—皖流向的水体水质最差，豫–皖流向的水质次之，而皖—豫和鄂—豫流向的水质最优；从重点功能区来看，Ⅲ类水的比例最多，为 33.66%；其次为Ⅳ类，为 32.67%；Ⅴ类水为 22.77%；劣Ⅴ类为 7.82%；从主要污染物来看，COD、氨氮、总磷和高锰酸盐指数是污染淮河水系质量的关键污染物。这些污染物空间分布相似，污染物浓度较高的区域都集中在南四湖上级湖入湖支流、涡河、颖河沿线水域；而污染物浓度低，水质较好的区域主要为淮河流域西部桐柏山、伏牛山、大别山等周边水域，淮河流域东北部沂蒙山等附近水域、洪泽湖入江水道、入海水道及苏北灌溉总渠、里运河等。

5.2.1　主要支流

5.2.1.1　水质概况

主要支流监测断面共涵盖了淮河流域 5 个主要一级河流，共 50 个断面。干流共选取了 13 个断面，大运河 22 个断面，颖河为 6 个，涡河为 5 个，沭河为 4 个。本节对这些代表性监测断面进行水质评价，有利于摸清淮河干流和支流的水质状况。

对 50 个监测断面 2003～2010 年逐月水质平均状况进行分析（图 5-5），从图可以看出淮河干流入洪泽湖河道以及大运河江苏入江和入海河道水质较好，而颖河、沭河和涡河水质较差，多处监测断面一直处于劣Ⅴ类。

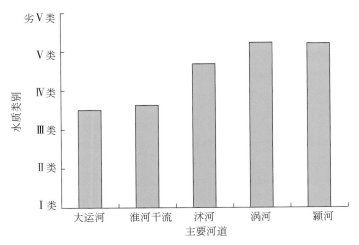

图 5-5 2003～2010 年主要水系水质平均类别

从水质类别组成上看，绝大多数监测断面均劣于Ⅲ类水及以上，以Ⅳ类水为主（图 5-6）。Ⅲ类水监测断面有 11 个，占总数的 22%；Ⅳ类水体监测断面有 21 个，占总数的 42%；Ⅴ类水体监测断面有 14 个，占 28%；劣Ⅴ类共 4 个，占 8%。

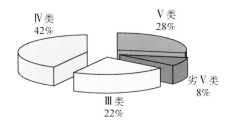

图 5-6 2003～2010 年主要监测断面水质类别比例

5.2.1.2 水质类别的时空分布

（1）空间分布

从淮河流域各监测断面各月所处的水质类别组成来看（图 5-7），淮河干流大部分月份监测断面水质主要处于Ⅲ类，部分月份能达到Ⅱ类，水质状况良好；而涡河和颍河大部分月份为劣Ⅴ类水质；大运河北部的水质类别主要以Ⅳ类和Ⅴ类为主；大运河南部主要以Ⅱ类和Ⅲ类为主。

（2）时间动态

从年际变化上来看，多数监测断面的水质都有转好。大运河北部的部分断面甚至水质由以前的Ⅴ类变为Ⅲ类，水质改善明显。2003 年大运河南部多数断面水质良好，处于Ⅲ类水平，到 2003～2010 年水质较为稳定，多数一直处于Ⅲ类水平；淮河干流入洪泽湖各监测断面水质明显改善，截至 2010 年水质明显优于 2003 年。而涡河和颍河自 2006 年由于数据短缺，未进行评估，截至 2005 年部分监测断面水质得到了明显改善，但也有少数监测断面水质有恶化的趋势。具体如图 5-8 所示。

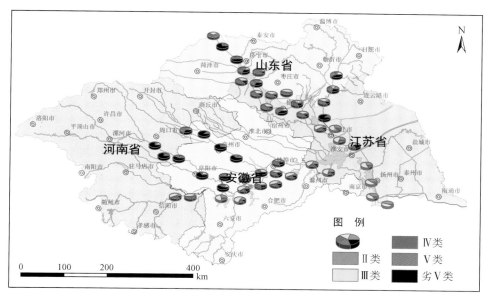

图 5-7 2003~2010 年主要监测断面水质平均类别

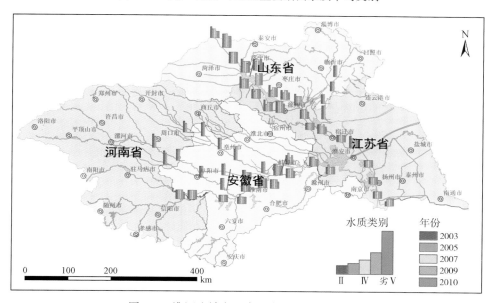

图 5-8 淮河流域主要支流水质类别年际变化

5.2.1.3 水质超标情况及超标污染物的分布

(1) 主要支流水质超标情况

整体上，淮河流域主要支流达标情况呈现出逐年上升的趋势。2003 年达标率仅为 36%，2005 年达标率上升到 45%，2007 年为 48%，2009 年更是突破 51%，到 2010 年达标率上升至 63%（图 5-9）。从这些数据可以看出，淮河干流及其一级支流河道的达标情况呈现出明显上升的趋势，各主干河道水质正在改善。说明了随着在"十五"和"十一五"期间对淮河流域内工农业生产的综合整治，以及污水处理率的加大，淮河水体得到了明显的改善，水污染问题得到明显的遏制。

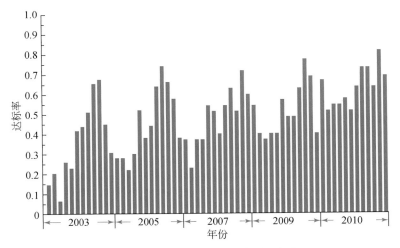

图 5-9　主要支流监测断面水质达标率

淮河干流及主要支流的水质超标情况，如图 5-10 所示。从图可见，淮河干流超标率最低，为 42.15%；其次为大运河和沭河，分别为 53.93% 和 54.35%；涡河超标率最高，达到 73.33%；颍河达到 69.44%。从超标率上可以看出，虽然涡河和颍河水质改善明显，但仍然不能满足相应水质标准要求，仍然需要大力整治。

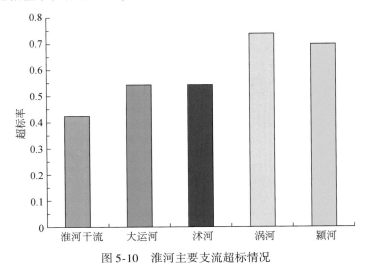

图 5-10　淮河主要支流超标情况

（2）主要超标污染物及其分布

对主要支流水体的超标情况及超标污染物进行了统计（图 5-11），发现 COD、氨氮、高锰酸盐指数、总磷、BOD 等超标明显，超标频率分别达：29.81%、28.76%、

15.72%、14.72%、13.96%。而其他的污染物如挥发酚、氟化物、汞、阴离子洗涤剂、硒、砷等均有不同程度的超标，但超标频率均低于 4%。因此，COD、氨氮、高锰酸盐指数、总磷、BOD（生物需氧量）这五类污染物是威胁淮河流域主要支流水质的最主要污染物。

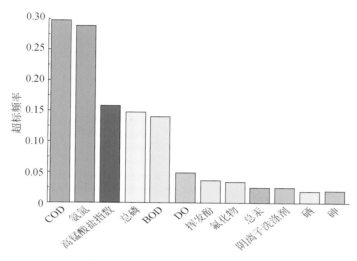

图 5-11　主要支流各污染物超标频率

从各监测断面来看，统计了 2003～2010 年各监测断面这五类污染物的超标率，结果如图 5-12 所示。从图可见，无论是哪种污染物，在主要支流的中上游污染超标频率要明显高于下游，说明了主要排污区域的主要分布在河道的中上游，而下游的污染随着河道自净作用，超标情况得到一定的缓解。

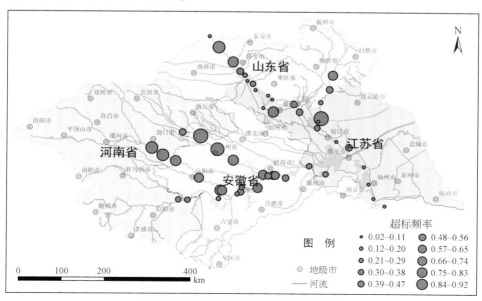

(a)淮河流域主要支流监测断面氨氮超标频率

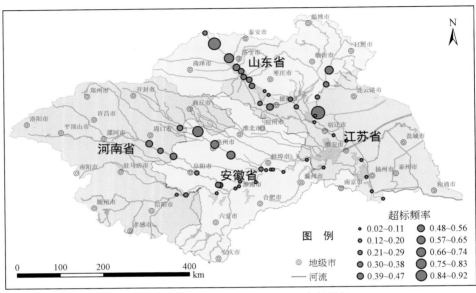

(b)淮河流域主要支流监测断面COD_{Mn}超标频率

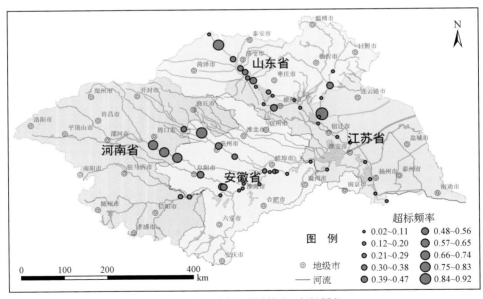

(c)淮河流域主要支流监测断面TP超标频率

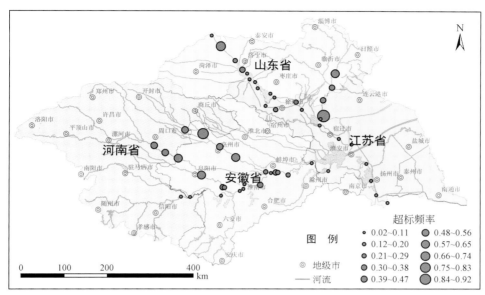

(d)淮河流域主要支流监测断面BOD超标频率

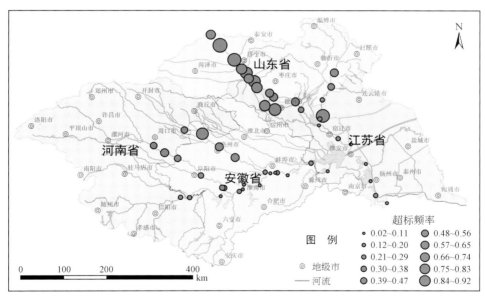

(e)淮河流域主要支流监测断面COD$_{Cr}$超标频率

图 5-12　2003~2010 年各监测断面污染物的平均超标率

　　对 COD$_{Cr}$ 和其他四类污染物的超标情况进行线性分析，发现 COD$_{Cr}$ 和 COD$_{Mn}$、BOD、TP、氨氮等这些污染都存在一定的线性关系（图 5-13），说明对于同一个监测断面，污染表现为复合污染：即当一个污染物超标时，其他污染也存在不同程度的超标情况。

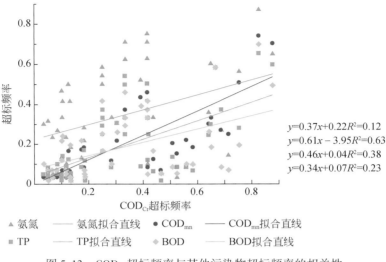

图 5-13   COD$_{Cr}$超标频率与其他污染物超标频率的相关性

5.2.1.4   代表主干流水质状况

（1）淮河干流

通过对淮河干流 13 个监测断面 2003～2010 年逐月监测的数据，进行了分析评价（图 5-14），淮河干流总体水质为Ⅲ～Ⅳ类，以Ⅲ类水为主，比例为 45.81%；Ⅳ类水的比例达到 22.64%；Ⅴ类水及以上占 19.5%。

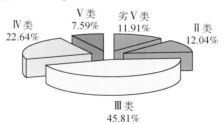

图 5-14   2003～2010 年淮河干流监测断面月均水质类别比例

对 13 个监测断面进行了评价，结果见表 5-6。从表可见，2003 年各监测断面水质状况均有不同程度的转好，多数站点水质提升一个级别，代表性站点如蚌埠闸、蚌埠公路桥、淮滨、临淮关等。其他多数站点，水质一直保持 2003 年良好的态势，代表性站点如老坝头、盱眙水文站等。

表 5-6   **2003～2010 年淮河干流监测断面年均水质状况**

监测断面	2003 年	2005 年	2007 年	2009 年	2010 年
蚌埠公路桥	Ⅳ	Ⅳ	Ⅳ	Ⅳ	Ⅲ
蚌埠闸	Ⅳ	Ⅳ	Ⅳ	Ⅳ	Ⅲ
凤台大桥	Ⅳ	Ⅳ	Ⅲ	Ⅲ	Ⅲ

续表

监测断面	2003 年	2005 年	2007 年	2009 年	2010 年
淮滨	IV	IV	IV	IV	III
淮南大涧沟	V	V	IV	IV	IV
老坝头	III	III	III	III	III
临淮关	IV	IV	IV	IV	IV
鲁台子	III	IV	III	III	III
马头城	IV	IV	IV	IV	IV
王家坝	IV	IV	IV	IV	IV
吴家渡	V	V	IV	IV	IV
小柳巷	IV	IV	IV	III	III
盱眙水文站	III	IV	III	III	III

（2）大运河

对大运河 22 个监测断面 2003~2010 年逐月监测的数据，进行了分析评价（图 5-15），大运河总体水质为 III ~ IV 类，以 III 类水为主，比例为 34.28%；IV 类水的比例达到 27.99%；V 类水及以上占 25.99%。

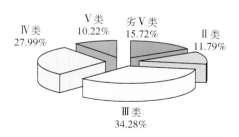

图 5-15　2003~2010 年大运河监测断面月均水质类别比例

对 22 个监测断面进行了评价，结果见表 5-7。从表可见，2003 年以来各监测断面水质状况均有不同程度的好转，多数站点水质提升一个级别，甚至有监测断面水质提升 2 个级别，代表性站点如东平湖、淮阴等。2003 年水质较好的，截至 2010 年水质一直保持良好的态势，代表性站点如高邮、宝应等。此外，也有部分监测断面，水质一直较差，如后营等。

表 5-7　2003~2010 年大运河监测断面年均水质状况

监测断面	2003 年	2005 年	2007 年	2009 年	2011 年
宝应	III	III	III	III	III
东平湖	V	IV	IV	III	III

监测断面	2003年	2005年	2007年	2009年	2011年
高邮	Ⅲ	Ⅲ	Ⅲ	Ⅲ	Ⅲ
韩庄闸	Ⅳ	Ⅲ	Ⅳ	Ⅳ	Ⅲ
淮阴	Ⅴ	Ⅳ	Ⅲ	Ⅳ	Ⅲ
江都	Ⅲ	Ⅲ	Ⅲ	Ⅲ	Ⅲ
解台闸	Ⅴ	Ⅴ	Ⅴ	Ⅴ	Ⅳ
蔺家坝	Ⅴ	Ⅲ	Ⅳ	Ⅳ	Ⅳ
邳州	Ⅳ	Ⅳ	Ⅳ	Ⅳ	Ⅳ
三江营	Ⅱ	Ⅲ	Ⅲ	Ⅲ	Ⅲ
山头桥	Ⅴ	Ⅳ	Ⅳ	Ⅳ	Ⅳ
泗阳	Ⅲ	Ⅲ	Ⅳ	Ⅲ	Ⅲ
宿迁	Ⅳ	Ⅳ	Ⅲ	Ⅳ	Ⅲ
邓楼站	劣Ⅴ	劣Ⅴ	劣Ⅴ	Ⅴ	Ⅴ
后营	Ⅴ	Ⅴ	Ⅴ	Ⅴ	Ⅴ
骆马湖	Ⅲ	Ⅲ	Ⅲ	Ⅲ	Ⅲ
独山村	Ⅴ	Ⅳ	Ⅴ	Ⅳ	Ⅴ
二级坝闸上航道	Ⅴ	Ⅳ	Ⅳ	Ⅳ	Ⅳ
二级坝闸下航道	Ⅳ	Ⅲ	Ⅳ	Ⅳ	Ⅳ
前白口	劣Ⅴ	Ⅴ	Ⅴ	Ⅴ	Ⅴ
沙堤	Ⅴ	Ⅴ	Ⅳ	Ⅴ	Ⅴ
微山岛	Ⅴ	Ⅲ	Ⅳ	Ⅳ	Ⅳ

(3) 沭河、涡河和颍河

颍河共选取了 6 个监测断面，涡河为 5 个，沭河为 4 个。通过这些代表性监测断面 2003~2010 年逐月监测和评价（图 5-16）。结果表明总体上沭河、涡河和颍河水质较差，均以劣Ⅴ类为主，比例分别达到 43.48%、60% 和 63.88%。

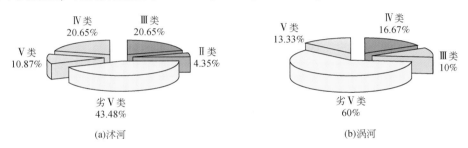

(a)沭河　　　　　　　　　(b)涡河

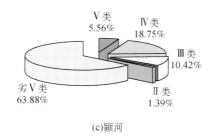

(c)颍河

图 5-16 2003～2005 年沭河、涡河、颍河监测断面月均水质类别比例

5.2.2 省界水体

5.2.2.1 水质概况

为了避免跨省界污染的纠纷，淮河水质状况监测对跨省重点河流进行了月监测，共选取了流域 48 个跨省河流监测断面。其中，鲁—苏流向的监测断面有 19 个、苏—鲁流向的监测断面有 3 个、苏—皖流向的监测断面有 2 个、皖—苏流向的监测断面有 7 个、皖—豫流向的监测断面有 1 个、豫—皖流向的监测断面有 15 个、鄂—豫流向的监测断面有 1 个。

从省界水体流向来看，2003～2010 年，苏—皖流向的水体水质最差，大部分都超过 V 类标准，接近劣 V 类；豫—皖流向的水质次之，介于 Ⅳ 类和 V 类之间；而鲁—苏流向、苏—鲁流向、皖—苏流向的水质相差不大，都介于 Ⅳ 类和 V 类；皖—豫流向和鄂—豫流向的水质最好，介于 Ⅱ 类和 Ⅲ 类之间。具体如图 5-17 所示。

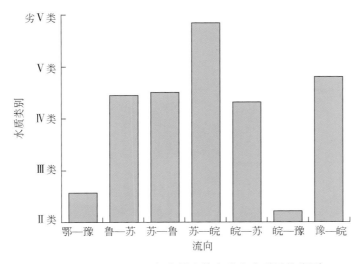

图 5-17 2003～2010 年省界水体各流向水质平均类别

从各监测断面水质类别组成上来看（图5-18），2003～2010 年逐月，省界水体的Ⅰ～Ⅴ类均有分布，其中劣Ⅴ类所占比重最高，达到 39.09%，其次为Ⅳ类水，占 22.99%，Ⅲ类和Ⅴ类分别为 17.75% 和 10.89%，Ⅰ类和Ⅱ类共占 9.28%。

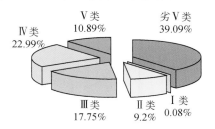

图 5-18　2003～2010 年省界水体水质类别组成

5.2.2.2　水质类别的时空分布

（1）空间分布

整体上省界水体劣Ⅴ类水体所占的比例较大（图5-19）。其中除豫皖边界的西部交接处水质较好外，其他交接处水质较差，尤其是北部的区域，大部分监测断面为Ⅴ类或劣Ⅴ类；皖苏交接区除入洪泽湖水质较好外，其余断面水质较差。而山东省和江苏省交接处，在入南四湖监测断面水质较好，其余水质较差。

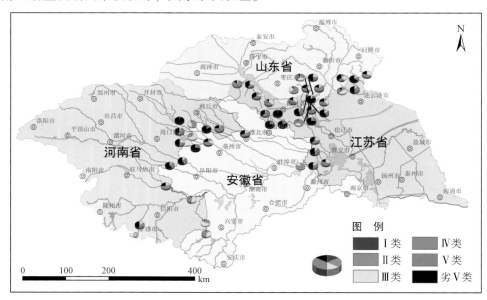

图 5-19　省界水体平均水质组成

（2）时间动态

从年际变化上来看，各省界水体监测断面水质有明显的改善。其中，鲁苏边界水体部分监测断面水质改善明显，很多监测断面由Ⅴ类或劣Ⅴ类变为Ⅲ类。豫皖边界水质也有一定改善。具体如图 5-20 所示。

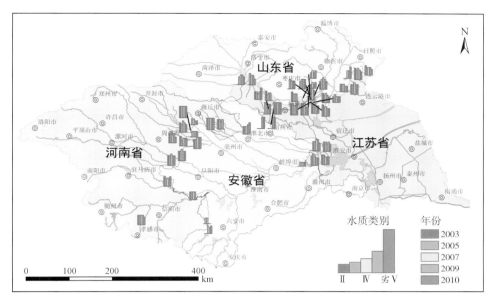

图 5-20 省界水体水质类别年际变化情况

5.2.2.3 水质超标情况及超标污染物的分布

（1）水质超标情况

2003~2010 年省界水体的达标率比较低，大多处于 30%~40%，其中 2005 年省界水体达标率最高，超过 40%（图 5-21）。从 2007 年后，年平均达标率有所上升。截至 2010 年，达标率达到 38% 左右。因此，总体上省界水体达标还有很大的提升空间，省界水体水质的管理亟待加强。

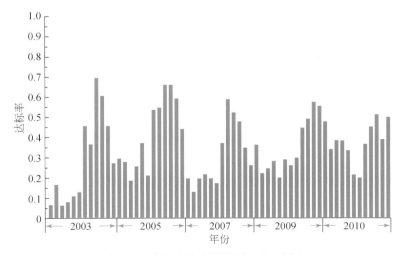

图 5-21 主要支流监测断面水质达标率

从各流向的水体的超标情况来看（图5-22），总体来说皖—豫流向水体水质基本都符合水质要求，而苏—皖流向的水体水质超标率极高，平均超标率超过90%。超标率按大小排序为：苏—皖>苏—鲁>豫—皖>皖—苏>鲁—苏>鄂—豫>皖—豫。在水质管理中，迫切需要加强对江苏、河南这两个省份出省河流的管理。

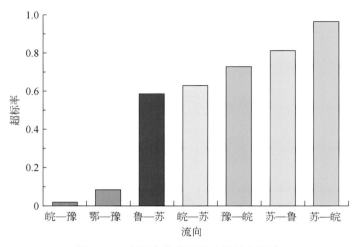

图 5-22   省界水体主要流向平均超标率

（2）主要超标污染物及其分布

对省界水体监测断面污染物的超标频率进行了统计，主要污染物超标频率从大到小排序为：COD>氨氮>总磷>高锰酸盐指数>BOD>氟化物>DO>阴离子洗涤剂>挥发酚>硒>砷>硫化物>镉>总汞。从图5-23可见，超过47%的监测断面出现过COD超标情况。因此也说明了对于省界断面，首要需控制的5类污染物为COD、氨氮、总磷、高锰酸盐指数、BOD。

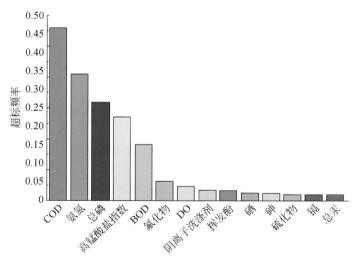

图 5-23   省界水体各污染物超标频率

对这5类污染物超标频率的空间分布，如图5-24所示。此外，对各监测断面对COD

和其他四类污染物的超标情况进行线性分析，发现 COD 仅与 COD_{Mn} 存在一定的线性关系，与其他的污染物不存在线性关系，说明对于同一个监测断面，污染表现为单一污染（图 5-25）：即当一个污染物超标时，其他污染物并没有同时超标。

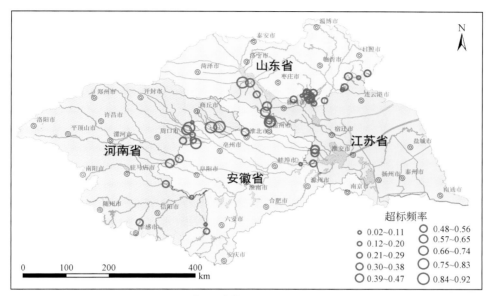

(a)淮河流域省界水体监测断面COD超标频率

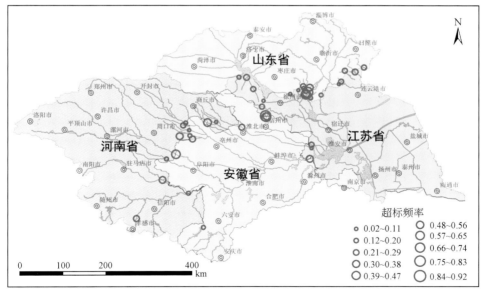

(b)淮河流域省界水体监测断面TP超标频率

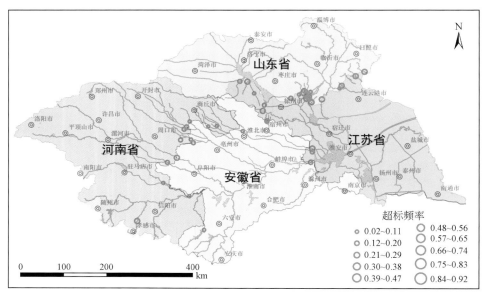

(c)淮河流域省界水体监测断面BOD超标频率

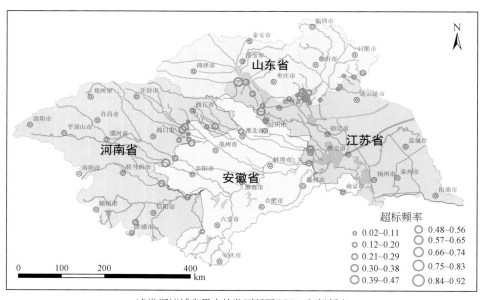

(d)淮河流域省界水体监测断面COD_Mn超标频率

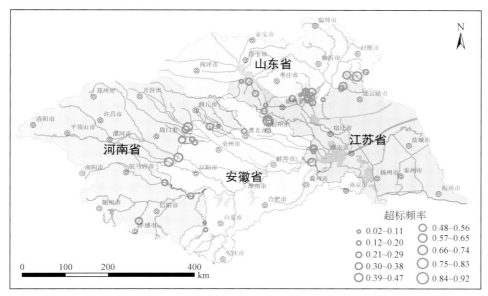

(e)淮河流域省界水体监测断面氨氮超标频率

图 5-24 2003~2010 年各监测断面污染物的平均超标率

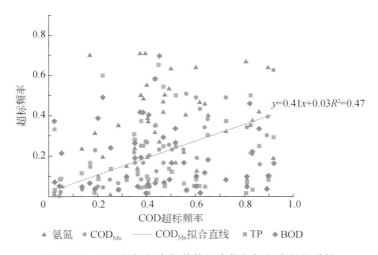

图 5-25 COD 超标频率与其他污染物超标频率的相关性

5.2.2.4 省界水体代表流向水质状况

在 48 个省界水体监测断面中，鲁—苏流向的监测断面有 19 个、豫—皖流向的监测断面有 15 个、皖—苏流向的监测断面有 7 个、其余流向的监测断面有 7 个。

（1）鲁—苏流向

通过对鲁—苏流向的 19 个监测断面 2003~2010 年逐月监测的数据，进行了分析评价得出（图 5-26），鲁—苏流向的省界水体总体较差，主要以劣 V 类为主，比重为 37.73%；

其次为Ⅳ类，占 22.11%；Ⅴ类占 9.94%；Ⅲ类占 19.27%；Ⅰ类和Ⅱ类共占 10.95%。

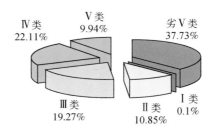

图 5-26　2003～2010 年鲁—苏流向水质类别组成

（2）豫—皖流向

通过对豫—皖流向的 15 个监测断面 2003～2010 年逐月监测的数据（图 5-27）进行评价得出，豫—皖流向的省界水体总体较差，主要以劣Ⅴ类为主，比重高达 46.09%；其次为Ⅳ类，占 25.55%；Ⅴ类占 10.51%；Ⅲ类占 12.96%；Ⅱ类占 4.89%。

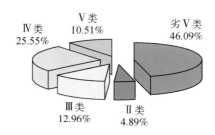

图 5-27　2003～2010 年豫—皖流向水质类别组成

（3）皖—苏流向

通过对皖—苏流向的 7 个监测断面 2003～2010 年逐月监测的数据进行评价得出（图5-28）：皖—苏流向的省界水体劣Ⅴ类、Ⅳ类、Ⅲ类分布相当，比重分别为 28.03%、26.59%、26.88%；Ⅴ类占 13.29%；Ⅱ类占 5.19%。

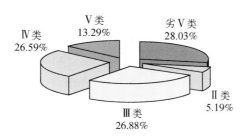

图 5-28　2003～2010 年皖—苏流向水质类别组成

（4）其他流向

对剩余 4 个流向的省界水体断面进行分析，如图 5-29 所示。从图可见，苏—皖流向水质最差，超过 80% 比例的水体为劣Ⅴ类，皖—豫流向的水质最优，超过 80% 的水质达到Ⅱ类水质，而鄂—豫流向要优于苏—鲁流向的水质。

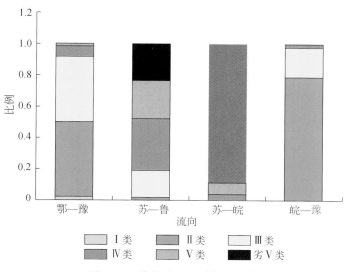

图 5-29　其他流向水质类别组成

5.2.3　重点水功能区

5.2.3.1　水质概况

总体上，为了解重点功能区的水质整体状况，这里先分析了 2003～2010 年其水质类别组成，如图 5-30 所示。从图可见，功能区的水质监测断面整体水质要优于省界水体和主要支流，主要原因是重点功能区的构建主要是为了优先保障饮用水源，因此保护区的监测断面要多一些。从总体上来看：Ⅲ 类水的比例最多，为 33.66%；其次为 Ⅳ 类，为 32.67%；Ⅴ 类水为 22.77%；劣 Ⅴ 类为 7.93%。

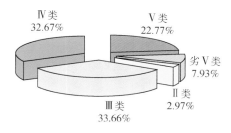

图 5-30　重点功能区水质类别组成

从重点功能区二级分区来看（图 5-31），保护区、保留区和饮用水源区的水质最优。Ⅱ 类和 Ⅲ 类水体所占的比例最高，而排污控制区、污染控制区、景观娱乐用水区等水质最差，Ⅴ 类和劣 Ⅴ 类所占的比例较高。

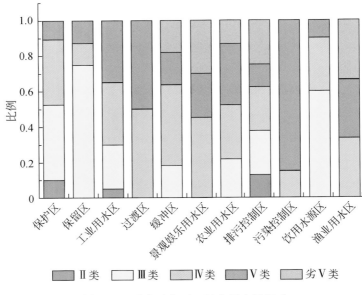

图 5-31　重点功能区二级分区水质组成

5.2.3.2　水质超标情况

为更为全面地掌握淮河片水功能区水质状况，为水资源保护和水污染防治提供决策依据，2009 年，在开展重点水功能区水质监测的基础上，淮河流域水资源保护局组织流域四省水利部门，对流域各省人民政府批复的淮河流域所有水功能区实施了两次全面监测，实测有资料的水功能区 1008 个，依据《地表水资源质量评价技术规程》（SL 395–2007）进行评价，按照年均值评价，水质为Ⅰ类的占 1.5%，Ⅱ类水占 10.3%，Ⅲ类水占 21.6%，Ⅳ类水占 24.3%，Ⅴ类水占 11.1%，劣Ⅴ类水占 31.2%。

2009 年水功能区水质综合达标评价（图 5-32），达标率为 23.1%。其中保护区为 50.6%，保留区为 47.1%，缓冲区为 14.3%，饮用水源区为 30.1%，工业用水区为 26.2%，农业用水区为 17.2%，过渡区为 10.4%，渔业用水区为 10.0%，景观娱乐用水区为 10.9%，排污控制区 14.8%。

2000~2009 年淮河流域同系列有监测资料的水功能区 272 个，2000 年满足Ⅲ类的水功能区个数比例为 37.1%，Ⅴ类和劣Ⅴ类的比例为 46.3%，2009 年满足Ⅲ类的水功能区个数比例为 48.2%，Ⅴ类和劣Ⅴ类的比例为 33.1%，满足Ⅲ类的水功能区比例增长了 11.1%，Ⅴ类和劣Ⅴ类的比例下降了 13.2%。

2000~2009 年水质类别比例变化，如图 5-33 所示。

从达标情况来看，2000 年达标比例为 24.3%，2003 年下降到 20.6%，2009 年达标比例为 32.7%，比 2000 年增加了 8.4%，流域水质总体呈缓慢好转趋势。

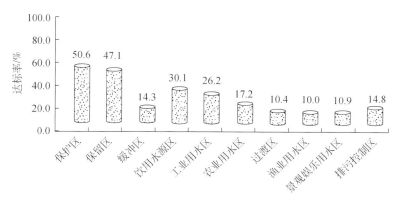

图 5-32　淮河流域各类水功能区水质达标情况

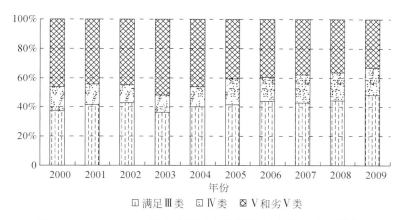

图 5-33　2000～2009 年水功能区水质类别比例逐年变化趋势图

5.2.4　主要污染物

本节通过对 2010 年以前主要支流、省界水体和重点功能区水质超标情况和主要超标污染物的统计分析发现，主要超标污染物为 COD、氨氮、总磷和高锰酸盐指数。这些污染物是 2000～2010 年威胁水体质量的关键污染物质。因此，本节对这些污染物进行重点分析，剖析其时空变化特征，解析污染趋势，以期对未来这些污染物的防治提供科学依据。

5.2.4.1　化学需氧量（COD）

（1）时间动态

整体上来看，对淮河流域 2003～2010 年各监测断面 COD 进行统计（图 5-34），发现 2003～2010 年淮河流域 COD 年平均浓度为 22mg/L。2003 年 COD 超出平均含量的监测断面较多，而 2003 年之后大部分监测断面 COD 含量明显低于平均值。说明了淮河流域 COD 呈现出显著下降的趋势，淮河流域有机污染逐渐减轻。

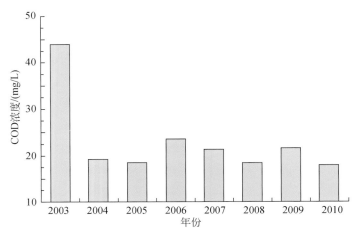

图 5-34　COD 平均浓度年际变化情况

为考察淮河流域逐年时间变化，以期摸清整体水质状况，掌握 COD 整体变化特征，因此对淮河流域 COD 含量也进行了年际变化分析。

从各样点的时间变化情况来看（图 5-35），绝大部分监测断面的 COD 高污染发生在2003 年和 2005 年，而 2007 年以后污染逐渐减轻。COD 高污染的监测断面主要分布在河南和山东部分支流，低 COD 的区域主要分布在江苏省和安徽省。

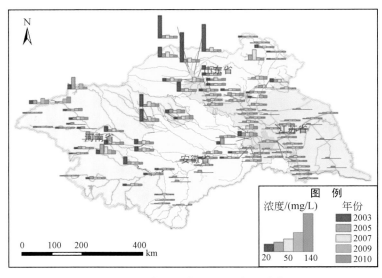

图 5-35　各监测断面 COD 年际分布

图 5-36 反映了淮河主要功能区 COD 逐月变化情况，从图可见，季节性因子对 COD 的含量影响较大，整体上 3 月河流 COD 浓度为最高，而 10 月河流 COD 浓度为最低。

从各样点的年内变化情况来看（图 5-37），绝大部分监测断面的 COD 高污染发生在1～5 月，而 7～11 月 COD 浓度相对较低，这主要由自然因素导致的，1～5 月降雨小，温

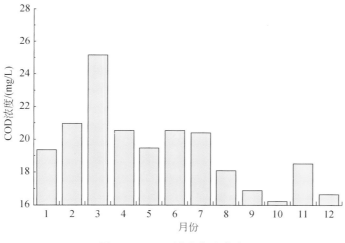

图 5-36 COD 浓度年内分布

度相对低，造成有机物不能及时分解，使得浓度上升，而进入 7 月后降雨增多，一方面雨水的稀释，另一方面温度相对升高，使得 COD 分解速率增快，浓度随之也降低；个别监测样点年内变异较大的，可能是由于企业的增排或减排，或者是由于季节性产业生产排污。

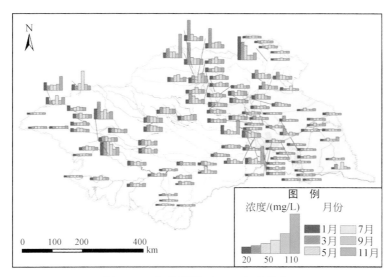

图 5-37 各监测断面 COD 年内分布

（2）空间分布

本小节选取了淮河流域干流、主要支流水系（大运河、沂河、涡河、颍河）的主要监测点，综合分析了淮河流域主要支流的 COD 浓度水平。对这些监测断面数据进行统计，发现淮河干流的 COD 浓度最低，为 15.09mg/L；颍河和涡河的 COD 浓度较高，达到 27mg/L 左右，具体如图 5-38 所示。这些空间分布充分体现出了淮河流域的工业格局，涡河和颍河沿岸分布有大量的企业，这些区域位于淮河流域重要的工业生产区。该区域人口密集，第二产业发达，但由于污水处理设施仍然不能满足需求，导致河流有机污染要严重于其他支流。

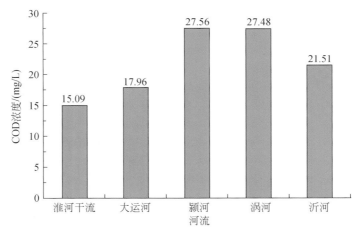

图 5-38　各主要支流 COD 平均浓度

本小节对各重点功能区监测断面 COD 平均浓度进行分析，如图 5-39 所示。从图可见，淮河流域东部——苏北灌溉总渠、安徽省西南部、河南省西部的水域 COD 浓度较低，普遍低于 15mg/L；淮河流域的北部水域 COD 浓度明显高于南部水域，其中在中游各支流汇入河道、南四湖入湖和出湖河道，COD 浓度均较高。

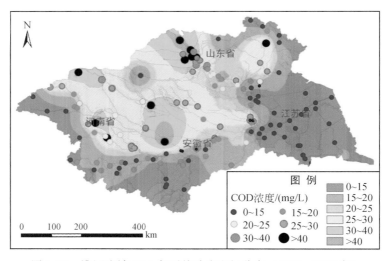

图 5-39　淮河流域 COD 年平均浓度空间分布（2003～2010 年）

5.2.4.2　氨氮

（1）时间动态

从图 5-40 可以直观地看出，对于重点功能区监测断面，氨氮的平均浓度波动明显，

2003 年浓度为最高，平均浓度超过 3.3mg/L；2004~2007 年波动不大，在 1.0 mg/L 上下浮动，2008 年氨氮浓度最低，2009 年其浓度又有所回升，2010 年又有明显的下降。

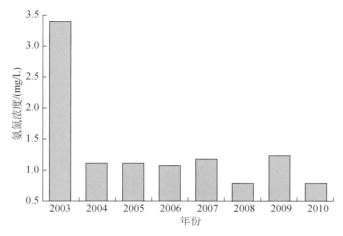

图 5-40　氨氮平均浓度年际变化情况

从各监测断面来看，从图 5-41 可见大部分样点在 2003 年浓度非常高，高氨氮浓度的区域主要位于南四湖入湖的主要支流。涡河和颖河部分监测断面也检出较高的氨氮浓度。

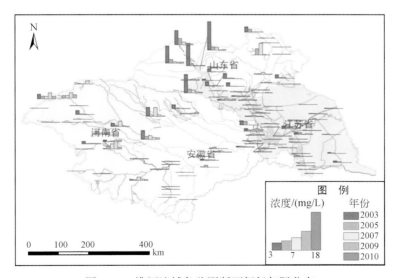

图 5-41　淮河流域各监测断面氨氮年际分布

氨氮的年内分布规律与 COD 较为类似，均在 3 月浓度最高，10 月浓度最低。河流中 3 月氨氮的含量超出 10 月的 5 倍左右（图 5-42）。说明季节性因子对河流氨氮的自净作用影响较大，在 3 月左右需要注意控制河流的有机污染和氮污染。

从各监测断面来看（图 5-43），大部分样点在 3 月非常高，氨氮浓度高的区域出现在

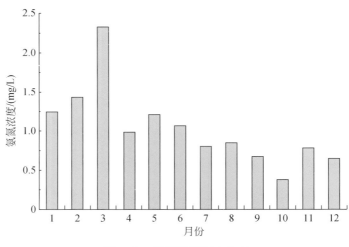

图 5-42　氨氮浓度年内分布

南四湖入湖的主要支流。涡河和颍河上游监测断面也检出较高的氨氮浓度。这些区域主要位于淮河流域内河南省和山东省。

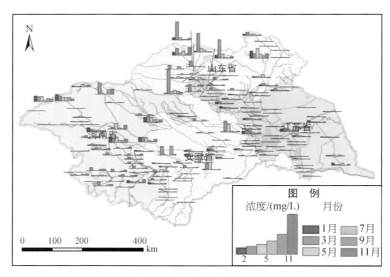

图 5-43　淮河流域各监测断面氨氮年内分布

（2）空间分布

对各功能区监测样点氨氮的平均浓度进行统计和插值分析发现（图 5-44），氨氮浓度呈现明显的区域格局。整体上淮河流域北部水域氨氮浓度高于南部，中部水域高于南北水域，多数监测断面氨氮浓度处于 0.15~0.5mg/L，这些样点主要分布在江苏省和安徽省。而大于 2.0mg/L 的监测断面主要出现在山东省和河南省北部交接处，其中在南四湖上级湖入湖和出湖支流以及淮河流域河南省出境支流的监测断面氨氮浓度最高。

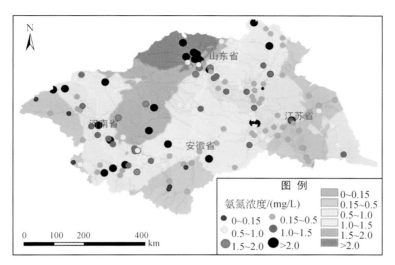

图 5-44 淮河流域氨氮平均浓度空间分布（2003～2010 年）

5.2.4.3 总磷

（1）时间动态

对于农业地区，磷污染主要由非点源污染产生，即生产生活产生的污水以及农业生产中磷肥的施用在降雨-径流等因素的驱动下进入水体。因此，河流磷污染物的浓度受降雨因素影响大，在降雨大的年份，地表冲刷强度大，使得河流磷的平均浓度高，而降水小的年份，地表冲刷强度弱，河流中磷的浓度较低。2003 年和 2007 年为丰水年，监测得出的磷浓度较高，而枯水年份如 2005 年，监测的浓度较低，具体如图 5-45 所示。从各监测断面来看，可以得出相似的结论，如图 5-46 所示。

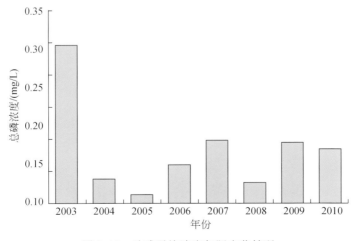

图 5-45 总磷平均浓度年际变化情况

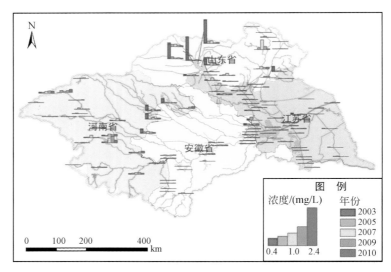

图 5-46 淮河流域各监测断面总磷年际分布

对于非农业为主的地区，磷污染也由工业和生活点源贡献。例如，淮河流域北部部分区域，由于城市生活污水及工业废水的大量排放，使得磷的浓度明显高于其他区域。但总体上，由于污水处理设施的修建，以及企业的工业技术改革和污水的减排，这些区域的磷的含量表现出降低的趋势。

对重点功能区监测断面磷浓度年内变化进行分析，如图 5-47 所示。从图可见，磷在 3 月浓度最高，12 月浓度最低。但磷的浓度在主汛期 6~9 月也呈现出较高的浓度。此外，本小节对淮河流域各监测断面年内磷浓度分布情况进行了分析，如图 5-48 所示。这些结果也说明了，在汛期也需重点关注河流磷的污染，并需关注河流磷污染所带来的富营养化问题。

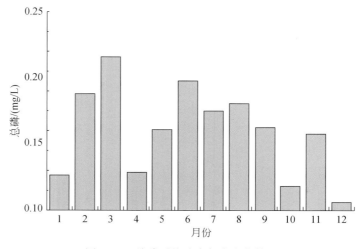

图 5-47 总磷平均浓度年内变化情况

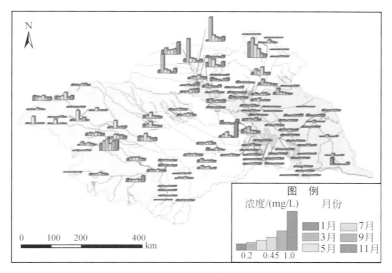

图 5-48　淮河流域各监测断面总磷年内分布

（2）空间分布

对淮河流域各断面的平均浓度分布进行统计分析，如图 5-49 所示。总磷的空间变异明显要低于氨氮和总氮。大体上，西部的水域要高于东部沿海水域，大多监测断面的磷的浓度分布在 0.02～0.1mg/L。在南四湖上级湖入湖处的小片水域、颖河、涡河中游的总磷浓度较高，这些区域多数监测断面平均浓度高于 0.4mg/L。

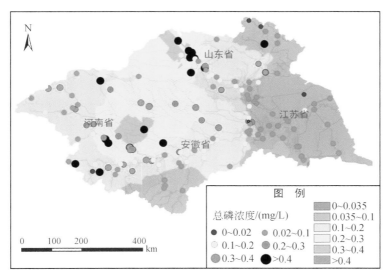

图 5-49　淮河流域总磷平均浓度空间分布（2003～2010 年）

磷的空间分布格局并未与淮河流域工业分布格局完全吻合，这说明了在磷的污染治理上，不仅需要关注点源磷（即工业磷和生活污水）的污染排放和治理，也需要对农业生产中磷的输入进行重点关注。采用科学的施肥方法、施肥量削减磷的输入，从而减少磷在河流中的浓度。

5.2.4.4　高锰酸盐指数

（1）时间动态

从图 5-50 可以直观地看出，对于重点功能区监测断面，高锰酸盐指数的平均浓度波动明显，2003 年浓度最高，平均浓度接近 6.5mg/L；2004 年次之，2010 年高锰酸盐指数最低。总体的趋势与化学需氧量的时间动态变化较为类似。

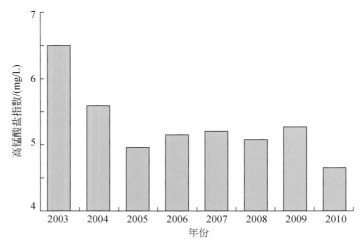

图 5-50　高锰酸盐指数平均浓度年际变化情况

此外，对各监测断面的年际变化进行了分析（图 5-51）。从图可见，多数样点 2003 年浓度较高，但 2003 年以后波动较小，总体上表现出了降低的趋势。

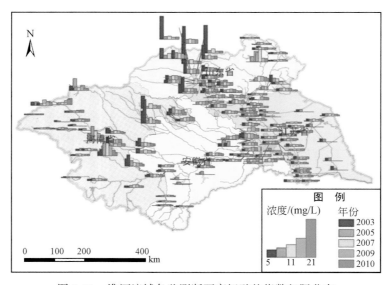

图 5-51　淮河流域各监测断面高锰酸盐指数年际分布

高锰酸盐指数年内变化情况，如图 5-52 所示。从图可见，2 月和 3 月浓度最高，6~8 月浓度次之，10 月浓度最低。

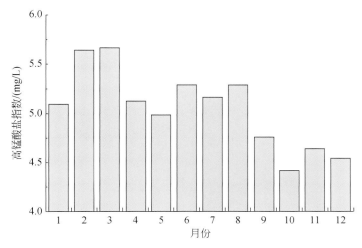

图 5-52 高锰酸盐指数平均浓度年内变化情况

从各监测断面来看（图 5-53），其变化规律也与总体规律吻合。3 月浓度最高，9 月、11 月浓度最低。

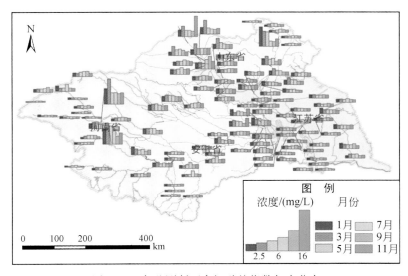

图 5-53 各监测断面高锰酸盐指数年内分布

（2）空间分布

对淮河流域各断面的平均浓度分布进行统计分析，如图 5-54 所示。高锰酸盐指数的空间变异表现出明显的区域特征。大体上，淮河流域北部的水域高锰酸盐指数要高于南部水域，东部水域高锰酸盐指数要高于西部。大多监测断面的高锰酸盐指数分布在 4.0~

6.0mg/L。在南四湖入湖和出湖的主要支流检出高浓度的高锰酸盐指数，颍河、涡河高锰酸盐指数也较高，这些区域多数监测断面平均浓度高于6.0mg/L，甚至超过15mg/L。

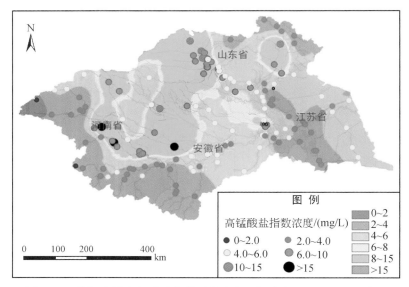

图5-54 淮河流域高锰酸盐指数平均浓度空间分布（2003～2010年）

这些空间分布格局与淮河流域工业分布较为类似，说明工业点源排放对高锰酸盐指数有一定的贡献。在污染管理上，应着重对工业排放进行削减。

5.3 点源污染排放变化

淮河流域自1970年末开始遭到污染。在党中央、国务院的高度重视下，1995年8月8日，我国制定了第一部流域法规——《淮河流域水污染防治暂行条例》。以此为标志，淮河治污拉开了序幕。淮河流域阶段性治理目标基本完成后，由于部分企业超标排污和关停企业死灰复燃，自2004年以来，其流域污染反弹加剧。环境保护部门对重点排污企业的监测结果显示，很多国控监测断面超标严重，污染物排放总量呈上升趋势。而且2004年7月16日到20日，淮河支流沙颍河、洪河、涡河上游局部地区降下暴雨，沿途各地藏污闸门被迫打开，5.4亿t高浓度污水形成了长度为130～140km的污水团，奔流而下横扫淮河中下游，导致洪泽湖一带的水产养殖户遭遇了灭顶之灾。淮河流域工业点源排放一直是污染防治中的重点关注问题。

淮河流域内很多地区经济欠发达，多年来形成的结构性污染问题并没有从根本上得到解决，造纸、化工、酿造、制革等仍是流域主要行业。其中造纸业更是污染淮河的"罪魁祸首"。一个重污染企业污染一条河的状况仍然存在；技术落后的企业在发展中注重规模扩张，忽视技术升级，粗放型生产方式没有根本改变；污染企业治理过程中，重视末端治理，忽视清洁生产，难以稳定达标排放；低水平重复建设屡禁不止，落后的生产能力和生产方式普遍存在。

经济欠发达还导致治污资金难以到位，很多县市注重城镇化发展，忽视了对城镇化所需规模的污水处理设施和污水管网的配套建设。使得建成的污水处理设施不能及时发挥作用。此外由于一些地方污水处理收费政策不到位，未能为市场运作提供必要的政策环境，不能吸引银行贷款和社会资金，导致建成的污水处理设施，一直作为公用事业在运转，高昂的运行费用让财力不足的地方政府望而却步。

本节对近几十年来淮河流域工业和生活污水及其主要污染物负荷进行评估和匡算，摸清其排放动态，以期为环境政策制定和污染治理提供科学依据。本节数据主要来源于环境统计部门的监测或调研数据，这些数据包括工业废水排放量、生活污水排放量、工业和生活污水中主要污染物（COD，氨氮等）的排放。通过对这些指标的估计和评价，可分析过去十年来淮河流域的点源排放态势。

5.3.1 工业废水

5.3.1.1 工业废水排放量

工业废水排放量指经过企业厂区所有排放口排到企业外部的工业废水量。包括生产废水、外排的直接冷却水、超标排放的矿井地下水和与工业废水混排的厂区生活污水，不包括外排的间接冷却水（清污不分流的间接冷却水应计算在废水排放量内）。工业废水排放量数据来源于环境保护部门长期监测调研资料。总体上 2001～2010 年，变化较大，但总体上呈现出稳步上升的趋势，说明过去工业污水排放量正在逐渐增加（图 5-55）。

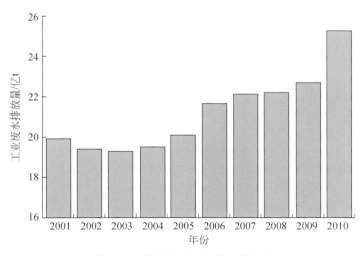

图 5-55　淮河流域工业废水排放量

淮河流域 2001 年、2004 年、2007 年和 2010 年工业废水排放量的空间分布，如图 5-56 所法。从图可见，这 4 个年份工业排放总体格局大体相似。其中淮河流域内江苏省、山东省污水排放量较大，河南部分省市污水排放量大，而安徽省各省市污水排放量均最低。山东省污水排放主要集中在济宁市和枣庄市，而江苏省高污水排放主要集中徐州、扬州、泰州、南通和盐城等市。

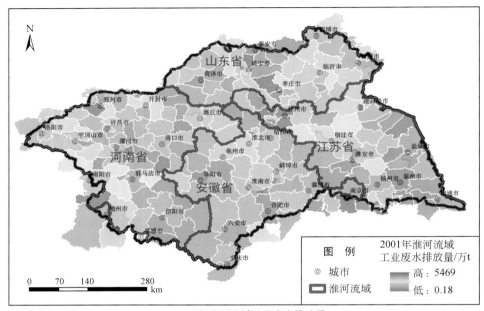

(a) 2001年淮河流域工业废水排放量

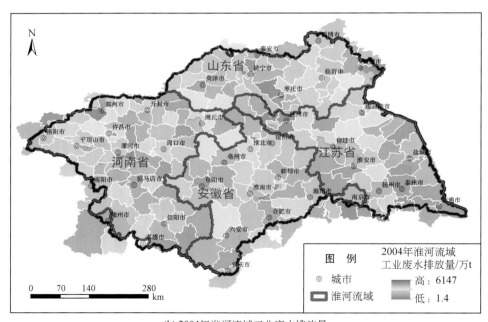

(b) 2004年淮河流域工业废水排放量

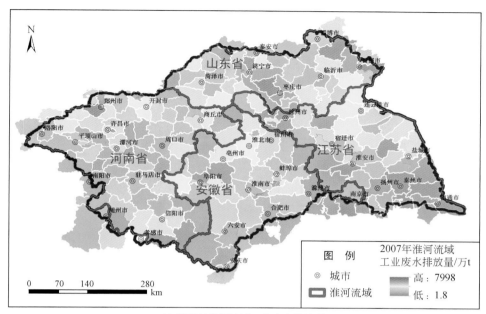

(c) 2007年淮河流域工业废水排放量

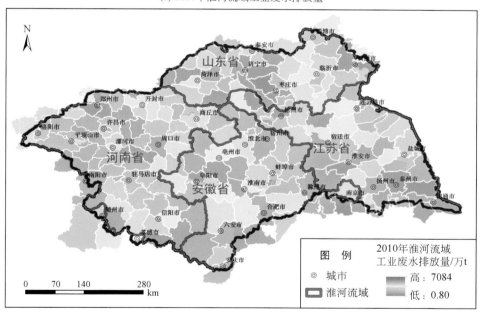

(d) 2010年淮河流域工业废水排放量

图 5-56 2001 年、2004 年、2007 年和 2010 年淮河流域工业污水排放量

从时间变化趋势来看，2001 ~ 2010 年部分省市的工业废水排放量有一定的减少（图 5-57），这些城市主要集中在河南的洛阳市、安徽省阜阳市及江苏省沿海的部分地级市。淮河流域山区的县市（即淮河流域西部）减少明显。其他城市工业排放量却呈现出增大的趋势，其中河南省、安徽省和山东省的很多县市 2010 年工业废水排放量达到

2001 年的 4 倍以上，这些城市工业点源排放需要引起重视。

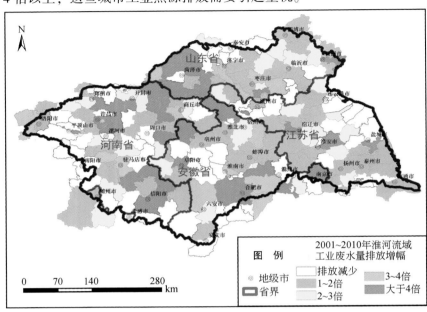

图 5-57　2001～2010 年工业废水排放量增幅

5.3.1.2　工业 COD 排放量

淮河流域重污染企业较多，大量的造纸厂、印染、食品等企业污水中 COD 含量严重超标，导致淮河流域部分河段污染极其严重。本小节采用环境统计数据分析了淮河流域过去十多年来工业生产中 COD 的排放量及空间分布，以期摸清整体污染排放格局和变化趋势。工业废水中 COD 排放量的数据由环境保护机构提供。本小结中工业 COD 排放量指工业废水中 COD 的总量，即从工厂排污口排出未进入污水处理设施之前的总量。

2001～2010 年，淮河流域工业 COD 排放量波动较大（图 5-58），但 COD 的量总体上

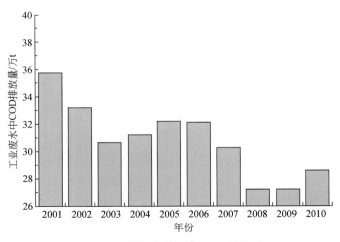

图 5-58　淮河流域工业 COD 排放量

呈现出减少的趋势。这个结果说明了淮河流域虽然工业废水排放量正在增大，但 COD 负荷反而进一步减少。表明了淮河流域的污水结构、产业布局正在发生变化，高污染企业已经正在完成转变或者逐步淘汰，当地监管部门对 COD 排放的监管取得了明显的成效。

从空间分布上看（图 5-59），COD 排放量较大的县市集中在山东省和江苏省，河南省次之，安徽省最低。沿海地区 COD 排放量最大，内陆 COD 排放量最低，流域北部明显高于流域南部。河南省 COD 排放量最大的地区主要集中在漯河、驻马店市；山东 COD 排放较大的地区为泰安市、菏泽市及枣庄市；江苏 COD 排放量较大的城市主要集中在徐州市、盐城市、扬州和泰州等城市。2001～2010 年各县市 COD 排放格局较为类似。

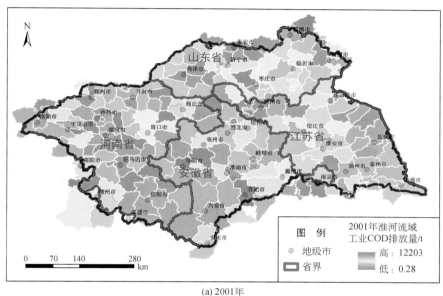

(a) 2001年

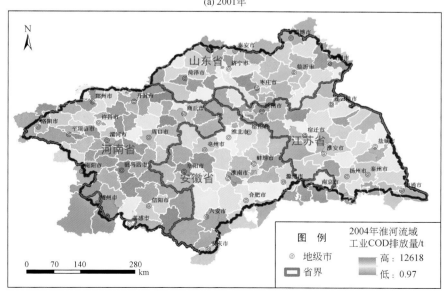

(b) 2004年

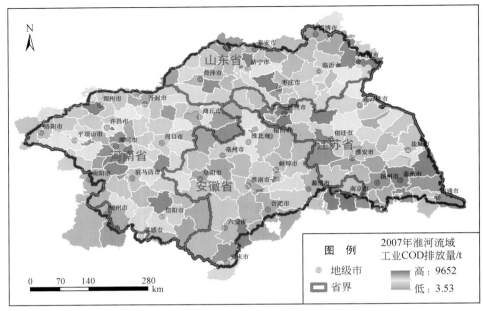

(c) 2007年

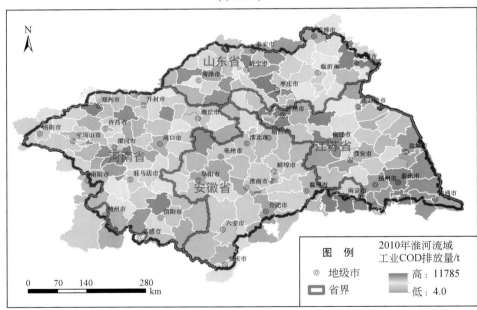

(d) 2010年

图 5-59 2001 年、2004 年、2007 年和 2010 年淮河流域工业 COD 排放量空间分布

从时间变化趋势来看（图 5-60），2001～2010 年部分省市的工业废水中 COD 排放量有一定的减少，但有部分省市增幅较大。其中，河南省、安徽省部分省市 COD 排放增幅达到 4 倍以上，这些地区 COD 排放快速增加所带来的环境问题需要予以重视。江苏省南部和山东省中部的部分地市 COD 排放也增加了 1 倍以上，但沿海的连云港市和盐城市的

COD 排放量有所减小。

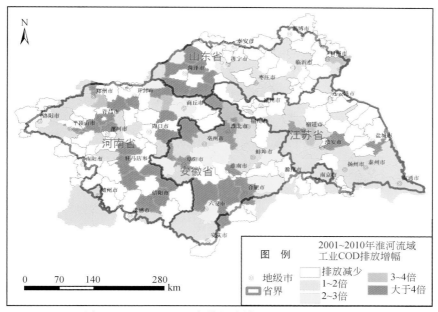

图 5-60 2001~2010 年淮河流域工业 COD 排放增幅

5.3.1.3 工业氨氮排放量

淮河流域氮污染也极其严重，本节通过对淮河流域主要超标污染物统计发现，氨氮污染是影响淮河流域水质的主要污染物之一。本节通过对获取的环境统计数据集，分析了淮河流域工业废水中氨氮排放量，发现整体上 2001~2010 年，氨氮存在一定的波动（图 5-61），但自从 2005 后工业氨氮排放量直线下降。说明了淮河流域工业氨氮的排放正在逐渐减少。

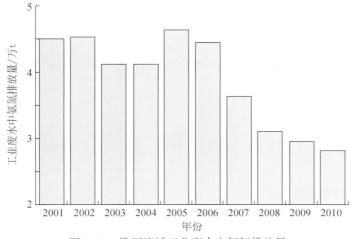

图 5-61 淮河流域工业废水中氨氮排放量

从县市来看（图5-62），各区县在2001～2010年存在一定的波动，但氨氮排放格局较为类似。氨氮排放量比较大的地区位于安徽省的阜阳市和六安市等、河南省的漯河和开封市、山东省的济宁市和枣庄市等，以及江苏省的宿迁市和淮安市等。

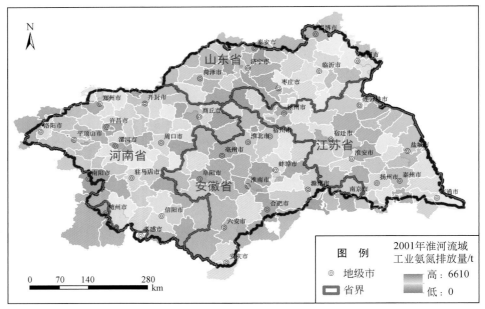

(a)2001年

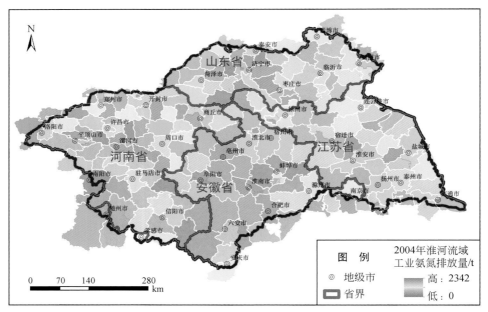

(b)2004年

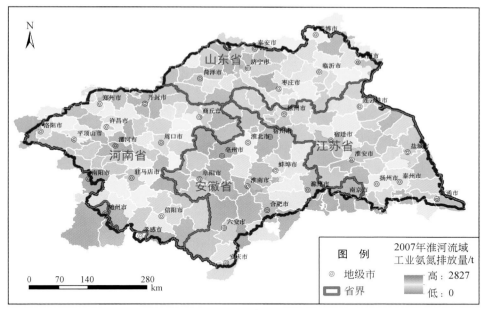

(c)2007年

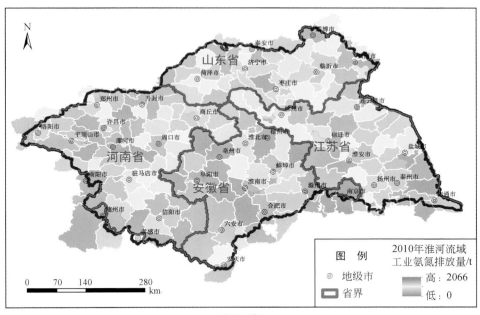

(d)2010年

图 5-62　2001 年、2004 年、2007 年和 2010 年淮河流域工业氨氮排放量空间分布

从时间变化趋势来看，2001～2010 年部分省市的工业氨氮排放量有一定的减少，但有部分省市增幅较大（图 5-63）。其中，河南省、安徽省、江苏省和山东省部分县市氨氮排放增幅达到 4 倍以上，这些地区氨氮排放快速增加所带来的区域环境问题需要予以重视。

然后传统的高负荷氨氮排放的县市有一定的减少，代表性的城市如河南省驻马店市、安徽省阜阳市、山东省枣庄市、江苏省宿迁市等。

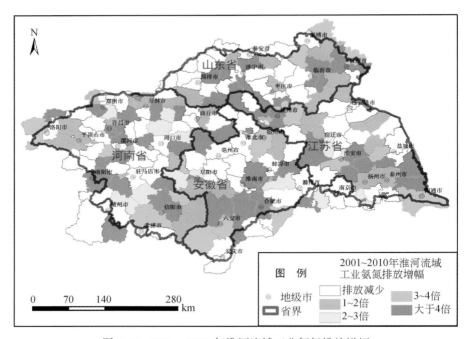

图 5-63　2001～2010 年淮河流域工业氨氮排放增幅

5.3.2　生活污水

人类生活过程中产生的污水，是水体的主要污染源之一。城市每人每日排出的生活污水量为 150～400L，生活水平较高的城市，生活污水产生量大，污染物浓度相对较高。生活污水中含有大量有机物，如纤维素、淀粉、糖类和脂肪蛋白质等；也常含有病原菌、病毒和寄生虫卵；无机盐类的氯化物、硫酸盐、磷酸盐、碳酸氢盐和钠、钾、钙、镁等。这些污染物质严重威胁地表水和地下水水质和城市生态系统的健康。

淮河流域近十几年来快速城市化发展，使得大量人口快速向城市聚集。这样快速的发展，会导致一系列生态环境问题。其中，较为突出的问题是城镇生活污水排放量明显增大。本小结估算了 2000 年以来淮河流域生活污水排放量的变化动态及污水中主要污染物的含量，对这些废水及其污染物负荷定量的计算可为科学合理地制定污染政策提供数据支撑和科学依据。

5.3.2.1　城镇生活污水排放量

自 2003 年后数据较为充分，因此城镇生活污水排放评价主要从 2003 年开始。整体上 2003 年以来，城镇生活污水量呈现出逐年增大的趋势（图 5-64），表明了淮河流域城市人口不断增大，污染排放进一步加剧。

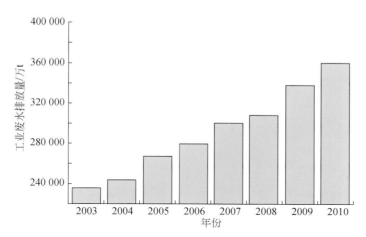

图 5-64 2003～2010 年淮河流域城镇生活污水排放量

从空间分布上来看（图 5-65），大体格局较为类似，都表现出东边高、西边低的格局。其中江苏省各区县生活污水排放量明显大于其他省份。这个结果从一定上说明了江苏省城镇化进程较快，城镇化率较高。河南省和安徽省部分区县生活污水排放量较低，说明城镇人口明显较少，但也表明这些区域生活污水量具有较大的上升空间。

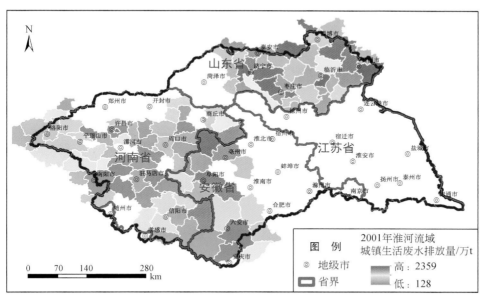

(a)2001年

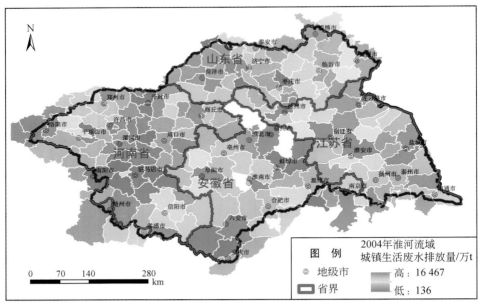

(b)2004年

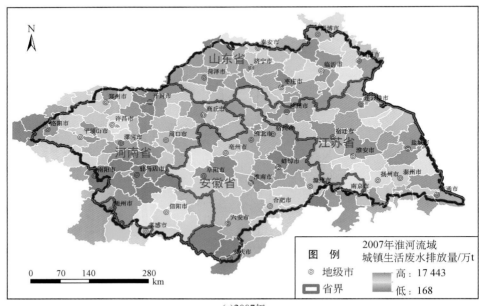

(c)2007年

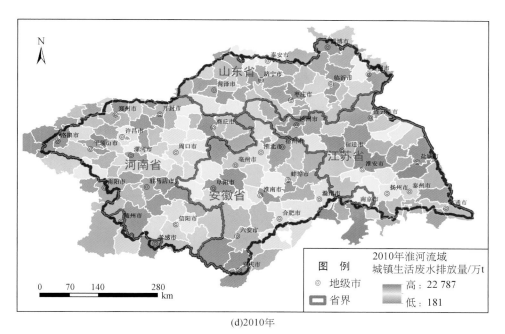

(d)2010年

图 5-65　2001 年、2004 年、2007 年和 2010 年淮河流域城镇生活污水排放量空间分布

从时间变化动态来看（图 5-66），明显体现出了过去几年来城市化进程的格局。可发现生活污水增长翻倍的区域集中在河南部分区县，以驻马店市、周口市、南阳市和许昌市为代表；安徽省主要集中在六安市和蚌埠市的部分区县。而 2010 年，江苏和山东省大多数区域

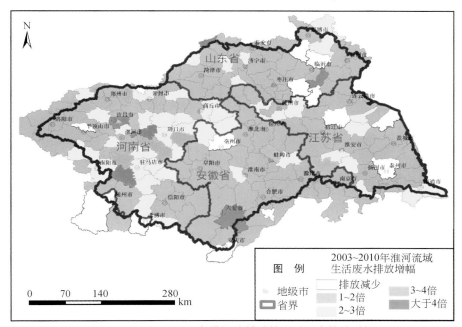

图 5-66　2003～2010 年淮河流域城镇生活污水排放增幅

与2003相比有一定的增长，但增长幅度小于100%。因此，这个结果说明需要迫切关注那些生活污水量快速增加的地区，应加大环境投资，保障区域水质安全，减少污染事件的发生。

5.3.2.2 生活污水中 COD 排放量

城镇生活污水中 COD 排放量呈现出一个明显的倒 U 形趋势，2003 年较低，而 2003 ~ 2006 年快速增加，2006 年后又快速减少（图5-67）。

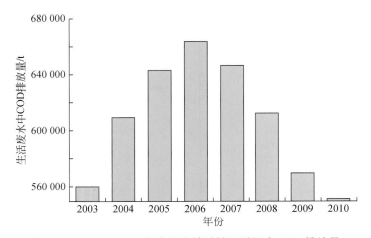

图 5-67　2003 ~ 2010 年淮河流域城镇生活污水 COD 排放量

从空间分布上来看（图5-68），COD 排放量的分布格局与生活污水排放量分布较为相似，都表现出了江苏省高，其他省份低的格局。流域西部沿海县市要高于东部山区。

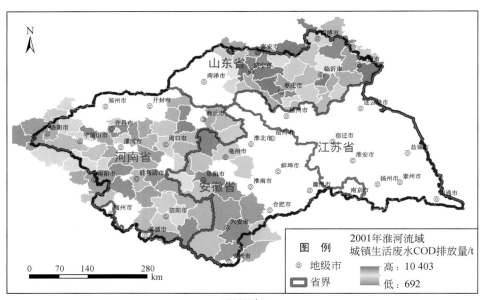

(a)2001年

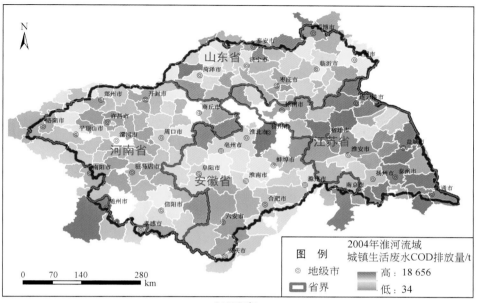

(b)2004年

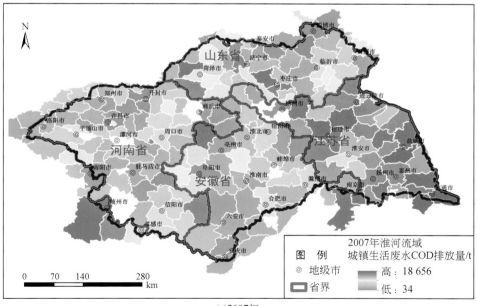

(c)2007年

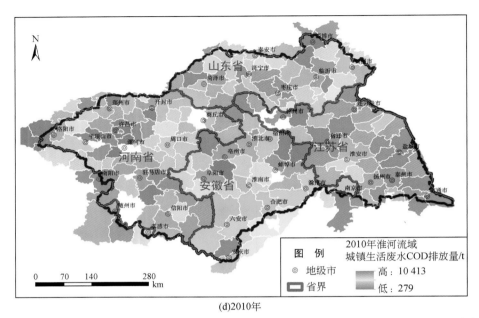

(d)2010年

图5-68   2001 年、2004 年、2007 年和 2010 年淮河流域城镇生活污水 COD 排放量空间分布

从时间变化动态来看（图5-69），可以发现很多区县城市生活污水 COD 排放量并没有增加，淮河流域内安徽省反而明显减少。但是江苏省、河南省和山东省部分县市 COD 排放量仍然表现出了一定的增大。在未来城镇生活污水管理中，应注重对这些排放增加的区域监控。

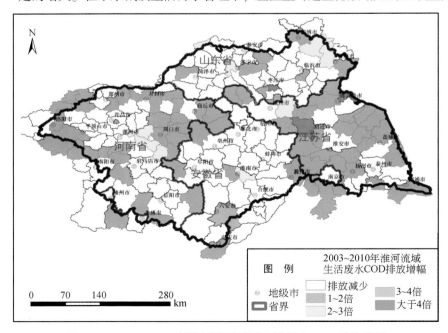

图5-69   2001~2010 年淮河流域城镇生活污水 COD 排放增幅

5.3.2.3 生活污水中氨氮排放量

2010 年生活污水中氨氮排放量基本与 2003 年持平。但是期间存在较大的波动，2007年氨氮排放最大，2006 年次之，2004 年最低（图 5-70）。

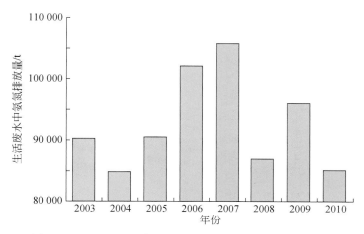

图 5-70 2003~2010 年淮河流域城镇生活污水氨氮排放量

空间分布上来看（图 5-71），仍然是江苏省排放较大。但是安徽省、江苏省和河南省的部分县市排放强度也较大。分布格局与淮河流域城市生活污水排放以及生活污水中 COD排放较为类似。

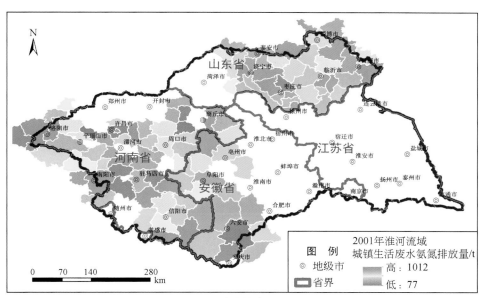

(a)2001年

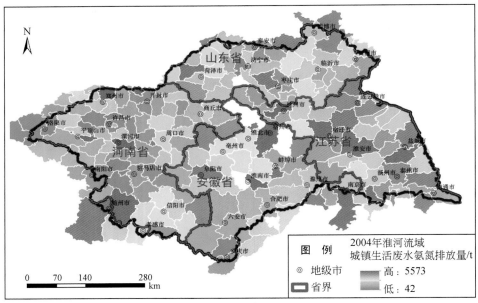

(b)2004年

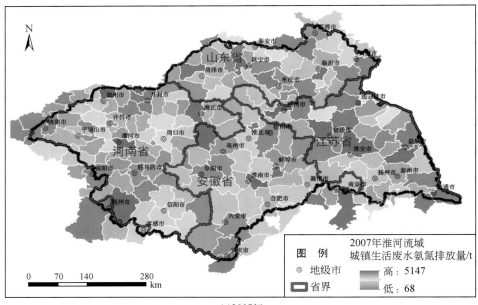

(c)2007年

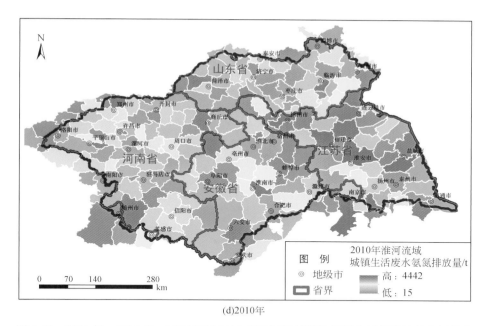

(d)2010年

图 5-71 2001 年、2004 年、2007 年和 2010 年淮河流城镇生活污水氨氮排放量空间分布

从生活污水氨氮排放增幅来看（图 5-72），2003～2010 年，有一半左右的县市表现出了排放增大的趋势，另一半排放减少。排放减少的区县集中在安徽省，排放增大的区县主要集中在河南省、江苏省和山东省。其中江苏省的扬州市和泰州市，山东省的菏泽市，河南省的漯河市等氨氮排放明显减少。

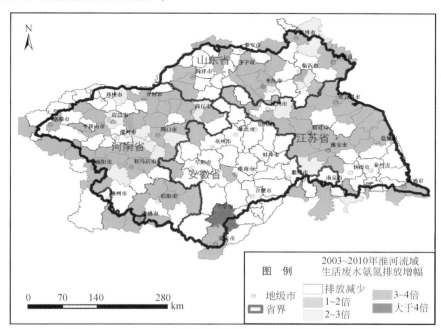

图 5-72 2001～2010 年淮河流域城镇生活污水氨氮排放增幅

5.3.3 点源污染的治理

5.3.3.1 污水处理设施

截至 2000 年，淮河流域各区县污水处理设施仅有 10 处，设计污水处理量 84 万 m^3/d；但截至 2010 年，淮河流域全流域污水处理设施达到 281 处，设计污水处理量达到 1152 万 m^3/d。2000~2010 年，淮河流域污水处理能力翻了 10 倍以上，通过这些污水设施的建设，淮河流域水质得到了明显的改善。这些设施在保障淮河流域水资源、促进环境保护方面发挥了重要的作用。

本小结对淮河流域内新增污水处理厂数目、日污水处理量以及污水处理厂投运年份等进行分析（表 5-8，图 5-73，图 5-74），发现：大约有 1/2 的新增污水处理厂在 2007 和 2008 年之间投入使用，说明这期间淮河流域加大了对环境投资的力度；从整个流域的污水处理能力来看，淮河流域污水处理能力不断增加，污水处理率不断攀升。

表 5-8　淮河流域内主要的污水处理设施信息（截至 2010 年）

序号	省份	地级市	名称	主体处理工艺	投运年份	设计处理能力 /（万 m^3/d）	平均处理能力 /（万 m^3/d）
1	江苏	徐州	贾汪区城市污水处理厂	A2/O	2006	2	1.96
2	江苏	徐州	康达丰县污水处理厂	氧化沟	2006	4	3.95
3	江苏	徐州	沛县沛城污水处理厂	氧化沟	2005	5	4.12
4	江苏	徐州	邳州市城北污水处理厂	A2/O	2007	2	2.36
5	江苏	徐州	新沂市市污水处理厂	氧化沟	2004	7	2.2
6	江苏	徐州	徐州核瑞环保投资有限公司	A2/O	2003	10	10.36
7	江苏	徐州	徐州经济开发区污水处理厂	生物处理	2008	4.5	2.78
8	江苏	徐州	铜山新城污水处理厂	生物处理	2005	2	2.02
9	江苏	徐州	徐州国祯水务运营有限公司	A2/O	1994	16.5	16.25
10	江苏	徐州	徐州创源污水处理有限公司	A2/O	2007	2	1.91
11	江苏	徐州	上海（大屯）能源股份有限公司龙东煤矿污水处理站	A/O	2007	0.3	0.2
12	江苏	徐州	上海（大屯）能源股份有限公司徐庄煤矿污水处理站	好氧生物处理	2008	0.5	0.5
13	江苏	徐州	上海能源股份有限公司孔庄煤矿污水处理站	生物接触氧化	1991	0.45	0.26
14	江苏	徐州	上海（大屯）能源股份有限公司姚桥煤矿污水处理站	生物接触氧化	1999	0.45	0.43
15	江苏	徐州	邳州生态缘污水处理有限公司（邳州市炮车污水处理厂）	A2/O	2010	1	0.8

续表

序号	省份	地级市	名称	主体处理工艺	投运年份	设计处理能力 /（万 m³/d）	平均处理能力 /（万 m³/d）
16	江苏	徐州	邳州源泉水务运营有限公司（邳州市城东污水处理厂）	A2/O	2003	2	1.98
17	江苏	徐州	沛县经济开发区污水处理厂	A2/O	2010	3	2.01
18	江苏	徐州	徐州大众源泉环境产业有限公司三八河污水处理厂（一期）	A2/O	2003	3	3.01
19	江苏	徐州	中国矿业大学污水处理站	生物膜法	2006	0.8	0.3
20	江苏	连云港	东海县西湖污水处理厂	A2/O	2006	2	2
21	江苏	连云港	赣榆县新城污水处理有限公司	A/O	2005	2	1.75
22	江苏	连云港	灌南县城东污水处理厂	A2/O	2010	1.5	1.48
23	江苏	连云港	连云港恒隆水务有限公司	好氧生物处理	2009	4.8	2.48
24	江苏	连云港	连云港市大浦污水处理厂	A2/O	2004	10	7.73
25	江苏	连云港	墟沟污水处理厂	A2/O	2008	4	2.27
26	江苏	连云港	赣榆县金源水务有限公司	活性污泥	2008	1.5	0.7
27	江苏	连云港	连云港港口集团有限公司	化学混凝沉淀	2007	0.29	0.07
28	江苏	连云港	连云港市金辰实业有限公司物业部	活性污泥	2002	0.25	0.22
29	江苏	连云港	东海县山左口绿源污水处理厂	氧化沟	2009	0.5	0.37
30	江苏	连云港	东海县清泉污水处理有限公司	生物接触氧化+湿地	2010	0.5	0.49
31	江苏	连云港	灌云县南风污水处理有限公司	A/O	2007	1.5	1.5
32	江苏	淮安	洪泽天楹污水处理有限公司	A2/O	2007	4	2.69
33	江苏	淮安	淮安核瑞环保有限公司	氧化沟	2007	3	2.2
34	江苏	淮安	淮安金州水务有限公司	C-TECH	2008	4	1.53
35	江苏	淮安	淮安经济开发区污水处理厂	SBR	2008	4	1.53
36	江苏	淮安	淮安同方水务公司第二污水处理厂	一级强化+BAF	2006	10	8.46
37	江苏	淮安	淮安同方水务有限公司涟水分公司	氧化沟	2008	3	2.62
38	江苏	淮安	淮阴区污水处理厂	CSBR	2006	2	1.85
39	江苏	淮安	盱眙第二城市污水处理厂	BAF	2010	2	1
40	江苏	淮安	盱眙富春紫光污水处理有限公司	SBR	2006	2	2.1
41	江苏	淮安	四季青污水处理厂	A2/O	2001	6.5	6.12
42	江苏	淮安	淮安同方水务有限公司金湖分公司（一、二期）	A2/O	2008	4	2.93
43	江苏	盐城	滨海县港城城市污水处理有限公司	生物处理	2008	1.5	1.2
44	江苏	盐城	大丰市城北污水处理厂	CAST	2007	3	2.38
45	江苏	盐城	阜宁县水处理发展有限公司	A2/O+PACT	2007	4	3.3

序号	省份	地级市	名称	主体处理工艺	投运年份	设计处理能力/（万 m³/d）	平均处理能力/（万 m³/d）
46	江苏	盐城	盐城建工环境水务有限公司（原名盐城海源水务有限公司、盐城市开发区污水处理厂）	CAST	2009	2	0.8
47	江苏	盐城	盐城市城东污水处理厂	A2/O	2000	10	6.2
48	江苏	盐城	盐城市城南污水处理厂	CAST	2007	5	3.56
49	江苏	盐城	响水县城市污水处理厂	A2/O	2009	1.5	1.5
50	江苏	盐城	东台市污水处理厂	氧化沟	2009	5	2.15
51	江苏	盐城	射阳县污水处理有限责任公司	氧化沟	2007	5	4.5
52	江苏	盐城	建湖县城北污水处理厂	CAST	2005	3	2.7
53	江苏	扬州	江都沿江汇同水处理发展有限公司	A2/O	2008	1.25	0.87
54	江苏	扬州	江苏天雨清源污水处理有限公司	氧化沟	2006	4	3.89
55	江苏	扬州	扬州市洁源排水有限公司（汤汪污水处理厂）	CAST	2002	18	17.2
56	江苏	扬州	宝应县仙荷污水处理厂	BIOLAK	2006	5	2.83
57	江苏	扬州	高邮市海潮污水处理厂	BIOLAK、倒置A2/O	2006	5	3.1
58	江苏	扬州	扬州市洁源排水有限公司（六圩污水处理厂）	氧化沟、A2/O	2005	15	9.04
59	江苏	扬州	宝应县曹甸生活污水处理厂	A2/O	2007	0.2	0.22
60	江苏	扬州	宝应县柳堡污水处理厂	A2/O	2009	0.2	0.17
61	江苏	扬州	宝应县范水污水处理厂	A2/O	2009	0.4	0.37
62	江苏	扬州	扬州蓝天经济发展有限公司	A2/O	2009	0.2	0.18
63	江苏	扬州	江苏石油勘探局真武管理服务中心净水站	CASS	2006	0.5	0.45
64	江苏	扬州	江苏石油勘探局邵伯管理服务中心邵伯污水处理站	CASS	2007	0.6	0.45
65	江苏	泰州	姜堰市城区污水处理厂	CAST	2007	6	2.52
66	江苏	泰州	泰州市第一污水处理厂	两段好氧生物处理	2004	4	3.77
67	江苏	泰州	泰州市九龙污水处理厂	A2/O	2010	1	0.4
68	江苏	宿迁	沭阳城南水务有限公司	A2/O	2010	3	2.74
69	江苏	宿迁	泗洪集泰污水处理有限公司	人工湿地+氧化沟	2009	2.5	2.17
70	江苏	宿迁	泗阳县华海水处理有限公司	生物倍增	2007	5	3.19
71	江苏	宿迁	宿迁富春紫光污水处理有限公司	SBR	2009	2.5	1.97
72	江苏	宿迁	宿迁市城东污水处理厂	氧化沟	2007	3	1.37
73	江苏	宿迁	洋河污水处理厂	A2/O	2007	1	0.84

序号	省份	地级市	名称	主体处理工艺	投运年份	设计处理能力 /(万 m³/d)	平均处理能力 /(万 m³/d)
74	江苏	宿迁	沭阳污水处理有限公司	A2/O	2008	3	3.14
75	江苏	宿迁	城南污水处理厂	A2/O	2004	5	1.47
76	江苏	宿迁	宿迁市河滨污水处理站	A2/O	2010	0.5	0.1
77	江苏	宿迁	泗洪县深港环保工程技术有限公司（双沟污水处理厂）	人工快渗	2010	0.5	0.55
78	安徽	合肥	长丰县污水处理厂	氧化沟	2008	2	1.1
79	安徽	蚌埠	蚌埠市第二污水处理厂	氧化沟	2009	10	9.74
80	安徽	蚌埠	蚌埠市第一污水处理厂	A2/O	2002	20	15.8
81	安徽	蚌埠	固镇县污水处理厂	氧化沟	2008	2.5	1.99
82	安徽	蚌埠	怀远县污水处理厂	氧化沟	2007	3	2.78
83	安徽	蚌埠	五河县污水处理厂	BAF	2007	2.5	1.99
84	安徽	淮南	凤台县污水处理厂	氧化沟	2008	2.5	2.04
85	安徽	淮南	淮南市第一污水处理厂	氧化沟	2002	10	8.98
86	安徽	淮南	西部污水处理厂	氧化沟	2008	10	6.03
87	安徽	淮北	淮北市丁楼污水处理厂（一期）（淮北市排水公司）	氧化沟	2001	8	7.08
88	安徽	淮北	淮北中联环水环境有限公司	氧化沟	2007	4	4
89	安徽	淮北	濉溪县污水处理厂	氧化沟	2008	2.5	2.42
90	安徽	滁州	天长市中冶华天水务有限公司	氧化沟	2007	3	3.1
91	安徽	阜阳	阜南县污水处理厂	氧化沟	2008	2	1.82
92	安徽	阜阳	阜阳市污水处理厂	CASS	2003	10	9.64
93	河南	郑州	中原环保股份有限公司王新庄水务分公司	A2/O	2000	40	40
94	安徽	阜阳	临泉县污水处理厂	氧化沟	2008	2	1.68
95	安徽	阜阳	太和县污水处理厂	氧化沟	2006	2	1.96
96	安徽	阜阳	颍东县污水处理厂	A/O	2010	3	2.21
97	安徽	阜阳	颍上县污水处理厂	氧化沟	2007	2	1.72
98	安徽	宿州	灵璧县污水处理厂	氧化沟	2008	2.5	2.48
99	安徽	宿州	泗县污水处理厂	氧化沟	2008	2	1.91
100	安徽	宿州	宿州市城南污水处理厂	氧化沟	2001	8	7.8
101	安徽	宿州	萧县污水处理厂	氧化沟	2008	2	2.78
102	安徽	宿州	砀山县正源污水处理厂	氧化沟	2009	2.5	2.3
103	安徽	六安	金寨县县城污水处理厂	氧化沟	2009	1.5	0.66
104	安徽	六安	六安市城北污水处理厂	氧化沟	2004	8	7
105	安徽	六安	寿县城关镇污水处理厂	氧化沟	2008	2	2.01

序号	省份	地级市	名称	主体处理工艺	投运年份	设计处理能力 /（万 m³/d）	平均处理能力 /（万 m³/d）
106	安徽	六安	霍邱县城关镇污水处理厂	A/O	2008	2	2.08
107	安徽	六安	霍山县污水处理厂	氧化沟	2007	2	1.85
108	安徽	亳州	利辛县污水处理厂	氧化沟	2009	2	1.62
109	安徽	亳州	涡阳县污水处理厂	氧化沟	2004	4	3.29
110	安徽	亳州	亳州市污水处理厂	氧化沟	2002	8	7.23
111	安徽	亳州	蒙城县污水处理厂	氧化沟	2007	3	3.01
112	山东	淄博	沂源县污水处理厂	A2/O	2002	4	3.6
113	山东	枣庄	滕州市深滕污水处理有限公司	活性污泥	2002	8	7.94
114	山东	枣庄	东枣庄市排水管理处（枣庄市污水处理厂）	氧化沟	2008	7	6.46
115	山东	枣庄	滕州市第二污水处理厂（银河水务（滕州）有限公司）	氧化沟+A2/O	2008	8	4.99
116	山东	枣庄	枣庄联合润通水务有限公司（原峄城区污水处理中心）	OCO	2007	4	1.93
117	山东	枣庄	枣庄市汇泉污水处理厂	活性污泥	2007	4	2.67
118	山东	枣庄	枣庄市惠营污水处理厂	氧化沟	1998	7	6.46
119	山东	枣庄	山亭区污水处理中心	氧化沟	2007	1	0.87
120	山东	枣庄	枣庄市同安水务有限公司	两段好氧生物处理	2007	4	2.45
121	山东	枣庄	山亭区污水处理中心	氧化沟	2007	1	0.87
122	山东	枣庄	薛城区污水处理厂	活性污泥	2002	4	3.8
123	山东	济宁	济宁市海源水务有限公司	BIOLAK	2008	3	2.01
124	山东	济宁	济宁高新区污水处理厂	A2/O	2006	6	5.61
125	山东	济宁	济宁中山公用水务有限公司	A2/O	2002	20	21.7
126	山东	济宁	嘉祥县污水处理厂	氧化沟	2010	4	3.14
127	山东	济宁	梁山县污水处理厂	氧化沟	2007	2	1.89
128	山东	济宁	泗水县污水处理厂	氧化沟	2003	4	1.87
129	山东	济宁	曲阜嘉诚水质净化有限公司	A2/O	2010	3	0.04
130	山东	济宁	曲阜市污水处理厂	NPR	2002	4	3.58
131	山东	济宁	微山县污水处理厂	SBR	2005	4	3.12
132	山东	济宁	汶上县污水处理厂	氧化沟	2005	4	3.22
133	山东	济宁	济东新村污水处理厂	氧化沟	1998	1	0.92
134	山东	济宁	兖州大禹污水处理厂	BIOLAK	2008	2	1.95
135	山东	济宁	兖州煤业股份有限公司兴隆庄煤矿污水处理站	氧化沟	2003	1	0.75

续表

序号	省份	地级市	名称	主体处理工艺	投运年份	设计处理能力/（万 m³/d)	平均处理能力/（万 m³/d)
136	山东	济宁	兖州市污水处理厂	活性污泥流动床	2002	6	6.09
137	山东	济宁	鱼台绿都水质净化有限公司	氧化沟	2007	3	2.14
138	山东	济宁	邹城市污水处理厂	氧化沟	2003	8	7.3
139	山东	泰安	宁阳县城市污水处理厂	氧化沟	2005	4	2.76
140	山东	日照	莒县污水处理厂	氧化沟	2004	6	5.65
141	山东	日照	日照市第二污水处理厂	氧化沟	2006	5	4.36
142	山东	日照	日照市第一污水处理厂	好氧生物处理	2002	5	4.19
143	山东	日照	开发区绿源工业废水处理中心	氧化沟	2010	2.5	1.25
144	山东	日照	岚山城市污水处理厂	A2/O	2009	2	1.89
145	山东	日照	山海天污水处理厂	普通生物滤池	2007	0.8	0.48
146	山东	临沂	苍山县污水处理厂	两段好氧生物处理	2006	4	2.23
147	山东	临沂	费县污水处理厂	氧化沟	2007	4	2.68
148	山东	临沂	莒南县龙王河污水处理厂	生物膜法	2005	2	1.56
149	山东	临沂	莒南新区污水处理厂	A2/O	2009	3	2.49
150	山东	临沂	康达环保（临沂）水务有限公司	氧化沟	2008	4	2.44
151	山东	临沂	临沭县污水处理厂	氧化沟	2006	2	1.68
152	山东	临沂	临沂港华水务有限公司	水解+多级 A/O	2007	3	2.66
153	山东	临沂	临沂核瑞环保有限公司	BIOLAK	2006	5	4.72
154	山东	临沂	临沂核新环保投资有限公司	BIOLAK	2007	3	2.35
155	山东	临沂	临沂润泽水务有限公司	A2/O	2003	8	7.97
156	山东	临沂	临沂市宏泰嘉诚水务有限公司	A2/O	2010	3	2.3
157	山东	临沂	临沂首创博瑞水务有限公司（罗庄第二污水处理厂）	A2/O	2010	3	2.46
158	山东	临沂	临沂市第二污水处理厂	改良 A2/O	2010	5	4.26
159	山东	临沂	临沂首创水务有限公司	改良 A2/O	2002	15	15.01
160	山东	临沂	蒙阴县城区污水处理厂	A2/O	2006	4	2.93
161	山东	临沂	平邑县第二污水处理厂	A2/O	2009	3	2.21
162	山东	临沂	平邑县污水处理厂	BIOLAK	2007	3	2.5
163	山东	临沂	郯城县污水处理厂	氧化沟	2007	2	1.89
164	山东	临沂	沂南县污水处理厂	SBR	2007	2	1.5
165	山东	临沂	临沭县牛腿沟污水处理厂	SBR	2005	2	0.77
166	山东	菏泽	曹县四季河污水处理有限公司	A/O	2007	3	2.94

序号	省份	地级市	名称	主体处理工艺	投运年份	设计处理能力/(万 m³/d)	平均处理能力/(万 m³/d)
167	山东	菏泽	单县嘉单河污水处理有限公司	A2/O	2007	4	3.64
168	山东	菏泽	定陶县三达水务有限公司	SBR	2007	2.5	1.4
169	山东	菏泽	菏泽市中成科技污水处理有限公司	氧化沟	2005	8	7.6
170	山东	菏泽	巨野县三达水务有限公司	A/O	2007	4	2.4
171	山东	菏泽	鄄城县嘉诚水质净化有限公司	一体化生物反应池	2007	4	2.5
172	山东	菏泽	山东蓝清环境科技开发有限公司	改良 A/O	2007	6	4.81
173	山东	菏泽	山东成武盈源实业有限公司	氧化沟	2007	4	2.4
174	山东	菏泽	郓城县污水处理厂	A2/O	2007	4	2.66
175	河南	周口	项城市污水处理厂	氧化沟	2000	3	3
176	安徽	阜阳	界首市污水处理厂	氧化沟	2002	2.5	2.44
177	河南	郑州	郑州市五龙口污水处理厂	氧化沟	2004	20	20.1
178	河南	周口	周口鹏鹤水务有限公司（周口鹏鹤水务有限公司（周口沙南污水净化中心））	A/O	2004	12	4.18
179	河南	郑州	中原环保水务登封有限公司（原登封市污水处理厂）	ASBR	2007	3	2.5
180	河南	郑州	新郑市新源污水处理有限责任公司第二污水处理厂	氧化沟	2006	2.5	2.32
181	河南	郑州	荥阳市中和水质净化有限公司	BIOLAK	2007	3	2.46
182	河南	郑州	中牟县洁源污水净化有限公司	氧化沟	2007	2	2
183	河南	开封	开封县玮晖水务有限公司	富氧曝气	2007	4	2.3
184	河南	开封	杞县城市污水处理厂	氧化沟	2008	2	2
185	河南	郑州	新密市金门污水处理有限公司	A/O+硅藻土	2007	5	1.94
186	河南	开封	开封浦华紫光水业有限责任公司（西区污水厂）	氧化沟	2001	8	7.1
187	河南	开封	通许县清源污水处理厂	氧化沟	2007	2.5	1.86
188	河南	开封	兰考县国祯污水处理厂	氧化沟	2008	2.5	2.4
189	河南	开封	开封浦华紫光水业有限责任公司（东区污水厂）	A/O	2008	15	7.1
190	河南	平顶山	汝州市污水处理厂	氧化沟	2004	4	2
191	河南	平顶山	平顶山市污水处理厂（一期、二期）	两段好氧生物处理	2005	25	25.2
192	河南	平顶山	郏县污水处理厂	氧化沟	2006	2	1.9
193	河南	平顶山	宝丰县污水处理厂	氧化沟	2007	2	1.8
194	河南	平顶山	鲁山县利民城市污水处理厂	氧化沟	2007	3	2.4

续表

序号	省份	地级市	名称	主体处理工艺	投运年份	设计处理能力/(万 m³/d)	平均处理能力/(万 m³/d)
195	河南	洛阳	汝阳县龙泉自来水有限公司污水处理厂	氧化沟	2008	2	0.91
196	河南	平顶山	舞钢市污水处理厂	氧化沟	2010	2	1.2
197	河南	平顶山	叶县瑞和泰污水净化有限公司	氧化沟	2008	2	1.8
198	河南	商丘	康达环保（商丘）水务有限公司	氧化沟	2003	8	8.28
199	河南	商丘	民权龙门污水净化有限公司	氧化沟	2007	3	2.44
200	河南	商丘	宁陵县城污水处理工程	氧化沟	2008	2	0.7
201	河南	商丘	商丘康博环保技术服务公司（商丘市运河污水处理厂）	A/O	2009	1	1
202	河南	商丘	商丘市污水处理厂二期	A2/O	2010	10	10.5
203	河南	商丘	睢县城市污水处理厂	生物处理	2006	2	1.94
204	河南	商丘	夏邑海征城市生活污水处理有限公司	氧化沟	2007	3	1.48
205	河南	商丘	永城市第二污水处理厂（曾用名：永城市西城区污水处理厂）	A/O	2008	1.25	0.95
206	河南	商丘	永城市第三污水处理厂	A/O	2010	1.5	1.1
207	河南	商丘	永城市第四污水处理厂（永城市煤化工区域污水处理厂）	CASS	2008	1.5	1.15
208	河南	商丘	虞城县清雅污水处理厂	氧化沟	2008	2	2
209	河南	商丘	柘城县污水处理厂	氧化沟	2007	2.5	2.5
210	河南	商丘	永城市第一污水处理厂（永城市污水处理厂）	A/O	2006	1	1
211	河南	信阳	固始县污水处理厂	氧化沟	2007	2	2
212	河南	信阳	光山县污水处理厂	氧化沟	2007	3	2.4
213	河南	信阳	信阳市城市污水处理有限责任公司	氧化沟	2005	10	9
214	河南	信阳	罗山县城污水处理有限公司	活性污泥	2007	3	2.43
215	河南	信阳	淮滨县碧波污水处理有限责任公司	氧化沟	2008	2	1.72
216	河南	信阳	商城县开源污水处理厂	氧化沟	2007	3	2.32
217	河南	信阳	潢川县淮利污水处理有限公司	氧化沟	2008	3	2.51
218	河南	信阳	新县污水处理厂	氧化沟	2008	2	1.54
219	河南	信阳	息县污水处理厂	氧化沟	2008	2.5	2.07
220	河南	信阳	信阳市明港民生水务有限公司	氧化沟	2010	2	1.66
221	河南	郑州	郑州市马头岗污水处理厂	前置缺氧 A2/O	2007	30	32.41
222	河南	开封	尉氏县建设污水处理厂	氧化沟	2007	2.5	2.2
223	河南	周口	太康县民生污水处理有限责任公司	氧化沟	2007	3	2.93
224	河南	周口	郸城县污水处理厂	氧化沟	2007	3	2.5

序号	省份	地级市	名称	主体处理工艺	投运年份	设计处理能力/(万 m³/d)	平均处理能力/(万 m³/d)
225	河南	周口	淮阳县凌海污水处理有限公司	氧化沟	2007	3	2.43
226	河南	周口	鹿邑县卫民污水处理有限责任公司	氧化沟	2008	3	2.4
227	河南	周口	沈丘县鑫汇环保产业有限公司	氧化沟	2007	3	2.24
228	河南	周口	西华县康洁污水处理有限责任公司	氧化沟	2008	2.5	1.54
229	河南	周口	扶沟县建达污水处理有限公司	活性污泥	2008	2.5	1.96
230	河南	驻马店	平舆县污水处理厂	氧化沟	2008	2	1.81
231	河南	驻马店	确山县污水处理厂	氧化沟	2008	2	2.08
232	河南	驻马店	汝南县污水处理厂	氧化沟	2007	2	1.99
233	河南	驻马店	上蔡洁美污水处理工程有限责任公司	氧化沟	2008	2	2.08
234	河南	驻马店	遂平县城市污水处理厂	氧化沟	2008	3	2.2
235	河南	驻马店	西平县污水处理厂	氧化沟	2008	2.5	2.29
236	河南	驻马店	新蔡县污水处理厂	氧化沟	2008	2	2.1
237	河南	驻马店	正阳县污水处理厂	氧化沟	2008	2	1.32
238	河南	驻马店	驻马店市污水处理有限责任公司	氧化沟	2003	10	9
239	河南	许昌	襄城县源成水务有限责任公司	CASS	2007	2.5	2.15
240	河南	许昌	鄢陵县环保污水处理厂	氧化沟	2007	1.5	1.35
241	河南	许昌	禹州源衡水处理有限公司	BIOLAK	2007	5	3.9
242	河南	许昌	许昌瑞贝卡水业有限公司	氧化沟	2008	16	12.2
243	河南	许昌	许昌县三达水务有限公司	氧化沟	2009	2	1.3
244	河南	许昌	长葛市清源水净化有限公司	氧化沟	2010	1	0.25
245	河南	许昌	许昌宏源污水处理有限公司	好氧生物处理	2004	4	2.02
246	河南	漯河	临颍县污水处理厂	活性污泥	2007	3	2.9
247	河南	漯河	漯河市沙北污水处理厂	氧化沟	2010	6	6
248	河南	漯河	舞阳县污水处理厂	CASS	2007	2.5	2.22
249	河南	漯河	漯河市沙南污水处理厂	氧化沟	2008	13	12.15
250	河南	漯河	漯河市东城污水处理厂	A2/O	2010	2	2
251	河南	许昌	禹州市污水净化公司（一期）	氧化沟	2000	3	2.4
252	河南	许昌	长葛市污水净化公司	氧化沟	2003	3	2.95
253	安徽	滁州	滁州市中冶华天水务有限公司	A2/O	2008	10	8.3
254	安徽	滁州	定远县国清污水处理有限公司	氧化沟	2008	3	2.6
255	安徽	滁州	凤阳县富春紫光污水处理有限公司	氧化沟	2008	2.5	2.3
256	安徽	滁州	凯发污水处理（明光）有限公司	氧化沟	1997	3	3
257	安徽	滁州	来安县中冶华天水务有限公司	氧化沟	2009	3	2.65
258	安徽	滁州	天长市中冶华天水务有限公司	氧化沟	2007	3	3.1

续表

序号	省份	地级市	名称	主体处理工艺	投运年份	设计处理能力 /（万 m³/d）	平均处理能力 /（万 m³/d）
259	安徽	滁州	全椒县清源水务有限公司	A2/O	2010	2.5	1.68
260	河南	南阳	桐柏污水净化处理中心	SBR	2006	2	1.86
261	湖北	随州	随州联合玉龙水务有限公司	氧化沟	2008	5	5.11
262	河南	驻马店	泌阳县污水处理厂	氧化沟	2008	2	2.27
263	河南	洛阳	嵩县洁绿污水处理厂	A2/O	2007	1.5	1.27
264	江苏	南通	海安县西场镇生活污水处理厂	EV 生化+生态组合	2008	0.2	0.07
265	江苏	南通	海安曲塘镇污水处理有限公司	A2/O	2009	0.5	0.34
266	江苏	南通	海安李堡污水处理有限公司	A2/O	2009	0.5	0.31
267	江苏	南通	海安恒发污水处理有限公司	CASS	2005	4	2.43
268	江苏	南通	如东县洋口镇污水处理厂	EV 生化+生态组合	2010	0.2	0.2
269	江苏	南通	如东县丰利镇污水处理厂	EV 生化+生态组合	2010	0.3	0.3
270	江苏	南通	如东县双甸镇污水处理厂	EV 生化+生态组合	2010	0.3	0.3
271	江苏	南通	如东县岔河污水处理有限公司	SBR	2010	0.5	0.5
272	江苏	南通	凯发新泉污水处理（如东）有限公司	氧化沟	2009	2	1.9
273	江苏	南通	如皋市恒发水处理有限公司	氧化沟	2007	4	1.4
274	江苏	南通	如东恒发水处理有限公司	氧化沟	2009	4	4.02
275	江苏	扬州	仪征荣信污水处理有限公司	A2/O	2005	5	2.79
276	安徽	合肥	肥东县污水处理厂	氧化沟	2007	5	4.32
277	山东	泰安	东平县污水处理厂	氧化沟	2006	5	3.88
278	山东	日照	五莲县清源污水处理厂一厂	A/O	2006	0.5	0.46
279	山东	日照	五莲县第二污水处理厂	A2/O	2007	3	1.91
280	河南	南阳	方城县凌海污水处理有限公司	氧化沟	2006	2.5	2
281	湖北	孝感	大悟县城区污水处理厂	生物接触氧化	2009	2	1.8

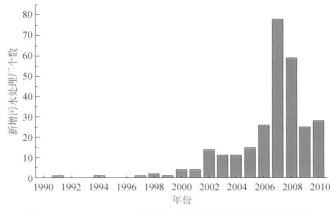

图 5-73　1990~2010 年淮河流域新增污水处理厂数目

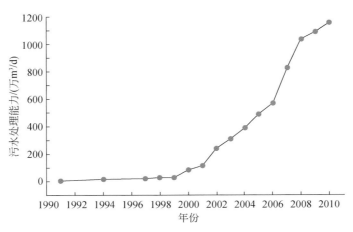

图 5-74　1990~2010 年淮河流域逐年日污水处理能力

然而，这些污水处理设施大量投入的同时，政府应注意对设施运转的监管。此外，由于生活污水和工业污水量进一步增大，当前的污水处理设施仍然不能满足污染治理要求，在未来仍需要更多的环保设施投入使用，从而进一步保障淮河流域的水质安全。

5.3.3.2　污水处理率

污水处理率指经过处理的生活污水、工业废水量占污水排放总量的比重。污水处理率是考察一个区域内污染排放和治理的重要指标。一个单元内污水处理率可根据下面估算方程进行：

$$污水处理率 = \frac{污水处理总量}{工业废水排放总量+生活污水排放总量} \times 100\%$$

由于工业废水排放、生活污水排放及污水排放数据等主要来源于相关部门的统计数据，存在一定的误差。为减少误差，本小结采用多年平均值（2003~2010 年）来表征淮河流域内各县市平均污水处理率，以期为过去一段时间内区域环境治理提供科学依据和数据支撑。

从整个淮河流域各区县空间分布来看（图 5-75），发现山东省和河南省各地级市污水处理率要略高于江苏省。污水处理率相对较高的区县主要集中在山东省临沂市、枣庄市和济宁市等；河南省的郑州市、许昌市、驻马店市、平顶山市等。安徽省部分市县污水处理率也相对较高，代表性区县为淮北市、六安市、亳州市和滁州市内部分区县。江苏省由于污水排放量大，城镇化率高，导致整体污水处理率相对较低。但是江苏省内淮安市、扬州市等污水处理率要高于其他区县。

对这些区县进一步进行统计（图 5-76），发现大多数区县污水处理率在 50% 以下，只有少部分的区县污水处理超过 70%，约有 25% 的区县污水处理率不足 20%。这个结果说明了虽然近些年来淮河流域在流域水管理及设施建设上取得了明显的成效，但很多区县水污染情况仍然有很大的提升空间，区域的水污染可以通过修建污水处理厂来得到进一步的改善。

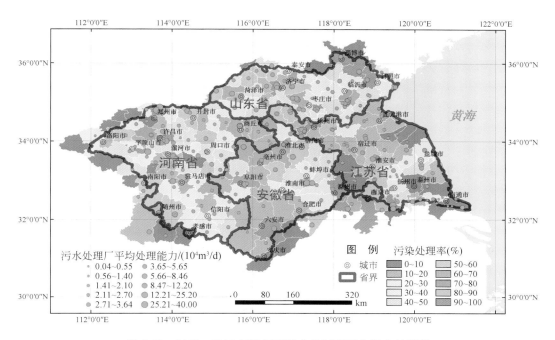

图 5-75 2003~2010 年淮河流域内各区县平均污水处理率

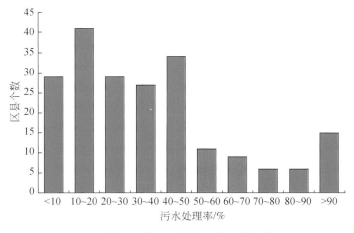

图 5-76 淮河流域各区县污水处理率频数分布

5.4 点源排放入河及其对河流水质的影响

点源污染是指有固定排放点的污染源，如工业废水及城市生活污水，由排放口集中汇入江河湖泊。而降雨冲刷作用所带来的污染则认为是非点源污染。本节点源排放入河量的估算仅匡算了两个最主要的污染源，即工业废水和生活污水中污染物负荷，而其他污染来源（如部分养殖废水也表现为点源污染）未纳入本次匡算。

　　由于污水处理设施可以去除大部分污染物，因此点源排放入河量主要由工业废水和生活污水直排的污染物以及污水处理厂出水，具体如图 5-77 所示。

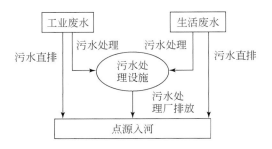

图 5-77　点源污染进入河流的主要途径和组成

5.4.1　点源氨氮入河量

　　点源氨氮入河量主要指由工业生产和城镇居民生活所产生的污染氨氮最终进入水体的负荷。假设工业废水和城镇居民生活污水都进入同一污水处理设施，那么点源氨氮入河量通过式（5-4）进行计算：

$$AN_p = (AN_{urban} + AN_{ind})(1 - I_{sew}I_{rem-an}) \tag{5-4}$$

式中，AN_p 为指点源氨氮入河量（t）；AN_{urban} 为指城镇生活污水中氨氮排放量（t）；AN_{ind} 为指工业废水中氨氮排放量（t）；I_{sew} 为指污水处理率（%）；I_{rem-an} 为指污水处理厂氨氮去除率（%）。

　　AN_{ind} 和 AN_{urban} 在前面章节已估算得出，I_{sew} 的空间分布见图 5-75。I_{rem-an} 对于不同的工艺，去除率相差较大，大约在 50%～75%。根据 Qiu 等（2010）的研究结果，本次估算采用 70% 作为淮河流域污水处理厂氨氮平均去除率。

　　从淮河流域总量来看，淮河流域点源氨氮入河量分布在 8 万～10 万 t，其中城镇生活贡献的氨氮负荷达到总入河量的 66%～76%，工业排放所占比例相对较低（图 5-78）。从 2003～2010 年总体趋势上来看，2005 年表现为污染治理的转折点，2003～2005 年污染负荷有一定程度的增加，2005 年以后点源氨氮入河负荷量明显减少。可以发现点源氨氮入河量的削减主要由于对工业污水的控制，而城镇生活污水的贡献反而有一定程度的增加。这些结果从侧面说明了淮河流域在氨氮总量负荷控制，尤其是在工业污水的管理和控制上有了一定的成效。然而，由于当前众多地区面临着快速增长的城市化发展的压力，使得城镇生活污水排放量明显增加，这样淮河流域城镇生活负荷量的削减任务艰巨。在未来一段时间内，由生活污水所带入的氨氮负荷势必对淮河流域氨氮负荷总量控制和管理带来一定的挑战。

　　从各县市点源氨氮年均入河量的空间分布来看（图 5-79），淮河流域内江苏省氨氮入河量最大，其次是安徽省、河南省和山东省。江苏省主要集中在宿迁市、淮安市、泰州市和南通市；安徽省集中在淮南市、阜阳市；河南省主要分布在漯河市、郑州市和开封市；山东省主要为枣庄市。部分城市入河量较大主要是因为污水处理设施不完善，污水处理率低，代表性的如安徽省部分县市。在点源污染控制中需要关注这些高入河排放的区域，加大对污水的处理力度，改善污水处理工艺，进一步削减入河负荷。

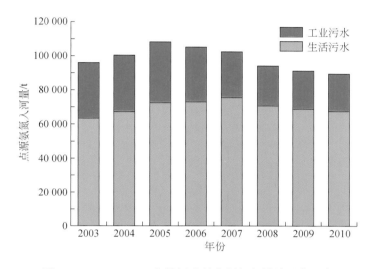

图 5-78　2003～2010 年淮河流域点源氨氮排放及其组成

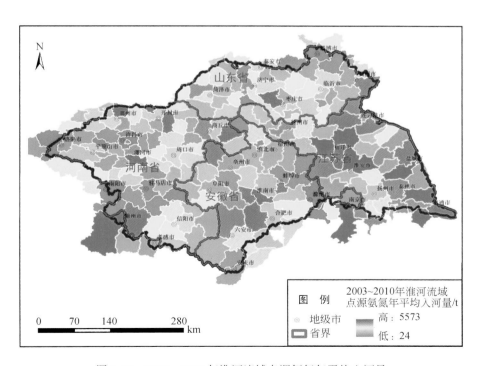

图 5-79　2003～2010 年淮河流域点源氨氮年平均入河量

5.4.2 点源化学需氧量入河量

点源化学需氧量 COD_{Cr} 入河量主要指由工业生产和城镇居民生活所产生的 COD 最终进入水体的总量。假设工业废水和城镇居民生活污水都进入同一污水处理设施，那么点源 COD_{Cr} 入河量通过式（5-5）进行估算

$$COD_p = (COD_{urban} + COD_{ind})(1 - I_{sew}I_{rem-COD}) \tag{5-5}$$

式中，COD_p 为指点源 COD 入河量（t）；COD_{urban} 为指城镇生活污水中 COD 排放量（t）；COD_{ind} 为指工业废水中 COD 排放量（t）；I_{sew} 为指污水处理率（%）；$I_{rem-COD}$ 为指污水处理厂 COD 去除率（%）。

COD_{ind} 和 COD_{urban} 在 5.3 节已估算得出，I_{sew} 的空间分布见图 5-75。$I_{rem-COD}$ 对于不同的工艺，去除率相差较大，大约在 80% ~ 88%。根据 Qiu 等（2010）的研究结果，本次估算采用 85% 作为淮河流域污水处理厂 COD 平均去除率。

从淮河流域点源 COD 入河总量来看（图 5-80），淮河流域 COD 年均入河量分布在 50 万 ~ 75 万 t，其中城镇生活贡献的氨氮负荷达到总入河量的 66% ~ 76%，工业排放所占比例相对较低。2003 ~ 2010 年 COD 入河量的总体趋势与氨氮入河量的趋势较为类似，都在 2005 年左右表现为污染治理的转折点，2003 ~ 2005 年污染负荷有一定程度的增加，2005 年以后入河负荷量明显减少。

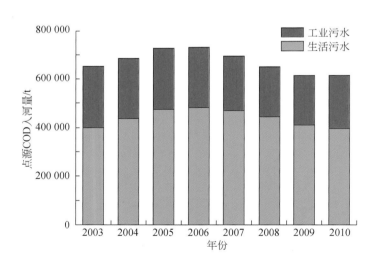

图 5-80 2003 ~ 2010 年淮河流域点源氨氮排放及其组成

从空间分布上看（图 5-81），COD 入河量主要集中在江苏省。该省各地级市 COD 入河排放量均明显高于其他省份的地级市排放。其中河南省 COD 入河排放主要位于漯河市、商丘市和郑州市；安徽省为淮南市；山东省为枣庄市、菏泽市和济宁市。这些结果说明了应该加大对高排放区域的 COD 监控和管理，加强对环境保护基础设施的投资，保障区域

水环境质量安全。

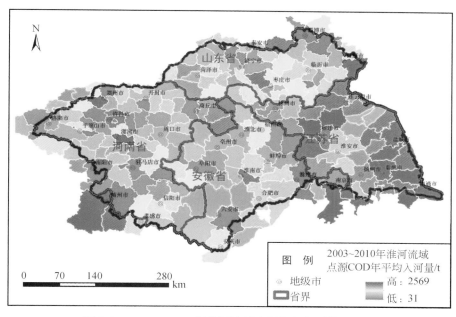

图 5-81　2003 ~ 2010 年淮河流域点源氨氮年平均入河量

5. 4. 3　河流水质变化

本小结采用数据统计检验的方法来判断主要监测断面 2003 ~ 2010 年以来水质变化情况。

5. 4. 3. 1　检验原理

水质趋势的分析判断是水质评价的重要组成部分。水质趋势分析的目的是为了掌握水质随时间的变化规律。季节性 Kendall 检验是一种仅考虑数据相对排列的非参数检验方法，其主要优点是随机变量的基本概率分布并不居于重要地位。该检验可用于资料系列存在漏测值、未检出值以及变量分布与正态分布无关的时间序列，季节上可为 12 个月。该检验方法的思路是用多年收集的数据，分别计算各季节（或月份）的 Mann- Kendall 检验统计量 S 及方差 Var（S），再把各季节（或月份）的统计量相加，计算总统计量。如果季节数和年数足够大，可通过总统计量与标准正态表之间的比较来进行统计显著性趋势检验。Smith 等（1982）指出，如果有 12 个时节（如每年 12 个月份）的数据，对于至少 3 年的数据，标准正态分布表仍然适用。

季节性 Kendall 检验的原理是将历年相同月或季的水质资料进行比较，如果后面的值（在时间上）高于前面的值记为 "+" 号，否则记 "-" 号。如正号的个数比负号的多，则可能为上升趋势；反之，则可能为下降趋势。如果水质资料不存在上升或下降趋势，则正、负号的个数分别为50%。众所周知，河流流量一年一度周期性变化，河流水质组分浓度大多受流量周期性变化的影响，因此，将汛期与非汛期的水质资料进行比较，会缺乏可比性。季节性 Kendall 检验将水质资料在历年相同月份间进行比较，因而避免了季节性的影响。同时，由于数据比较只考虑相对排列而不考虑其大小，故能避免水质资料中常见的漏测值问题。

5.4.3.2 数学模型

对于季节性 Kendall 检验来说，零假设 H_0 为随机变量与时间独立，且全年 12 个月的水质资料具有相同的概率分布。设有 n 年 p 月的水质观测资料序列 X 为

$$X = \begin{bmatrix} x_{11} & x_{12} & \cdots & x_{1p} \\ x_{21} & x_{22} & \cdots & x_{2p} \\ \vdots & \vdots & \vdots & \vdots \\ x_{n1} & x_{n2} & \cdots & x_{np} \end{bmatrix} \tag{5-6}$$

式中 x_{11}，$\cdots$，x_{np} 为水质观测浓度月平均值。

1）对于 p 月中第 $i(i<p)$ 月的情况。令第 i 月水质序列相比较（后面的数与前面的数之差）的正负号之和 S_i 为

$$S_i = \sum_{k=1}^{n-1} \sum_{j=k+1}^{n} G(x_{ij} - x_{ik})(1 \leq k < j \leq n) \tag{5-7}$$

式中，$G(x_{ij} - x_{ik}) = \begin{cases} 1, & \text{当}(x_{ij} - x_{ik}) > 0 \\ 0, & \text{当}(x_{ij} - x_{ik}) = 0 \\ -1, & \text{当}(x_{ij} - x_{ik}) < 0 \end{cases}$

由此，第 i 月内可作比较的差值数据个数 m_i 为

$$m_i = \sum_{k=1}^{n-1} \sum_{j=k+1}^{n} |G(x_{ij} - x_{ik})| = \frac{n_i(n_i - 1)}{2} \tag{5-8}$$

式中，n_i 为第 i 月内水质序列中非漏测值个数。

在零假设下，随机序列 $S_i(i=1,2,\cdots,p)$ 近似地服从正态分布，则 S_i 的均值和方差分别如下

均值：$E(S_i) = 0$

方差：$\sigma_1^2 = \text{Var}(S_i) = n_i(n_i-1)(2n_i+5)/18$

当 n_i 个非漏测值中有 t 个数相同，则方差 σ_1^2 的计算式变为

$$\sigma_1^2 = \text{Var}(S_i) = \frac{n_i(n_i-1)(2n_i+5)}{18} - \frac{\sum_t t(t-1)(2t+5)}{18} \tag{5-9}$$

2）对于 p 月的总体情况。令 $S = \sum_{i=1}^{p} S_i$，$m = \sum m_i$ 在零假设下，p 月 S 的均值和方差如下

均值：$E(S) = \sum_{i=1}^{p} E(S_i) = 0$

方差：$\sigma^2 = \mathrm{Var}(S) = \sum_{i=1}^{p} \sigma_1^2 + \sum_{ih} \sigma_{ih} = \sum_{i=1}^{p} \mathrm{Var}(S_i) + \sum_{i=1}^{p} \sum_{i=h}^{p} \mathrm{COV}(S_i, S_h)$

式中，S_i 和 $S_h (i \neq h)$ 都是独立随机变量的函数，即 $S_i = \mathrm{f}(X_i)$，$S_h = \mathrm{f}(X_h)$，其中 X_i 为 i 月历年的水质序列；X_h 为 h 月历年的水质序列，并且 $X_i \cap X_h = \Phi$；因为 X_i 和 X_h 为分别来自 i 月和 h 月的水质资料，并且总体观测资料序列 X 的所有元素是独立的，故协方差 $\mathrm{COV}(S_i, S_h) = 0$。将其代入方差公式中，则

$$\mathrm{Var}(S) = \sum_{i=1}^{p} \frac{n_i(n_i - 1)(2n_i + 5)}{18} \tag{5-10}$$

当 n 年水质序列中有 t 个数相同时，同样有

$$\mathrm{Var}(S) = \sum_{i=1}^{p} \frac{n_i(n_i - 1)(2n_i + 5)}{18} - \frac{\sum_t t(t - 1)(2t + 5)}{18} \tag{5-11}$$

Kendall 发现，当 $n \geq 10$ 时，S 也服从正态分布，并且标准差 Z 为

$$Z = \begin{cases} \dfrac{S - 1}{[\mathrm{Var}(S)]^{1/2}}, & \text{当 } S > 0 \\ 0, & \text{当 } S = 0 \\ \dfrac{S + 1}{[\mathrm{Var}(S)]^{1/2}}, & \text{当 } S < 0 \end{cases} \tag{5-12}$$

3）趋势检验。Kendall 检验统计量 τ 定义为：$\tau = S/m$。由此，在双尾趋势检验中，对于给定的趋势检验显著水平 α，如果 $|Z| < Z_{\frac{\alpha}{2}}$，则接受零假设。这里 $\mathrm{FN}(Z_{\frac{\alpha}{2}}) = \alpha/2$，$\mathrm{FN}$ 为标准正态分布函数。即

$$\mathrm{FN} = \frac{1}{\sqrt{2\pi}} \int_{|Z|}^{\infty} \mathrm{e}^{-\frac{1}{2}t^2} \mathrm{d}t \tag{5-13}$$

α 为趋势检验的显著水平，α 值为

$$\alpha = \frac{2}{\sqrt{2\pi}} \int_{|Z|}^{\infty} \mathrm{e}^{-\frac{1}{2}t^2} \mathrm{d}t \tag{5-14}$$

通常取显著性水平 α 为 0.1 和 0.01，当 $\alpha \leq 0.01$ 时，说明检验具有高度显著性水平；当 $0.01 < \alpha \leq 0.1$ 时，说明检验是显著的。在 α 计算结果满足上述两条件情况下，如果 τ 为正，则表明水质序列具有显著或高度显著上升趋势；若 τ 为负时，说明水质序列趋势是下降的；当 τ 为零时，表明无趋势。

5.4.3.3 水质趋势分析结果

运用 Kendall 检验法，选取有长期水质资料的 72 个水质监测控制站进行水质趋势分析，评估了 2003 年以来各监测站点水质变化情况（图 5-82）。

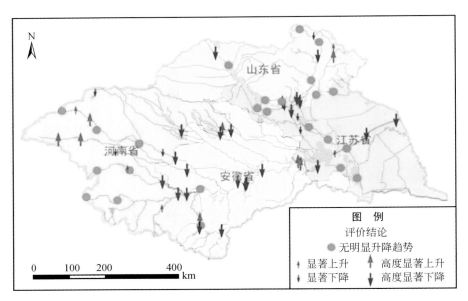

(a)淮河流域高锰酸盐指数(COD$_{Mn}$)趋势分析

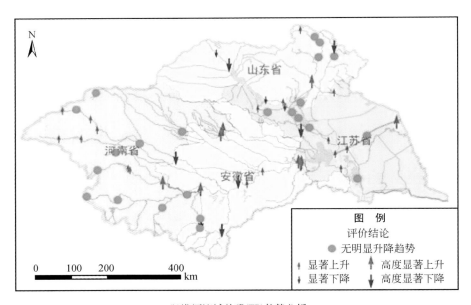

(b)淮河流域总磷(TP)趋势分析

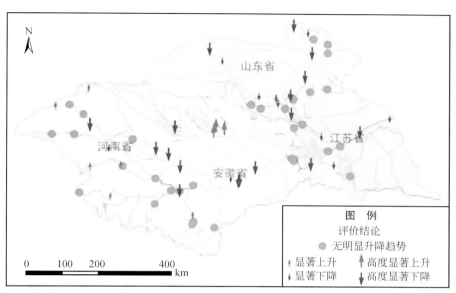

(c)淮河流域氨氮(NH₄⁺-N)趋势分析

图 5-82 淮河流域水污染时间趋势分析

研究结果表明，各水系水质指标有上升趋势的是总磷，有下降趋势的是氨氮。对于氨氮而言，超过40%的监测样点氨氮浓度显著降低，14.29%的监测样点氨氮浓度有小幅度的上升，而剩余的44.29%氨氮浓度未发生明显变化；而总磷的时间趋势正好与氨氮相反，大约有40%的监测样点总磷浓度显著上升，而仅有15%的样点下降，其余监测点总磷浓度未发生变化。该结果说明了在"十五"和"十一五"期间对点源的集中治理，淮河流域水污染问题尤其是氨氮污染问题明显得到了改善，部分监测断面水质改善明显，氨氮浓度得到了很大程度的降低。

然而，总磷污染却日益加重，超过有40%的监测的总磷浓度表现出上升趋势，仅有15%监测断面水质得到了改善。由于很多研究指出，我国的水系的磷污染主要来源非点源污染，这说明了当前淮河流域农村非点源污染日益严重，应予以重视。各站点趋势分析如图5-82所示，具体水质变化趋势情况见表5-9。

表 5-9 淮河流域水质监测断面趋势分析（2003～2010 年）　（单位:%）

指标	显著下降		显著上升		无变化趋势
	95% 置信水平	90% 置信水平	95% 置信水平	90% 置信水平	
高锰酸盐指数	31.34	11.99	13.43	7.46	35.78
总磷	11.86	5.08	15.25	28.81	38.98
氨氮	25.71	15.71	4.29	10	44.29

水质的研究结果也证实了淮河流域在点源污染物的控制取得了一定的成效。从前面的分析可以发现，点源氨氮和 COD 入河量在 2005 年以后逐年降低，说明污染负荷得到了一定的减少，而相应的河流水质得到了一定控制，污染逐年减轻。因此，在未来还需要进一步加强对点源污染负荷的控制，从而更大程度地改善水质。

第6章 人类活动养分输入对河流氮磷污染物通量的影响

淮河流域人口密度居中国七大流域之首，研究流域水污染与人类活动输入的关系，对于了解和认识人类或者在污染物的产生、运移和降解整个过程的支配具有重要的科学意义，此外研究结果可为淮河流域水污染管理提供重要的科学依据。

人类对工业固氮、工业固磷技术的掌握，是20世纪最伟大的科技进步之一，不仅大大地增加了粮食产量、提高了营养标准，并由此改善了生活条件（Smil，2002）。然而，由于人类盲目地开发利用，使得环境中氮、磷元素因工农业生产等转变成活性态而进入陆地生态系统。当活性态氮磷的量超过了陆地生态系统的氮、磷储存容量，最终进入水生生态系统，就会引起了一系列生态环境问题（Galloway et al.，1996；Galloway et al.，2002）。如地下水污染（张维理等，1995）、地表水酸化（欧阳学军等，2002）、生物多样性减少（张平究等，2004；郑聚锋等，2008）、水体富营养化（Smith et al.，1999）等。据报道（Galloway and Cowling 2002），1890年人为活动产生的活性氮速率为15Tg N/a，到1990年达到140 Tg N/a，按此增长速率，到2050年人为活动产生的活性氮速率将达到900 Tg N/a。如此大量的氮、磷等营养物源源不断地被人为输入，引起了诸多学者的关注。

为了评估人类活动对流域氮素、磷的输入的状况，美国的Howarth等（1996）相关学者率先提出了人类活动净氮输入（net anthropogenic nitrogen input，NANI）和人类活动净磷输入（net anthropogenic phosphorus input，NAPI）的概念，并在北大西洋各流域进行了研究，首次证实了人类活动氮、磷输入量与河流氮磷通量存在线性关系。随后很多学者在很多流域也得出相似的结论，如在美国东北沿海流域（Boyer et al.，2002）、伊利诺伊斯河（David and Gentry，2000；McIsaac and Hu，2004）、密歇根湖流域（Han and Allan，2008；Han et al.，2009）、波罗的海流域（Hong et al.，2012）、密西西比河流域（McIsaac et al.，2001，McIsaac et al.，2002）等。这些研究直接或间接地表明，人类活动所产生的氮、磷分别有25%和7%左右最终进入水体（Howarth et al.，2006）。该类别的研究开创了流域尺度养分管理的先河，并为流域氮磷污染提供了一个新的思路。人类活动净氮输入（NANI）和人类活动净磷输入（NAPI）成为一个摸清流域当前氮素累积和盈余（Han et al.，2011；韩玉国等，2011）、水体污染（Hong et al.，2012；Swaney et al.，2012）状况非常简便、有效的工具。成为一个摸清流域当前氮和磷累积和盈余、水体污染状况非常简便、有效的工具。

在新的时期，尤其针对国内人类生产生活水平的提高，大量的氮磷等营养物质被输入流域生态系统，富营养化等问题日益突出（濮培民等，2005），如何有效协调氮磷的输入与环境保护的关系已成为迫切需要解决的课题。本章从NANI和NAPI的估算、与社会经济的关联、对水体潜在污染效应等方面入手，评估近几十年来氮磷输入的时空变化，分析流域氮磷输入输出响应关系，探讨氮磷输入的可调控过程，这对于在流域尺度诊断流域生态环境问题、指导氮素管理具有重要的意义。

6.1　人类活动养分输入量的估算

人类生产生活离不开氮磷等营养物质，大量的氮磷营养物质通过化肥施用、生活污水排放、工业生产等过程输入到地表生态系统中，由于这些营养物质的过量积累，大量的污染物通过点源排放、降雨冲刷等途径进入河流，使得受纳水体遭受了十分严重的污染问题。为了更好地实现污染调控，首先亟待定量核算人类活动所产生的氮磷输入强度为多大？系统中有哪些主要氮磷流过程？哪个氮磷流过程中营养元素流失最严重？这些科学问题的回答，是追踪氮磷输入来源，并进而采取有效氮磷减排和控制措施的关键。

本小节在借鉴国内外氮、磷输入估算方法的同时，结合我国国情，将人类活动净氮/磷输入方法体系进行修正，提出了适合我国当前发展模式的氮磷输入核算体系。该方法体系按照污染物进入水体的潜在路径区分了点源输入和分散源的输入，估算数据来源上可与我国常规数据库和统计年鉴数据相结合，具有广泛的普适性，适用于我国绝大多数区域。本章首先重点介绍了人类活动净氮/磷输入的核算方法体系，并以淮河流域为案例，估算了1990年以来淮河流域各县级行政单元人类活动净氮/磷输入。

6.1.1　人类活动净养分输入概述

人类活动净氮输入和净磷输入在估算方法体系上、输入组成以及生态效应上都具有非常大的相似性。因此本小节重点讨论了人类活动净氮输入的估算不确定性、影响因素。

6.1.1.1　人类活动净氮、净磷输入的概念

人类活动净氮输入（NANI）是相对于自然固氮而言，主要是用于定量估算人类生产生活所主导的氮素输入强度。NANI的概念首先由Howarth等（1996）提出，他认为NANI主要由四个部分组成，化肥施用、作物固氮、大气沉降、食品/饲料进口。这些都代表着进入流域的外来源（Hong et al.，2011）。而污水排放、动物粪便等不被认为是NANI的一部分，主要是因为这些过程不带入新的氮源输入，而是在流域内氮素重新分配和再循环的过程。

对于一个流域而言，有3个主体与人类活动息息相关，即人类、作物和牲畜（Swaney et al.，2012）。人类通过投入化学肥料、种植各种固氮作物固定大气中的氮元素、粮食和饲料的进出口以及化石燃料燃烧等产生的活性氮重新通过大气沉降作用回到流域，这些氮在人类活动的干扰下，要么源于大气中氮库，要么源于地壳中化石燃料，要么通过其他区域进入流域生态系统，从而使新生态氮源源不断地进入，在很多流域氮输入量达到了以前的10~15倍（Board et al.，2000；Howarth et al.，2011；Swaney et al.，2012）。

氮素的具体循环过程如图6-1所示。从图可见，人类活动净氮输入进入生态系统主要

通过两种方式，点源和分散源。点源主要是通过工业集中排污和城镇生活排放进入生态系统并威胁水体；而分散源氮的输入主要是通过化肥施用、大气沉降、生物固氮和食品/饲料进口。而进入流域生态系统中的氮元素，主要有三种方式输出或储存在流域生态系统，通过河流输出流域、储存在土壤中或进入地下水、通过微生物的反硝化作用重新进入大气。其中，通过河流输出对河口、湖泊、水库、近海入海口的危害最大（Liu et al.，2012），而被储存的部分可再次释放重新进入水体，具有潜在的危害（Han et al.，2011）。

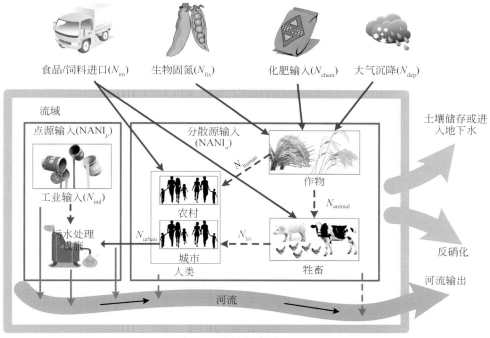

图 6-1　流域氮素循环过程

人类活动净磷输入的概念在人类活动净氮输入的基础上，参照人类活动净氮输入的计算模式而形成。由于磷的污染负荷主要来源于非点源污染，点源污染贡献相对较少。因此，估算人类活动净磷的输入不区分磷输入进入水体的潜在路径。NAPI 主要由 4 类输入组成（图 6-2），即化肥输入、食品/饲料磷净输入、非食品磷和种子磷。磷在流域内部的循环过程，只考察磷的人为输入和输出，其中河流磷的输出对河口或湖库危害较大。

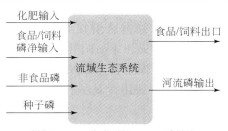

图 6-2　流域人类活动磷的输入与输出

6.1.1.2 人类活动净氮输入估算的不确定性及影响因素

由于磷的相关研究起步较晚、研究较少，此外在研究方法和内容上与氮的相关研究较为类似，本部分重点围绕氮的输入输出进行。人类活动净磷输入的相关背景介绍及具体估算方法等在本章 6.1.3 小节中会进行系统地阐述。

（1）NANI 估算不确定性

1）内涵分歧。不同学者对人类活动净氮输入的具体内涵存在分歧。有学者认为森林等属于自然生态系统的范畴，因此计算人类活动净氮输入时不应考虑（Howarth et al.，1996）；另外一部分学者认为，森林也受人为的影响，与人类活动无法分割，如农业和化石燃料等产生的活性氮随着大气迁移，以干湿沉降的形式进入森林生态系统；另外，由于人类活动的加剧，森林的分布和规模也受人类活动影响。例如，在大规模的退耕还林背景下，由于森林面积的增大，导致森林固氮能力的增强，此时在计算 NANI 时也应纳入估算。Boyer 等（2002）对 NANI 的估算方法进行了改进，添加了森林固氮量，并得到了部分学者的支持（Borbor-Cordova et al.，2006；Schaefer and Alber，2007a；Schaefer et al.，2009）。

但 Howarth 等（2011）对比了传统 NANI 方法和 Boyer 改进的方法，他认为在大部分流域两者差距并不大，而且森林固氮量的估算误差很大，具有很大的不确定性。据此，他认为传统 NANI 的方法更为适合。

2）数据来源。在估算 NANI 时，大部分数据都来自于统计年鉴或者相关文献。对于同一流域，很多学者对于同一指标所采用的转换系数是相同，这是极为不妥的。因为在估算 NANI 时，流域覆盖面积一般很大（Swaney et al.，2012），甚至横跨不同的气候带。此外，即使相近的区域，由于经济水平、生活条件的差异，氮消费量也不同。例如，魏静等（2008）研究表明城镇和农村居民的氮消费量就存在很大的差异。

在估算同一流域同一指标时，不同的学者由于学科背景的差异，所采用的数据也不尽相同。例如，估算日本北海道东部的一个小流域氮输入量时，Hayakawa 等（2009）采用的人均氮消费量为 3.14kg N/a（2009），而 Kimura 等（2012）采用的人均氮消费量为 4.9kg N/a（2012），导致氮素输入的估算结果相差近 2200kg N/（km² · a）。这只是一个缩影，说明很多学者在数据源的选择上争论不一。

3）尺度转换。化肥施用、人口、作物产量等数据源于社会统计资料或调查普查数据，均以行政区县为基本单位（Swaney et al.，2012）。而计算 NANI 时以自然流域单元为基本单位，这就存在一个数据尺度转换问题。常用的解决方案是采用总面积比值法，即行政单元包含在流域内的面积比乘以该单元的化肥总量来计算；另外一种观点认为，化肥等只出现在耕地中，而森林、居民地等不会施用，因此采用总面积比值法存在很大的误差。Han 和 Allan（2008）认为采用土地利用面积比值法更为恰当，即行政单元包含在流域内的农业地面积占该行政单元农业地总面积比例，最后乘以化肥施用量来计算。在估算流域牲畜氮消费量和作物产品含氮量，Schaefer（2009）曾将土地利用面积比法与总面积比法进行对比，发现总面积比法结果是土地利用比法的结果的 18% ~ 716% 和 15% ~ 554%。明显面积比法较为简便，但土地利用面积比有明显的理论依据。说明两种不同的尺度转换方法对结果影响较大，应该根据实际情况和结果要求合理选用。

尺度的转换效应也表现在流域面积大小上，Swaney 等（2012）认为氮素输入和输出的估算精度十分依赖流域面积的大小，Han 和 Allan（2008）也认为流域单元越小时，由行政单元数据转换为流域尺度数据过程中，所带来的误差将越大。

此外，人类活动净氮输入的估算也存在时间尺度的数据转换问题。因为，NANI 的 4 个输入参数的基本时间单位都是年，虽然 Hong 等（2011）认为在较短的时间间隔里，NANI 的变化不是很大。但 NANI 的 4 个参数受自然气候、社会经济状况影响较大，当直接采用逐年的数据进行估算时，难免会出现较大的偏差。多数学者建议采用多年平均的数据作为流域该时间段氮素输入的整体状况（Howarth et al.，2011），当然参与平均估算的年份及数目，由学者根据实际需求和数据情况自行选择，这对最终估算结果带来一定的不确定性。

4）估算方法的分歧。估算方法的分歧主要体现在大气氮沉降和作物固氮量的估算方法上。

在估算大气氮沉降时，大多数学者都认同 NO_x 来源于外来源，但在氨氮的沉降上存在争议。Howarth 等（1996）、Howarth（1998）不认为氨氮的沉降为新的输入，他们基于的理论是：氨氮等随空气传播距离和停留时间的都比较短，最多仅能在大气中停留几个小时到几个星期的时间（Fangmeier et al.，1994），且大多在离排放源不远的距离沉降，迁移距离很小，在局部地区即可完成循环（Schlesinger and Hartley，1992；Prospero et al.，1996）；而 Boyer 等（2002）认为氨氮的挥发和再沉降的循环过程是在一个很大尺度下完成，在小的流域尺度下不能完成整个循环，因此不能忽略氨氮的沉降。他基于的理论是Dentener 和 Crutzen（1994）及 Galperin 和 Sofiev（1998）所开展的研究，他们证实了氨氮也可以长距离迁移。因此，他估算出有 75% 左右的由化肥、有机肥等挥发产生的氨氮重新回到原流域，而 25% 的氨氮则长距离迁出。因此，在计算氨氮的净沉降时，需扣除掉这75% 的部分。因为，这 75% 的化肥、有机肥的挥发造成的再沉降并不是新的输入，而是化肥、有机肥挥发的部分的再分配（Han and Allan，2008）。

此外，在大气氮沉降上的估算上，大多学者仅考虑了无机态氮沉降，而忽略了有机氮的沉降。Neff 等（2002）研究认为，大气有机态氮沉降量可占大气氮总沉降量的 30% 左右，因此是一个很重要的外源输入。Boyer 等（2002）认为 50% 有机氮沉降为流域内部有机态氮的循环，而剩余 50% 为外源输入。

相对于其他输入项，大气氮沉降量所占的比例不高。但在一些森林主导的流域生态系统中，氮沉降量往往超过化肥施用等其他输入项，因此是一个很重要的不确定性因素。

在估算作物固氮量时，有些学者倾向于采用固氮作物的种植面积乘以系数来估算固氮量（Burkart and James，1999；Boyer et al.，2002），有些作者倾向于固氮作物的产量乘以对应的转换系数来估算固氮量（Barry et al.，1993；David et al.，1997），Han 和 Allan 等（2008）曾经对比了两种估算的优越性，发现后者的估算精度要高于前者。当然，因为两种方法的估算精度与所选取的转换系数及所在的研究区直接相关，因此存在一定的不确定性，当换一研究区对比两种方法时，可能得出相反的结论。

（2）NANI 的影响因素分析

为分析 NANI 的影响因素，本章采用文献中公布的数据进行初步的探索分析，以期提取出影响因素。

1）各输入项对 NANI 的影响。全球面积平均的氮输入量为 1570.47kg N/（km² · a），其中氮肥占 671.14kg N/（km² · a），氮沉降为 687.92kg N/（km² · a），作物固氮为 211.41kg N/（km² · a）（图 6-3）。除瑞典外，当前的主要研究区 NANI 均要高于全球平均水平。从区域来看，氮沉降和氮肥带入的氮量比较相近，但是区域差异很大。例如，在美国西部、东南部、东北部的大气沉降量均明显高于其他区域。在英国虽然氮素沉降量也较高，但化肥氮量远远高于大气沉降。

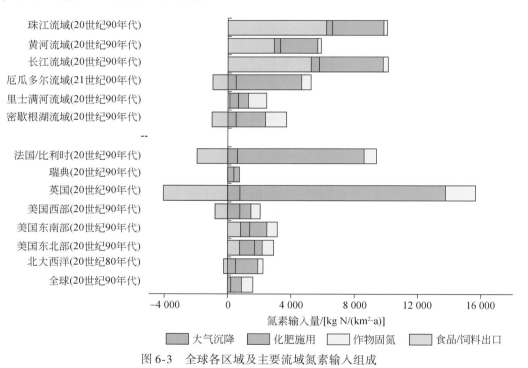

图 6-3　全球各区域及主要流域氮素输入组成

资料来源：全球（20 世纪 90 年代）（Galloway et al.，2004）；北大西洋（20 世纪 80 年代）（Howarth et al.，1996）；美国东北部（20 世纪 90 年代）（Boyer et al.，2002）；美国东南部（20 世纪 90 年代）（Schaefer and Alber，2007a）；美国西部（20 世纪 90 年代）（Schaefer et al.，2009）；英国、瑞典、法国/比利时（20 世纪 90 年代）（Howarth et al.，2011）；密歇根湖流域（20 世纪 90 年代）（Han and Allan，2008）；里士满河流域（20 世纪 90 年代）（Mckee and Eyre，2000）；厄瓜多尔流域（21 世纪 00 年代）（Borbor-Cordova et al.，2006）；长江流域、黄河流域、珠江流域（20 世纪 90 年代）（Xing and Zhu，2002）。除长江、黄河、珠江流域外，其余区域的估算都是采用本区域内子流域面积加权平均得出。而长江、黄河、珠江流域内食品/饲料进口量采用原研究中总输入量扣除其他三项的值。

从各个流域来看，我国的三大流域（珠江流域、黄河流域、长江流域）NANI 的量均高于国外的流域，20 世纪 90 年代初，中国粮食净进口量达到 1345 万 t（褚庆全等，

2006），导致了大量的食品/饲料进口进入流域，且中国传统的密集生产模式，使得化肥等大量施用，导致三大流域的化肥施用和食品/饲料的进口成为氮素进入流域生态系统最主要的形式。而在其他流域，如里士满河和密歇根湖流域大气沉降量则占有较大的比重。

总体上来说，各个区域中子流域都存在一定的差异，为了对比各组分对 NANI 的综合影响，采用线性回归分析方法，以 NANI 值为因变量分析各输入项的影响，得出的结果如图 6-4 所示。从图中可见，化肥施用、食品/饲料进口、作物固氮、食品/饲料出口与 NANI 线性相关性显著（R^2 分别达到 0.61、0.51、0.39、0.13），而大气沉降与 NANI 的相关性不显著。这也说明了大气沉降对 NANI 的贡献波动较大，在估算 NANI 时需结合研究区实际，优先选用监测数据或合理的模拟数据。

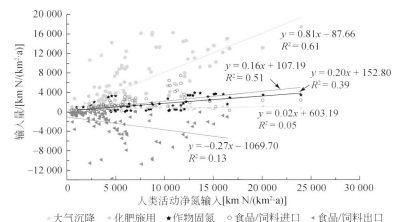

图 6-4　各输入项与人类活动净氮输入的相关关系（资料来源同图 6-3）

此外，对所有输入项进行均值标准化后，构建多元回归模型为

$$NANI = 0.790N'_{chem} + 0.176N'_{fix} + 0.157N'_{dep} - 0.145N'_{im} + 0.022 (R^2 = 0.999)$$

$$(6-1)$$

式中 N'_{chem}、N'_{fix}、N'_{dep}、N'_{im} 分别表示均值标准化后化肥含氮量、作物固氮量、大气氮沉降量、食品/饲料氮净输入量，0.022 为残差。

总体上，化肥带入的氮素占 79.0%，作物固氮占 17.6%，食品/饲料净氮量为−14.5%（食品/饲料进口量−食品饲料出口量），而大气沉降占 15.7% 左右。

2）人口密度的影响。人口密度是影响 NANI 的主要因素之一，随着人口密度的增加，氮素输入也相应地增加。本章通过对文献中已有数据的分析，发现 NANI 与人口密度也存在显著的相关性（图 6-5），即 NANI 随着人口密度的增加而上升。

当采用指数的方法进行拟合发现相关系数更高，能够解释 46% 的变异。说明在低人口密度时，NANI 随着人口密度增长是线性增加的，当达到一定的阈值时，人口密度的影响将变得次要，而其他的因素变为主导作用。

为了提取出人口密度的阈值，采用逐步回归分析的方法。将人口密度从小到大进行排序，考察不同人口密度水平的决定系数，进而找寻决定系数的突变值。从图 6-6 可以发

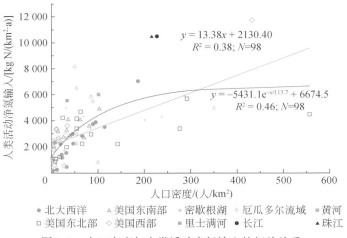

图 6-5　人口密度与人类活动净氮输入的相关关系

现，当人口密度低于 100 人/km² 时，决定系数 R^2 是线性递增的。说明人口密度的增长，其解释 NANI 的变异能力变强。当人口密度大于 100 人/km² 时，R^2 趋于稳定的，基本上在 0.4 ~ 0.5 浮动，说明随着人口密度的增大，其解释 NANI 的变异能力趋于稳定。但由于目前在高人口密度的流域开展不多，因此其具体的内在关系及影响幅度，有待于进一步考证。

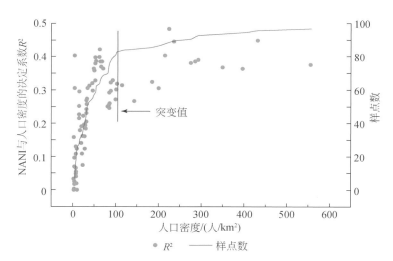

图 6-6　人口密度与人类活动净氮输入逐步回归分析

3）土地利用组成的影响。土地利用组成对流域氮素的输入有很大的影响（韩震等，2010），在以耕地为主的流域 NANI 要明显高于以森林为主的流域，而在农业和居民地混合组成的流域 NANI 为最高（Han and Allan，2008）。从文献数据分析得出，人类活动净氮输入与耕地面积是正相关的（图 6-7），即随着耕地面积比例的增大，NANI 是趋向于线性

上升的，而 NANI 与森林面积是呈反比的（图 6-8）。很多研究也直接或间接证实了该结论
（Boyer et al.，2002；Rock and Mayer，2006）。

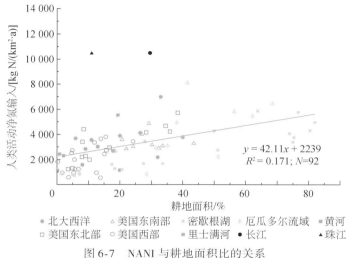

图 6-7　NANI 与耕地面积比的关系

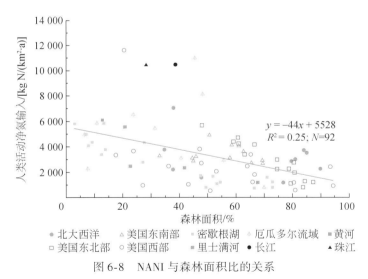

图 6-8　NANI 与森林面积比的关系

在估算 NANI 时，主要有四个因素对最后的结果影响较大，即内涵分歧、数据来源、
尺度转换、估算方法的分歧，在估算 NANI 时，应了解不确定性的来源，从而科学准确地
评价流域内人类活动的氮输入状况。

影响 NANI 的主要因素包括各输入项的影响、人口密度、土地利用组成。对当前的研
究结果而言，化肥施用是最主要的氮素输入来源，占人类活动净氮输入总量的 79.0%，其
次为作物固氮作用，占 17.6%，食品/饲料氮净输入量占 −14.5%，大气沉降占 15.7%；
NANI 随着人口密度的增大而增大，当人口密度高于 100 人/km²，人口密度对 NANI 的影

响趋于稳定，其他因素起主导作用；NANI 与流域内土地利用相关，其中与森林面积比例成负相关，而与耕地面积比例成正相关。

我国社会经济发展加快，人口迅速扩充，出现了越来越突出的水环境问题，加强营养元素的研究和控制十分迫切。在环保投资有限的情况下，在流域尺度诊断流域生态环境问题，从宏观角度提出总体目标和改进方案，对于整个流域的水环境改善具有重要的理论意义和实践指导意义，而目前这方面的研究和实践工作都十分薄弱。大量研究结果也已经证实，NANI 应用于模拟和预测水体氮通量、流域养分管理等在理论和实践上可行，虽然该方法在内涵、数据来源、尺度转换以及估算方法等方面有待于进一步探索和完善，但其综合考察影响氮素输入的主要过程，反映人类活动对流域生态系统的影响，并据此指导养分管理的思想，是值得借鉴的。今后，我国应在国外相关研究的基础上，针对我国各流域的气候、生产生活等特点，在输入参数的完善和方法模型的改进与验证上进行重点研究。此外还需要在计算机技术辅助决策、特别是 GIS 的耦合研究及多尺度的养分或非点源污染模型上做足大量细致深入的工作，使之在宏观上能够把握流域整体氮素循环过程和规律，预测未来或回顾氮素输入动态，指导养分管理，微观上可解决实际问题，从而增强该方法的实际应用效果。

6.1.1.3 河流氮输出对人类活动净氮输入的响应

（1）河流氮输出与人类活动净氮输入的响应关系

随着氮元素不断地进入流域生态系统，人类的生产生活各过程所产生的氮超过了陆地生态系统的储存和消化容量，将导致氮元素大量进入水生生态系统，并引发一系列生态环境问题（Galloway et al.，1996；Galloway et al.，2002）。自 Howarth 等（1996）发现 NANI 与河流氮的输出存在线性关系以来，诸多学者在其他流域也得出相似结论，但在不同的研究区存在一些差异（表6-1）。

表 6-1　相关流域的基本特征

区域/流域名称	子流域面积/km²	人口密度/（人/km²）	年降水量/（mm/a）	年径流深/（mm/a）	温度/℃	人类活动净氮输入/[kg N /（ km²·a ）]	河流氮输出/[kg N /（ km²·a ）]	河流氮输出/人类活动净氮输入/%
北大西洋流域	3.4×10⁵ ~ 8.77×10⁶	1.54 ~ 185.72	—	—	—	1 168 ~ 7 044	363 ~ 1 452	10 ~ 35
美国东北部	475 ~ 70 189	8 ~ 556	934 ~ 1 260	328 ~ 672	4.3 ~ 12.6	835 ~ 5 717	314 ~ 1 756	11 ~ 40
美国东南部	3 274 ~ 35 112	14 ~ 103	1 155 ~ 1 339	275 ~ 467	13.8 ~ 19.3	2 676 ~ 4 884	158 ~ 446	5 ~ 12
美国西部	1 531 ~ 279 438	1 ~ 432	406 ~ 1 862	22 ~ 1 262	6 ~ 15.5	541 ~ 11 644	71 ~ 1 670	3 ~ 115

续表

区域/流域名称	子流域面积/km²	人口密度/(人/km²)	年降水量/(mm/a)	年径流流深/(mm/a)	温度/℃	人类活动净氮输入/[kg N/(km²·a)]	河流氮输出/[kg N/(km²·a)]	河流氮输出/人类活动净氮输入/%
密歇根湖	153 ~ 15 825	3 ~ 397	780 ~ 970	235 ~ 462	5 ~ 10.1	757 ~ 5 861	206 ~ 1 558	14 ~ 38
里士满河	889 ~ 2 688	0.6 ~ 33.8	1 363 ~ 1 961	241 ~ 754	—	1 160 ~ 5 540	350 ~ 600	15 ~ 24
厄瓜多尔流域	506 ~ 8 767	30 ~ 350	—	—	—	820 ~ 8 120	230 ~ 1 860	4 ~ 90
中国长江、黄河、珠江流域	4.5×10⁵ ~ 1.81×10⁶	101 ~ 226	490 ~ 1 440	—	—	6 053 ~ 10 502	1 106 ~ 2 093	18 ~ 20
法国/比利时流域	230 ~ 65 690	—	654 ~ 897	171 ~ 572	10.2 ~ 11.2	2 794 ~ 12 049	689 ~ 3 649	19 ~ 81
英国流域	16 ~ 4 020	—	567 ~ 2 790	137 ~ 2 000	0.5 ~ 11	2 375 ~ 23 930	1 410 ~ 7 269	9 ~ 102
瑞典流域	406 ~ 130 442	—	533 ~ 836	136 ~ 692	-0.2 ~ 8.7	97 ~ 610	161 ~ 5 918	4 ~ 95
波罗的海	302 ~ 279 586	—	—	—	—	149 ~ 4 514	98 ~ 1 360	6 ~ 118

注：—为无数据。

资料来源：北大西洋（Howarth et al.，1996）16 个样点；美国东北部（Boyer et al.，2002）16 个样点；美国东南部（Schaefer and Alber，2007a）12 个样点；美国西部（Schaefer et al.，2009）18 个样点；密歇根湖（Han and Allan，2008）18 个样点；里士满河（Mckee and Eyre，2000）4 个；厄瓜多尔流域（Borbor-Cordova et al.，2006）9 个样点；法国/比利时（Howarth et al.，2011）25 个样点；英国（Howarth et al.，2011）30 个样点；瑞典（Howarth et al.，2011）36 个样点；波罗的海（Hong et al.，2012）79 个样点；中国长江、黄河、珠江流域（Xing and Zhu，2002）各 1 个。

由图 6-9 可以发现，不同流域的 NANI 与 RNF 存在线性关系，相关性达极显著水平（$R^2 = 0.68$，$n = 266$，$P < 0.01$）。就当前研究而言，近 24% 的人类活动产生的氮最终进入水体，剩余的 76% 要么储存在土壤中，要么进入地下水、或通过反硝化作用进入大气（Howarth et al.，2006）。

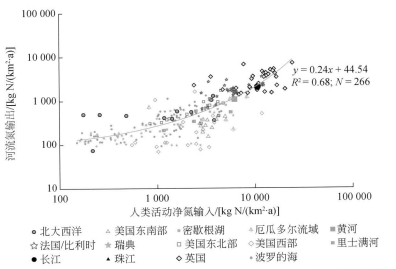

图 6-9　人类活动净氮输入（NANI）与河流氮输出（RNF）的线性关系（资料来源同表 6-1）

RNF 对 NANI 的响应关系存在饱和效应。一般情况下，氮输入量越低，流域生态系统可储存的氮量越大，反之亦然（Yan et al.，2010）。当氮的输入超过流域生态系统的可储存容量后，流域地表的氮储存达到饱和（Aber，1992；Kahl et al.，1993），氮被储存的比例迅速降低，多余的氮被大量输出。Howarth 等（2011）对多个流域进行研究，结果表明：当人类活动净氮输入大于 1070kg N/（km^2 · a）时，氮的输出比（RNF/NANI）显著增加。但本章进行对比时，并没有发现类似的规律。可能的原因是在数据来源于不同的流域，其氮储存容量、自然气候因素等存在差异。

NANI 的估算方法由 Howarth 等（1996）提出后即进行了大量应用，起初研究的流域面积范围在 $3.4 \times 105 \sim 8.77 \times 106 km^2$，之后大量学者将该方法应用到较小的流域。但在这些面积相对较小的流域出现了输出比高于 1 的情况。Han 和 Allan（2008）认为，NANI 与河流氮输出的响应关系依赖于流域尺度的大小，流域单元越小，由数据单元转换所带来的误差将越大，在分析河流氮素输出的驱动力时解释其变异的能力将变弱。

RNF 对 NANI 的响应关系还存在尺度效应，一般采用逐步回归的方式分析其尺度效应。已有研究证实，在中到大型的流域，RNF 与 NANI 的相关性较好（Swaney et al.，2012）。进行逐步回归时，应该遵从从小到大的顺序提取突变点。当流域面积尺度大于某一个阈值时，R^2 倾向于稳定，可认为在该流域面积下，RNF 对 NANI 响应的尺度效应才能被掩盖，且其响应误差不是由尺度大小造成。

随着流域面积的增大（图 6-10），R^2 逐渐增大，在 2000km^2 处，R^2 趋于稳定。说明当流域面积大于 2000km^2 时，由流域面积大小造成的误差趋于稳定。这表明在分析 RNF 和 NANI 的响应关系时，流域面积大于 2000km^2 时最适宜。

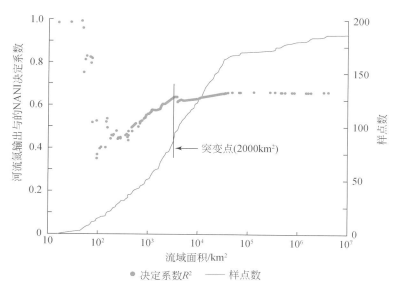

图 6-10　不同流域面积下 RNF 和 NANI 的逐步回归分析（资料来源同表 6-1）

（2）影响河流氮输出的因素

表征河流氮输出对流域人类活动氮输入响应关系的最直接方式是比值法，即 RNF/NANI。但不同流域的 RNF/NANI 差异巨大，主要是由于自然气候、人类活动等综合因素所致。

1）自然因素和气候条件。输入流域生态系统中的活性氮，有 24% 可通过河道迁移输出流域。在剩余的 76% 中，又有 25% 左右积累在土壤表层、储存在生物体或随着木材砍伐等输出流域；剩余的部分则通过反硝化作用重新进入大气（van Breemen et al.，2002）。Howarth 等（2006）认为，自然气候通过调节氮素输出方式，使 RNF/NANI 发生变化，如当降雨量和河流径流量较大时，径流在湿地、湖泊和河道中停留时间将变短，而反硝化作用的量又与径流水停留时间息息相关（Seitzinger et al.，2002，2006）。反硝化作用因此被减弱，使得 RNF/NANI 更高。

一些气候要素，如降雨、温度、河流流速等对 RNF/NANI 有着深远的影响，但内在的驱动机制存在很大不确定性（Scavia et al.，2002）。例如，在美国东北部的 16 个子流域，RNF/NANI 与降雨和流量存在显著相关关系，但与温度的相关性不显著（Howarth et al.，2006）。Schaefer 和 Alber（2007a）综合美国东南部和东北部的数据进行分析，发现 RNF/NANI 与这些气候要素（如降雨、温度等）都存在相关性，且与温度的相关性最为显著。Schaefer 等（2009）在美国西部的研究结果表明，RNF/NANI 与气候要素无显著相关关系。

气候对 RNF/NANI 有无影响，存在何种影响？不同流域得出的结论差异很大。Howarth 等（2011）、Schaefer 和 Alber（2007b）进行的相关研究所采用的数据都是多年平均值。而一些学者质疑，采用多年平均值会掩盖气候的影响（Howarth et al.，2011），应进行逐年分析。但是，当进行逐年分析时，氮素的输出表现为丰水年高、枯水年低。根据积累的理论解释，其原因为：在干旱年份氮元素倾向于积累于陆地表面，而在丰水年上一年份积累的污染物被冲刷，所以导致丰水年氮输出量很高（Donner and Scavia，2007；David et al.，2010），因此逐年分析的方法较难提取出气候要素的驱动作用；此外，以往研究主要针对固定区域分析气候驱动因素，所得结论只适合该研究区，当转移至其他区域或许并不能呈现出相同规律。

为了分析气候条件的驱动作用，使分析结果具有普适性，不仅需要大量数据，还应涵盖不同自然气候条件。

降水通过降雨冲刷和地表径流等作用将 N 带入河流生态系统，是氮输出最主要的驱动力。降水量与 RNF/NANI 的关系非常复杂，并没有表现出显著的相关关系。降水冲刷和产流过程的影响因素众多。由于下垫面类型、排水条件、气候等存在差异，不同流域的径流量往往相差很大，导致在不同流域之间考察降水量影响因素的难度较大；由于氮素积累效应的存在（Mcisaac et al.，2001），即使在同一流域内分析降雨因子的影响也较为困难。N以湿沉降的形式进入流域生态系统，因此，降水是氮素进入水体最主要的驱动力，也是流域氮素输入的主要来源，其内在蕴含的机制十分复杂。

虽然降雨与输出比的相关性不显著，但径流量与输出比却呈显著的相关关系。RNF 由监测氮浓度与径流量相乘得出，因此，径流量与 RNF/NANI 相关具有一定的合理性。在相关研究中，直接采用径流量来表征 RNF/NANI 的变异规律应慎重。

RNF/NANI 受气候、下垫面、植被覆盖等多重综合因素共同影响。径流系数是可较好表征降雨径流驱动的指标，能够代表流域的水文条件，其指一定汇水面积内地表径流量与降水量的比值，综合反映了流域内自然地理要素的综合影响。从图 6-11 可以发现，尽管诸多流域气候条件、降雨量、下垫面等差距很大，但径流系数与氮素输出比的相关性极显著（$R^2 = 0.22$，$n = 159$，$P < 0.01$）；而降雨量、径流量与氮素输出比的相关性不显著（R^2分别为 0.011 和 0.021）。所以，采用径流系数来揭示氮素输出的规律更合理。

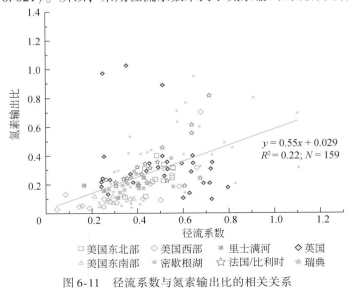

图 6-11　径流系数与氮素输出比的相关关系

Kimura 等（2012）对比中国和日本的小流域时得出：在温暖湿润的流域，其反硝化作用强于寒冷干燥的流域。许多研究也都证实了温度对氮素输出比存在影响（Schaefer and Alber，2007a；Hong et al.，2012），他们认为当温度升高时，输出比明显降低。但是，温度与输出比的具体关系尚存在争论。一些学者认为，温度与氮素输出比是简单的线性关系，即温度升高，氮素输出比线性下降（Hong et al.，2012；Swaney et al.，2012）；也有学者认为，温度与氮素输出比并不是线性关系，如 Schaefer 和 Alber（2007）认为温度与输出比呈指数关系，当温度低于某一临界值时，随温度增加，输出比迅速降低，当温度高于该临界值时，随温度增加，输出比下降不明显，趋于平缓。本章对文献数据进行分析（图 6-12）发现，当温度在 8℃时发生突变；温度低于 8℃，随温度升高，反硝化速率增大，输出比下降很快；温度大于 8℃，反硝化速率减缓，输出比下降较平稳。整体上与 Schaefer 和 Alber（2007a）得出的规律类似。

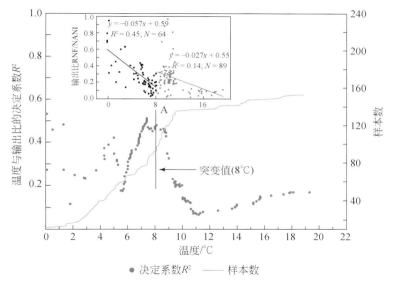

图 6-12　不同温度下 RNF 与 NANI 的逐步回归分析（资料来源同表 6-1）

2）人类活动。人类活动对氮素输出的影响主要体现在两方面：首先，人类的生产生活改变了 N 循环过程，使大量的 N 通过化肥施用、化石燃料的燃烧等过程被输入到陆地生态系统；其次，人类的城市化、森林砍伐、污水排放等活动，促使陆地系统中氮素大量向水体中传输。影响河流氮素输出的主要人为驱动因素有社会经济发展水平、土地利用调整、修建闸坝和人工河道、人口密度等。

研究人类社会经济发展水平对氮素输入输出的影响，主要通过对比不同年代氮素输入输出状态来表征。Meybeck（1982）曾经估算了全球原始条件下河流向海洋氮输出量；Howarth 等（1996）借鉴 Meybeck（1982）的结果对比了北大西洋流域 20 世纪 90 年代氮素输出与原始条件的差异，得出大多河流受人类活动干扰明显，某些河流氮素输出量超出原始条件的 20 倍；Han 和 Allan（2012a）研究了 20 世纪以来密歇根湖各入湖河道氮输入的变化，结果表明，2000 年入湖氮量是 1990 的 3 倍以上；Mcisaac 等（2001）的研究结果表明，1960 年密西西比河流域河流氮素输出占 NANI 的比例仅为 8%，到 1990 年，该比例上升至 18%。

河流氮素的输出与人口密度息息相关，当人口密度增加时，河流氮输出量增加（Caraco et al.，2003；Smith et al.，2003），氮素输出比也明显增加。Schaefer 和 Alber 等（2007a）认为，人口密度并不能解释区域氮素输出比的差异，但是可用来解释个别流域输出比过高的原因。当人口密度较低时，氮素的输出比也较低，Parfitt 等（2006）结果表明，新西兰的氮素输出比为 17%，明显低于其他研究结果，主要原因是新西兰人口密度低所致。

人类活动还体现在土地利用调整上。由于人类发展的需要，城市化进程加快，大量的植被开垦为农田，流域生态系统截留氮的能力被大大削弱。以美国为例，美国东北部流域虽然以森林为主，但小面积耕地或城市居民地的变动都会对氮素的输入和输出产生很大影响（Boyer et al.，2002）。Groffman 等（2004）对比了以城市/城镇居民地为主的、以农业为主、以森林为主的流域，发现以城镇居民地为主和以农业为主的流域的 RNF 显著高于以森林为主的流域。

此外，人类通过修建大量的闸坝、对自然河道进行改道、修建人工湿地或湖泊等活动，使河流的自然特征发生变化。流域氮素的截持能力或增强或减弱，将严重影响氮素的输出过程（Rock and Mayer，2006）。

3）其他因素。其他的驱动因素（主要包括河流坡降和水域面积），这些要素对河流氮输出的影响不大（Schaefer and Alber，2007a，Schaefer et al.，2009），主要是通过影响氮素的水中停留时间来调控氮素的输出过程。停留时间主要指氮从地表进入水体后，传输至河口、湖泊或入海口所需时间。当流域内湿地/水域面积比例较大时，其参与反硝化作用的氮量越多，从而输出的氮素越少（Schaefer and Alber，2007a；Schaefer et al.，2009）。

随着人类活动净氮输入量的增加，河流氮素输出表现为线性增加，约 24% 的 NANI 进入水体，其余的 76% 或被储存、或进入地下水、或通过反硝化作用进入大气。很多学者利用 RNF 与 NANI 的线性关系模拟和分析了河流的氮通量（Bao et al.，2006；Liu et al.，2006），极大地简化了水质监测和分析的过程。由于 RNF 与 NANI 的响应关系存在饱和响应和尺度效应，在实际应用中应避免出现误差。

输出比受自然气候、社会经济等因素的综合影响。自然气候通过降水、温度等调节氮素的输出方式分配，最终来影响输出比的变化；人类通过发展社会经济、土地利用调整、修建闸坝和人工河道等驱动氮素的输出。除水量、径流深、年均温、人口密度、土地利用比例、闸坝密度和分布、人工湿地/水域面积等指标可揭示自然和人为因素对氮输出的影响外，径流系数也是能较好表征 RNF 与 NANI 响应关系的指标。

相关学者已认识到氮污染的严峻性，开始研究耦合自然气候、社会经济条件下，模拟不同发展前景下氮素输出及其变化情况（Han et al.，2009），分析未来水质状况，并且以此为基础，制定不同的管理对策。氮素管理更多的是人为-自然生态系统结构和功能调节、优化的过程，单纯从管理措施上很难有效遏制氮素污染。在管理时，更应该从生态学角度，调节氮素在各环节中的分配和流动，从而可以在保证经济社会发展的同时，氮素在生态系统中可合理地流动，进而有效削减氮污染。

当前，人类活动净氮输入输出的研究热点应该集中在以下几方面。

1）研究不同受纳水体 RNF 与 NANI 的关系，包括近海水域、内陆湖泊和内陆河段。亟须评估其内在蕴含的尺度效应，并应以此为基础探讨适用范围和不确定性。

2）亟待在一些特殊流域开展相关研究，如工业发达的流域，工业排放主要产物——氨氮是威胁水生态系统重要的污染物。

3）研究氮素循环过程中流域生态系统所呈现的结构、状态和功能，分析自然和人为因素对其系统稳定性的影响，并以此来评估生态系统氮流失的风险、生态系统服务功能等。

4）除对河流氮素输出重点关注外，还需研究其他输出形式，如进入地下水、反硝化等作用的输出量，以期分析氮素输出的内在补偿和平衡机制，掌握氮素流动的自然和人为因素。

5）尚需在计算机技术辅助决策、特别是 GIS 的耦合研究及多尺度的养分或非点源污染模型上进行大量细致深入的研究，使之能在宏观上诊断流域生态环境问题、把握流域整体氮素循环过程和规律、预测未来或回顾氮素输入动态、指导养分管理，微观上可解决具体实际问题，从而增强该方法的实际应用效果。

6.1.1.4 河流磷输出对人类活动净磷输入的响应

人类活动通过农业化肥施用、洗涤剂使用、畜禽养殖、食品消费等过程向生态系统输入了大量的含磷污染物。在陆地生态中，磷的流失一般与两个因素相关，即源因子和迁移因子（Sharpley et al.，2001）。磷易被土壤吸附的特性，其流失一般以颗粒态为主。虽然在一些地区，人类活动净磷输入量大，土壤含磷浓度较高，但由于这些颗粒态磷易被流域景观所拦截，如进入坑塘等低洼区域沉积，较难被运移而进入水体；而在河流生态系统中，磷一般被吸附在泥沙等颗粒物上，由于颗粒物的传输受河道、季节、水文、水动力等过程影响较大，这些含磷颗粒物在水体中传输过程非常复杂。很多物质流和模型的分析方法都曾试图模拟河道磷的传输过程，但结果都不太理想（Withers and Jarvie，2008）。无论是在陆地生态系统，还是水体生态系统，磷的流失和传输过程都十分复杂。这些因素对于河流磷的输入输出过程影响非常大，这就导致了很多学者在"河流磷是否对人类活动净磷的输入是否存在响应，以及是如何响应的"等问题上尚存在一定的争论。

在美国的切丝皮克海湾流域，Russell 等（2008）首次估算了人类活动净磷输入和河流输出的关系，发现两者相关性不显著；随后在伊利湖和密歇根湖（Han et al.，2010）的结果发现，两者存在显著的关系，即输入量越大，河流磷的输出量也越高；在我国的一些流域，Chen 等（2015）发现河流磷的输出是与人类活动输入显著相关的；然而，来自美国加州中央山谷区（Sobota et al.，2011）的研究揭示河流磷的通量与人类活动净磷输入没有任何关联，但是该研究指出河流磷的浓度却与磷输入相关。这些结果说明，河流磷的输出与人类活动输入的响应关系受地区影响较大，很难得出与氮相近（图6-9）的较为普遍的结论。一些学者认为造成河流磷输出与输入响应关系差异的原因是由于多重因素叠加影响造成的，这些因素主要包括土地利用、土壤类型、气候条件、农业生产等（Han et al.，2010）。

6.1.2　人类活动净氮输入

6.1.2.1　人类活动分散源净氮输入量（$NANI_n$）估算方法

本节 $NANI_n$ 的估算方法采用 Howarth 等（1996）提出的方法：人类活动净氮输入量由四个组分构成，氮肥的输入、大气氮沉降、食品/饲料净进口量和作物固氮量。这些输入都代表着进入流域的外来源，而污水排放、动物粪便等不被认为是 NANI 的一部分，主要是因为这些过程不带入新的氮，而是在流域内氮素其他输入的重新分配和循环的过程（Borbor-Cordova et al.，2006；张汪寿等，2014）。

NANI 计算所需的数据来源于各地级市、县级市统计年鉴和农业统计部门。县（市、区）的 NANI 的估计直接采用县市统计数据，各子流域的 NANI 采用尺度转换的方法，即包含在各子流域内各县市 NANI 的面积平均值。

（1）氮肥输入量（N_{chem}）

我国农业生产上含氮化学肥料主要由两大类组成，即氮肥和复合肥。氮肥施用折纯量和复合肥施用折纯的含氮量构成化肥氮的输入。我国的省市统计局统计了氮肥和复合肥折纯量的相关数据，可直接采用。其中复合肥中的氮含量这里采用李书田等（2011）的研究结果，其认为淮河流域所在的江苏等省复合肥的含氮比例大约在35%左右。

（2）食品/饲料氮净输入量（N_{im}）

人类和动物生存都需要食品/饲料，食品/饲料或者来源于当地生产，或由其他地区进口。食品/饲料的跨区转移成为一个流域重要的氮素来源（Boyer et al.，2002）。食品/饲料氮净输入量指的是一个流域生产的氮素产品量与人类和动物氮消费量的差值。当流域生产的食品和动物饲料超过了自给量，这样多余的食品/饲料被出口到其他区域；相反，当一个流域生产的食品和动物饲料不能满足人类和动物消费，则会从其他地区进口食品/饲料。进口时食品/饲料氮输入量为正，出口时食品/饲料输入量为负（Ti et al.，2011）。

食品/饲料氮净输入量（N_{im}）的估算方法为

$$N_{im} = N_{selfo} + N_{selfe} - N_{harv} - N_{liv} \tag{6-2}$$

式中，N_{im} 为食品/饲料氮净输入量 $[kg\ N/(km^2 \cdot a)]$；N_{selfo} 和 N_{selfe} 分别为人类和动物氮消费量 $[kg\ N/(km^2 \cdot a)]$；N_{harv} 为作物产品的氮 $[kg\ N/(km^2 \cdot a)]$；N_{liv} 为供人类食用的动物产品的氮 $[kg\ N/(km^2 \cdot a)]$。

由于这里计算食品/饲料氮净输入量时需要扣除城市居民氮输入量，因此农村地区净氮输入量（N_{r-im}）可由式（6-3）表示

$$N_{r-im} = N_{rural} + N_{selfe} - N_{harv} - N_{liv} \tag{6-3}$$

农村居民食物氮消费量（N_{rural}）和动物食物氮消费量（N_{selfe}）的估算是由流域农业人口或各动物数目乘以相应的年均氮消费量得出。本节中动物的氮消费量来源于 van Horn

（1998）和韩玉国等（2011）的研究成果。魏静等（2008）发现我国的城镇居民和农村居民氮消费量存在很大的差异，她认为城镇居民人均年氮消费量为 4.77kg N/a，而农村居民为 4.31kg N/a。因此，本章的人类食物氮消费区分出城镇居民和农村居民并分别进行计算（表 6-2）。

表 6-2　人和动物的氮消费和消耗

类型	年均氮消费量/（kgN/a）	排泄百分数/%	消耗的氮产品量/（kgN/a）	动物产品含氮量/（kgN/a）
城镇居民	4.77	100	4.77	0
农村居民	4.11	100	4.11	0
猪	16.68	69	11.51	5.17
羊	6.85	84	5.75	1.10
马和牛	54.82	89	48.79	6.03
鸡	0.57	65	0.37	0.20
鸭	0.63	65	0.41	0.22

资料来源：van Horn，1998；韩玉国等，2011。

动物产品主要指肉类、牛奶、鸡蛋等。动物产品的含氮量是由动物消费的饲料氮减去动物排泄等消耗的氮计算得出，各类别产品含氮量的数据见表 6-2。动物产品在运输或储存过程中，大约有 10% 左右因为变质等其他原因而不能食用（韩玉国等，2011），这部分在计算中应扣除。

作物产品的氮含量 N_{harv} 的估算主要采用转换系数乘以总产量。本章选择了淮河流域绝大多数主要农作物作为食物氮的主要来源。具体各作物的转换系数，见表 6-3。

表 6-3　主要农业作物产品的含氮量　　　　　　　　（单位：g/kg）

作物类型	氮含量	作物类型	氮含量	作物类型	氮含量
玉米	14.08	花生	0.80	桃子	19.36
小麦	17.92	马铃薯	0.48	梨	3.20
大豆	56.16	板栗	0.64	柿子	6.72
水稻	11.84	葡萄	16.64	蔬菜	2.72

资料来源：王亚光，2009。

（3）大气沉降量（N_{dep}）

20 世纪中叶以来，随着矿物燃料燃烧、化学氮肥的生产和使用以及畜牧业的迅猛发展等，人类活动向大气中排放的活性氮化合物激增，使得我国的氮沉降问题非常严重（Galloway et al.，2008）。然而，目前我国还未形成完整的大气氮沉降监测网络。估算区域大气氮沉降量需要大量监测站点，在某一个特定研究区，较难获取这些监测数据。因此，国外在大气氮沉降的输入量的估算上大多采用模型模拟的结果（Howarth et al.，1996；Boyer et al.，2002）。

因此，本章的大气沉降量的估算采用模型估算的方法。全球变化前沿研究中心（Frontier Research Center for Global Change，FRCGC）（Yan et al.，2003；Ohara et al.，

2007）发布了亚洲地区氮沉降的数据，这一部分数据采用模型和监测相结合的方法估算了整个亚洲近几十年来干湿硝态氮和氨氮的沉降量。目前，可从 http：//www. jamstec. go. jp/frsgc/research/d4/emission. htm（Regional Emission Inventory in Asia，REAS）下载得到1980~2010年区域 NH_3 和 NO_x 的沉降数据，数据精度为 0.5°×0.5°，在 GIS 平台进行数据切割得到各县市的大气沉降量数据。将对下载的数据与相关学者报道的监测数据进行对比后发现，数据整体偏差不大，可满足精度要求。

此外，估算大气沉降量，还需扣除化肥、有机肥等挥发进入大气的部分。因为来自化肥挥发的 NH_3 再沉降不是新的输入来源，而且有研究指出（Schlesinger and Hartley，1992；Fangmeier et al.，1994；Prospero et al.，1996）氨氮等随空气传播距离和停留时间都比较短，最多仅能在大气中停留几个小时到几个星期的时间，且大多在离排放源不远的距离沉降，迁移距离很小，在局部地区即可完成循环。因此，本章仅认为 NO_x 的沉降为新的输入项。

（4）生物固氮量（N_{fix}）

空气中含有大量的氮，农作物可通过生物固氮作用将其固定在植物体内。固氮作物可分为两大类，即共生固氮作物和非共生固氮作物，各类别作物固氮速率见表 6-4。本章生物固氮量的估算以不同研究单元内土地利用类型的面积与其固氮速率相乘得出。

表 6-4　大豆和花生共生固氮及土壤非共生固氮速率

［单位：kg/（hm² · a）］

作物类别	中国不同地区的固氮速率范围（李书田和金继运，2011）	本书采用的固氮速率
共生固氮作物	—	—
大豆	56.9~180	128.5（鲁如坤等，1996）
花生	45~100	95.6（张思苏等，1989）
非共生固氮作物	—	—
水田	30~62	30（杜伟等，2010）
旱地	15	15（鲁如坤等，1996；Bao et al.，2006）

6.1.2.2　人类活动点源净氮输入（$NANI_p$）的估算方法

人类活动点源净氮输入指由人类活动产生的氮经过直接的方式排放进入水生生态系统中的量，本章中主要指人类活动产生污水排放进入水体中氮量。

本书第 5 章已经估算了淮河流域点源氨氮的排放入河量，本小节重点估算了点源总氮的输入量。点源净氮输入量主要由式（6-4）计算得出

$$NANI_p = (N_{urban} + N_{ind})(1 - I_{sew}I_{rem}) \tag{6-4}$$

式中，$NANI_p$ 为人类活动点源氮输入量［kg N/（km² · a）］；N_{urban} 为城镇居民生活氮输入量［kg N/（km² · a）］；N_{ind} 为工业生产中氮输入量［kg N/（km² · a）］；I_{sew} 为污水处理率

$[\mathrm{kg\ N}/(\mathrm{km}^2 \cdot \mathrm{a})]$；$I_{\mathrm{rem}}$ 为污水处理厂氮去除率（%）。

假设城镇生活污水和工业污水都进入同一个污水处理设施，那么污水处理率可由式（6-5）估算

$$I_{\mathrm{sew}} = \frac{W_{\mathrm{sew}}}{W_{\mathrm{ind}} + W_{\mathrm{urban}}} \tag{6-5}$$

式中，W_{sew} 指污水处理厂的处理量（t/a）；W_{ind} 指工业污水排放量（t/a）；W_{urban} 指城镇生活污水排放量（t/a）。

I_{rem} 对于不同的工艺，去除率相差较大，本章采用 Qiu 等（2010）的研究结果，认为整个淮河流域污水处理系统的平均总氮去除率在 60%。

城镇居民的氮排放（N_{urban}）可由输出系数法估算，即单元内的总人口乘以人均氮排放量。人口数据主要来源于社会经济统计年鉴，人均氮排放量为 4.77kg N/a（魏静等，2008）。

工业生产中的氮排放（N_{ind}）由研究单元内工业污水总量乘以单位体积污水中平均氮含量。工业污水排放量来源于环境统计年鉴，污水中氮含量借鉴前人研究结果，本章中采用 25mg/L 作为工业污水中平均氮浓度（杨龙元等，2003）。这样就大致估算出淮河流域人类活动点源氮的输入。

6.1.2.3 分散源氮的输入的时空分布

（1）时空分布

从 1990~2010 年的 NANI_n 变化来看（表6-5），整体上呈现出了先上升后稳定的趋势。增长时间节点出现在 1990~2001 年，2001~2010 年 NANI_n 变化趋于稳定。其中，1990 年最低，仅为 17 232kg N/（km² · a），2003 年为最高，达到 28 771 kg N/（km² · a），2010 年又回落为 26 415 kg N/（km² · a）。

表 6-5　淮河流域各子流域的人类活动净氮输入量的时间变化

[单位：kg N/（km² · a）]

淮河流域	1990 年	2001 年	2003 年	2005 年	2007 年	2010 年
淮河上游	13 965	22 828	24 020	23 750	21 958	21 627
淮河中游	16 314	25 179	28 487	27 213	24 504	25 788
淮河下游	20 002	25 514	27 185	26 150	26 432	27 266
沂-沭-泗河	18 950	29 193	31 699	31 299	29 740	28 983
全流域	17 232	26 119	28 771	27 891	25 956	26 415

从四个子流域来看，NANI_n 的排序为：淮河下游>沂-沭-泗河>淮河中游>淮河上游。2003 年，淮河发生了新中国成立以来仅次于 1954 年的流域性大洪水，受灾面积达到 5770 万 hm²。这场洪水对淮河中上游的农业造成非常严重的减产，使得 2003 年流域食品进口所带入的氮量非常大，该年淮河流域上游、中游和沂-沭-泗河流域的 NANI 达到极值。

从各县的时空的变化来看（图 6-13），淮河流域整体上呈现出了北高南低，平原高于山区的分布格局，各县 NANI 的时间增长点也表现在 1990～2001 年，进入 2001 年后各县的 $NANI_n$ 分布差别不大，趋于平稳。人类活动净氮输入量最高的地区出现在淮河流域内河南和山东的部分县市，较低的地区位于淮河流域西南部和东北部。$NANI_n$ 的空间分布与淮河流域非点源污染风险分布格局（周亮等，2013）比较接近，说明氮输入量在一定程度上可体现氮的非点源污染流失风险。

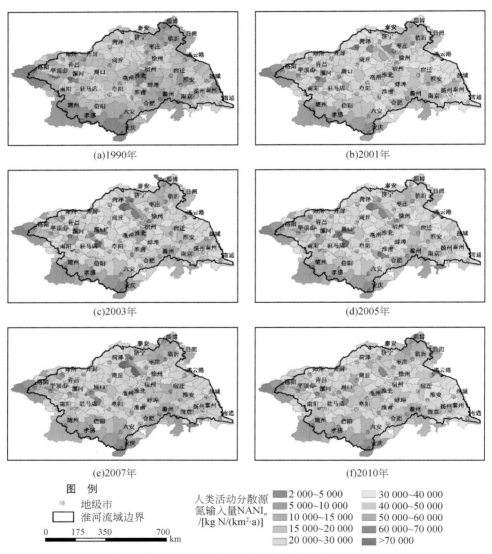

图 6-13　淮河流域 1990～2010 年人类活动分散源净氮输入量的空间分布

为了进一步剖析 $NANI_n$ 的空间分布特征，本章分析了各县居民地比例、人为干扰土地利用的面积比、人口密度以及第一产业比对 $NANI_n$ 的分布格局的影响（图 6-14）。从图中可见，人类活动强度越大（人类活动干扰的土地利用面积越大、人口密度越大）的区县，$NANI_n$越大；第一产业在国民生产总值的比重大于 20% 时，第一产业为重要产业，其比重越大时，$NANI_n$趋向于稳定；当区县的第一产业比小于 20% 时，GDP 构成中主要以第二、第三产业为主，$NANI_n$趋向于增大，说明了产业结构对 $NANI_n$ 存在一定的影响，合理调整产业结构可在一定程度上减少 $NANI_n$。

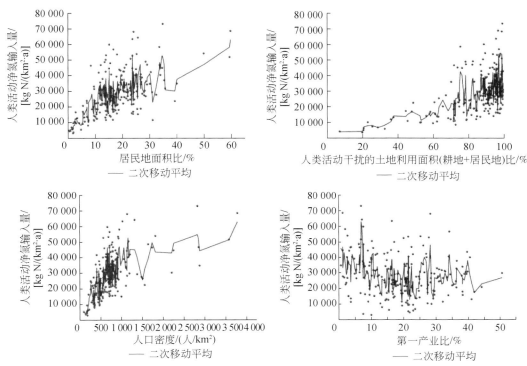

图 6-14　各县的居民地面积比例、耕地+居民地面积比、人口密度、
第一产业比对 NANI 分布的影响（以 2010 年为例）

（2）$NANI_n$输入来源及动态

1990 ~ 2010 年淮河流域各子流域的 $NANI_n$ 输入来源及其变化，如图 6-15 所示。从图可见，化肥输入和大气氮沉降是淮河流域生态系统中最重要的两个输入来源，共占整个流域氮输入总量的 80% 以上。且两者在流域氮输入的贡献比例上都表现出了比例上升的趋势。由于粮食增产，食品饲料氮输入量不断减小，多数子流域已由净进口转变为净出口。

从全流域来看，氮肥输入的比重由 1990 年的 64% 上升至 2010 年的 77%，大气沉降也由 1990 年的 16% 上升至 2010 年的 19%，而生物固氮量贡献比例保持稳定，基本维持在 8% 左右，食品饲料净氮量的比例减小，整体上已由 7% 的氮输入量转变为 3% 的氮输出量。

从各子流域来看，各 $NANI_n$ 的输入来源表现出一定差异。1990 ~ 2010 年淮河流域上游农业产量大幅提高，其食品饲料进口量大幅削减。2010 年食品饲料的输入比例锐减；淮河流域中游为农业主产区，由于粮食增产的压力，化肥输入的贡献明显增大；淮河流域下游

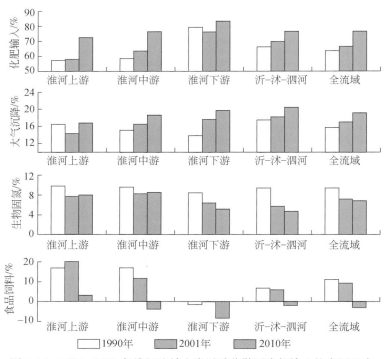

图 6-15　1990 ~ 2010 年淮河流域人类活动分散源净氮输入的来源组成

和沂-沭-泗河子流域第二、第三产业发达，城市发展速度较快，大气氮沉降输入的贡献增幅明显。

　　张汪寿等（2014）汇总了当前 NANI 的相关研究，得出主要流域化肥带入的氮素占79.0%，作物固氮占17.6%，食品/饲料净氮量为−14.5%（食品/饲料进口量−食品饲料出口量），而大气沉降占15.7%左右。全球面积平均的氮输入量（Galloway et al.，2004）为1570.47kg N/（km² · a），其中氮肥占671.14kg N/（km² · a），氮沉降为687.92kg N/（km² · a），作物固氮为211.41kg N/（km² · a）。国外目前报道氮的输入量最高的地区为英国的流域，20 世纪 90 年代的 NANI 达到 11 590 kg N/（km² · a）（Howarth et al.，2011），国内最高的为上海市，2009 年达到 24 896 kg N/（km² · a）（Han et al.，2014）。

　　淮河流域为目前现有研究报道中最高氮输入量最高的地区，2010 年仅分散源氮输入量就达到全球氮输入平均水平的 16.8 倍，是英国流域的 2.3 倍，是上海市的 1.1 倍。淮河流域大量的氮被源源不断地输入流域生态系统，如何在保持当前社会经济的增长速度下最大限度地削减氮的输入，成为控制水污染和降低流域生态风险非常重要的科学问题。

6.1.2.4　点源氮的输入的时空分布

　　本书在第 5 章中展示了点源氨氮的空间分布及变化情况，本小节重点关注点源总氮的输入。由于统计数据的限制，仅统计了 2003 ~ 2010 年人类活动点源氮的输入情况。

　　从空间分布上可以看出（图 6-16），人类活动点源总氮输入强度较大的地区分布在河南漯河，安徽阜阳、淮南和蚌埠，以及江苏和山东的部分市县。总体上呈现出北高南低，东高西低的分布格局。

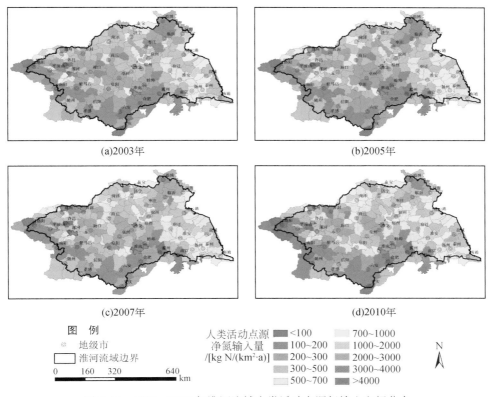

(a)2003年

(b)2005年

(c)2007年

(d)2010年

图　例

⊛ 地级市

▭ 淮河流域边界

0   160   320   640
km

人类活动点源
净氮输入量
/[kg N/(km²·a)]

■ <100   ▨ 700~1000
■ 100~200   ▨ 1000~2000
■ 200~300   ▨ 2000~3000
■ 300~500   ▨ 3000~4000
▨ 500~700   ■ >4000

N
▲

图 6-16　2003~2010 年淮河流域人类活动点源氮输入空间分布

6.1.2.5　流域人类活动输入的氮物质流分析

通过对整个淮河流域人类活动净氮的物质流分析发现（图6-17），作物系统共输入了 24 353 kg N/（km²·a），占 NANI 的 90%，以农业产品输出了 6293 kg N/（km²·a），剩余 18 060 kg N/（km²·a）以作物秸秆、土壤储存等系统截留在作物系统中，总体上氮素利用率仅为 26%；这些农业产品氮以食品或饲料的形式进入牲畜和人类系统中。牲畜通过对氮的摄入，输出氮产品量为 2328kg N/（km²·a），剩余的 4736 kg N/（km²·a）以粪便等形式排放，牲畜系统氮素利用率为 33%；城镇人口所需的氮量为 614kg N/（km²·a），为农业人口所需氮量的 29%；点源系统中，城镇生活污水排放的氮中，大约有 295kg N/（km²·a）进入污水处理厂，而剩余的 319kg N/（km²·a）直接排放进入水体。工业点源排放的氮有 72kg N/（km²·a）进入污水处理厂，而剩余的 77kg N/（km²·a）未经处理直接排放。

以上结果表明作物系统和牲畜系统的氮利用率非常低，仅为 30% 左右。如果提高作物和牲畜系统的氮利用率，整个淮河流域氮输入量会得到非常大的削减。因此，在氮污染管理上，需要重点关注农业径流和牲畜养殖的过度氮输入所带来的污染。在实际操作中，可通过对施肥方式、时期、施肥量等调控，保障农业产量的同时，减少其对环境的影响；牲畜养殖上，一方面需要改良牲畜的营养配比，提高牲畜对氮磷等污染物的吸收，减少排放，另一方面需加强对末端养殖废水的处理，对粪便等进行资源化，以有机肥的形式重施，这样可在一定程度上减少对传统化学肥料的依赖。除此之外，还需提升整个淮河流域的污水处理率，减少污水直排，加强污水处理力度，尤其是生活污水的处理和收集力度，可更大限度地提升区域水质。

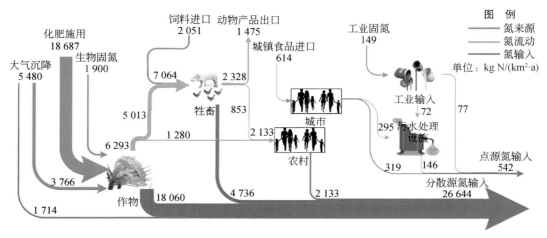

图 6-17　淮河流域人类活动输入的氮物质流动图

6.1.3　人类活动净磷输入

6.1.3.1　人类活动净磷输入量估算方法

人类活动净磷输入（NAPI）的估算是参考人类活动净氮输入的估算体系。研究中以每个研究单元为基础，计算磷的净输入与输出，如图 6-2 所示。其中包括化肥磷的输入、种子磷的输入、食品/饲料磷的输入和非食物磷的输入。污水处理不是新的磷输入来源，只是磷的重新分配或回收。根据以往研究结果，本章发现磷的污染来源主要是非点源污染，因此在磷的估算体系中不区分人类活动产生的污染物进入水体的途径。

（1）化肥磷的输入

磷是作物生长不必要营养元素。在目前的农业生产管理方式中，通过施用大量的磷肥料是提高作物产量的有效手段，为此农业磷肥的施用就是磷累积的另一个重要来源。每种含磷肥料，根据施用量，通过含量和分子量折纯成磷的质量。目前我国的磷肥的含磷量（P2O5）在 12%～18%（张允湘，2008），本章中取 15%，同时根据分子量进行计算每吨 P2O5 含磷 436.4kg。

（2）食品/饲料磷的输入

人类和动物的生存需要大量的食物或饲料，因此净人类食物和动物饲料的磷也是 NAPI 的重要组成部分。人类食物和动物饲料与农产品是密不可分的，计算中采用 Russell

等（2008）的方法来估算这一项，其算法为如下，净人类食物和动物饲料的磷输入/输出=人类食物和动物饲料的磷-供人类食用的动物产品的磷-作物产量。

1）食物和饲料消费

假设磷在人体内不积累（人体内只存在磷的新旧更替），即人类摄入的磷完全被排泄出来。根据武淑霞（2005）等人研究，我国人均年消耗食物的含磷量为0.52kg，动物消耗的食物含磷量是每个个体排泄物和其本身质量增加两项含磷量之和。动物本身的质量增加的磷的百分数来源于 van Horn（1998），具体见表6-6。

表6-6 动物和人的磷消费和消耗 ［单位：kg P/（人·a）］

类型	消耗的磷产品量	排泄的百分数/%	消费量磷产品总量	动物产品
猪	3.17	0.69	4.59	1.42
马和牛	9.78	0.89	10.99	1.21
鸡	0.12	0.65	0.18	0.06
鸭	0.22	0.65	0.34	0.12
羊	1.06	0.84	1.26	0.20
人	0.52	1	0.52	0

2）作物产量

研究中选择了大白菜和20种主要农作物的磷含量作为作物磷来源的计算依据（表6-7）（王亚光，2007）。由于不同蔬菜含磷量略有不同，采用大白菜代表所有的蔬菜，而其他20种农作物基本涵盖了淮河流域内的所有农产品，用不同作物的含磷量与其产量相乘就是其最后的含磷量，其作物产量的数据来源于淮河流域内各个区县统计局和农业统计部门。

表6-7 农业作物产品的磷含量 （单位：g/kg）

作物类型	磷含量 P	作物类型	磷含量 P
玉米	2.44	葡萄	0.13
小麦	1.88	桃子	0.14
大豆	4.65	梨	0.13
水稻	1.1	西瓜	0.12
谷子	2.99	杏	0.15
高粱	3.29	核桃	2.94
花生	2.5	杏仁	0.27
马铃薯	0.4	枣	0.51
板栗	0.89	山楂	0.24
苹果	0.12	蔬菜	0.3

3）动物产品

动物产品包括肉类、牛奶、鸡蛋等。通过动物摄入的饲料的磷减去动物排泄物的含磷量作为动物产品的含磷量的值，见表6-6。根据 Liu 等（2013）的研究成果，中国目前的食品浪费平均为 7.3% 。因此，本章假设因为变质或者其他原因引起的不能食用的食物为总产量的 7.3% 计算。

（3）非食物磷

非食物性磷主要是指人类日常生活中使用的含磷的洗涤用品等。2007~2009 年，我国环境保护部组织第一次全国污染普查，并形成了城镇生活产排污系数手册。该手册根据地域划分为五个区域并形成了各个地区的排污系数。本章依据普查报告的结果最终计算得出各个区域非食物磷的排放量。淮河流域每人每年非食物磷的排放量在 0.23~0.42kg。

（4）种子磷

淮河流域作为中国的重要粮食产区，种子磷的输入不容忽视。七大类主要的农作物及蔬菜用来估算种子磷的输入量。由于蔬菜类种子的磷含量差异不大，因此本章选取大白菜的种子磷作为蔬菜类种子磷的输入。各作物种子磷的输入，见表6-8。

表6-8 各作物种子磷的输入

作物类别	种子磷含量/(g/kg)	种子磷的输入/(kg/km²)	作物类别	种子磷含量/(g/kg)	种子磷的输入/(kg/km²)
水稻	1.82	6.43	高粱	3.29	5.96
小麦	3.02	23.81	花生	0.32	0.58
玉米	2.54	4.53	棉花	0.22	0.04
大豆	4.91	8.9	蔬菜	0.34	0.03

6.1.3.2 人类活动净磷输入量的时空分布

从 1990~2010 年的 NAPI 变化来看（表6-9），整体上呈现出了先上升后稳定的趋势。增长时间节点出现在 1990~2003 年，平均增幅在 1.5 倍左右。2003~2010 年 NAPI 趋于稳定。其中，1990 年最低，仅为 2007kg P/(km²·a)，2003 年为最高，达到 3182 kg P/(km²·a)，2007 年最低，为 2176 kg P/(km²·a)。

从四个子流域来看，NAPI 的排序为淮河中游>淮河上游>沂–沭–泗河>淮河下游。淮河流域中游的 NAPI 最高，这主要是因为流域中游是粮食的主产区，农户磷的施用强度比较大。

表6-9 淮河流域各子流域的人类活动净磷输入量的时间变化 　　　　　[单位：kg P/（km²·a）]

区位	1990 年	2001 年	2003 年	2005 年	2007 年	2010 年
淮河上游	1493	2742	2954	3112	2817	2857
淮河中游	2317	3288	3536	3277	2789	2936
淮河下游	1830	2607	2594	2491	2470	2602
沂–沭–泗河	1757	2794	2907	2865	2650	2606
全流域	2007	3006	3182	3050	2716	2793

从各县的时空的变化来看（图 6-18），淮河流域整体上呈现出了北高南低，平原高于山区的分布格局，各县 NAPI 的时间增长点也表现在 1990～2003 年，进入 2003 年后各县的 NAPI 分布差别不大，趋于平稳。人类活动净磷输入量最高的地区出现在淮河流域内河南和江苏的部分县市，较低的地区位于淮河流域西南部和东北部。从图中也可以发现，NAPI 的空间分布与 NANI 的空间分布比较接近，说明磷输入量比较大的地区往往氮的输入量比较大，这些区域往往存在较大的氮磷流失风险。

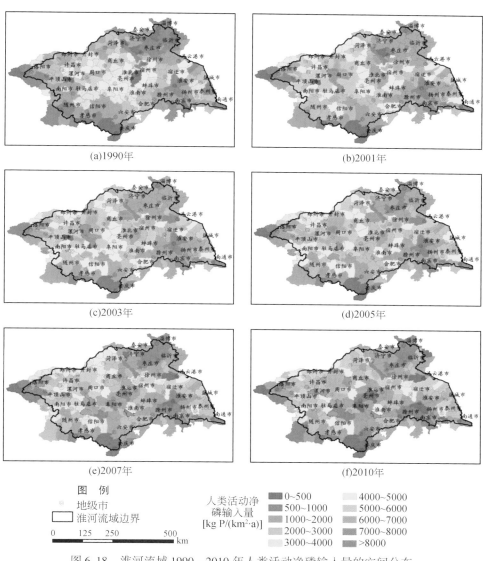

图 6-18　淮河流域 1990～2010 年人类活动净磷输入量的空间分布

6.1.3.3 人类活动净磷输入量输入来源

1990～2010 年淮河流域各子流域的 NAPI 输入来源及其变化如图 6-19 所示。从图可见，化肥输入和食品饲料磷的输入是淮河流域生态系统中最重要的两个输入来源，共占整个流域磷输入总量的 90% 以上。其中化肥输入在流域磷输入的贡献比例上都表现出了上升的趋势。由于粮食产量增产，食品饲料磷输入量不断减小，多数子流域已由净进口转变为净出口。其中淮河下游较为明显。

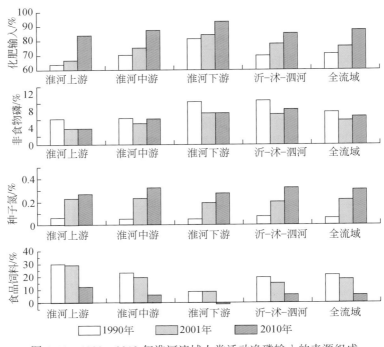

图 6-19　1990～2010 年淮河流域人类活动净磷输入的来源组成

从全流域来看，磷肥输入的比重由 1990 年的 70% 上升至 2010 年的 87%，其他的输入来源占 NAPI 的比例有减少。其中食品净输入的比例减少最为明显。1990 年食品/饲料净进口带来的输入量占 21%，2010 年该比例下降至 6%，说明了淮河流域的磷随着产品的出口日益成为磷输出的重要归宿。相比之下，非食物磷的比例也有所下降，1990 年流域平均为 8%，随着磷洗涤用品的控制，该比例下降了 1.5 个百分点。种子磷的输入是所占比例最小的输入，仅占 NAPI 的 0.3%。可忽略不计。

从各子流域来看，各 NAPI 的输入来源表现出了一定差异，这主要与区域产业结构有关。例如，淮河流域中下游为农业主产区，农业产量较高，不仅可满足当地居民生产生活所需，多余的部分还大量出口。2010 年淮河流域下游实现了食品磷的净进口转变为净出口。总体上，各子流域的 NAPI 空间分布格局与 NANI 较为类似。

6.1.3.4　淮河流域人类活动输入的磷物质流分析

通过对整个淮河流域人类活动磷的物质流分析发现（图6-20），作物系统共输入了 2363kg P/（km² · a），占 NAPI 的 80%，以农业产品输出了 657kg P/（km² · a），剩余 1696kg P/（km² · a）以作物秸秆、土壤储存等系统截留在作物系统中，总体上磷元素利用率仅为 28%，略高于氮的利用率；这些农业产品磷以食品或饲料的形式进入牲畜和人类系统中。牲畜通过对磷的摄入，输出产品含磷量为 679kg P/（km² · a），剩余的 729kg P/（km² · a）以粪便等形式排放，牲畜系统磷元素利用率为 48%，要明显高于氮素的利用率；居民所需的磷量为 329kg P/（km² · a），占总输入量的 11%。

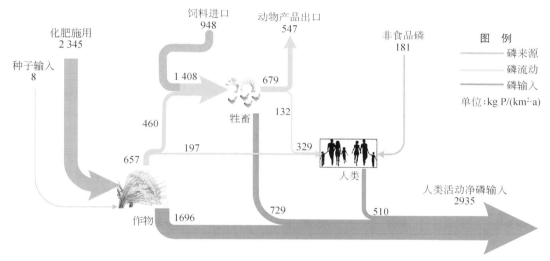

图 6-20　淮河流域人类活动输入的磷物质流动图

该结果表明作物系统的磷利用率非常低，仅为 28%。在磷污染管理上，需要重点关注农业径流尤其是农业土壤流失所带来的污染。此外由于淮河流域养殖规模非常大，牲畜养殖磷的排放造成的污染不容忽视。

6.2　河流氮磷输出

为了更好地把握流域氮磷污染动态，首先需要回答一个重要问题——淮河干流和主要支流年负荷量是多少？研究该问题可系统了解氮磷的时空动态及演变趋势，掌握河流污染程度及重污染区的空间分布，进而为保障水质安全及水环境保护政策的制定提供科学依据。本小节采用 LOADEST 模型估算了淮河干流及主要支流的污染物通量。通量估算的结果一方面可辅助第 6 章水质评估结果，揭示氮磷污染物是如何在流域各水系间进行传输和相互影响的；另一方面可为后面小节的相关研究提供数据支持。

6.2.1 河流氮磷通量估算方法

6.2.1.1 基本原理和流程

通量估算采用美国的 LOADEST 模型（http：//water. usgs. gov/software/loadest/）进行估算。LOADEST 模型具体的估算原理和流程如下。

（1）方程的建立和优选

污染物通量指一定时间内通过河流某断面的污染物总量，可表示为

$$L_\tau = \int_0^\tau QC\mathrm{d}_t \tag{6-6}$$

式中，L_τ 为 τ 时段内断面污染物通量；Q、C 为流量和污染物浓度随时间变化的函数。

但一般污染物浓度很难进行连续监测，因此一般对式（6-6）进行简化：

$$\hat{L}_\tau = \Delta t \sum_{i=1}^{NP} (\hat{Q}C)_i = \Delta t \sum_{i=1}^{NP} \hat{L}_i \tag{6-7}$$

式中，$\hat{L}_i$ 为瞬时污染物通量；$\hat{L}_\tau$ 为 τ 时段内污染物通量；Δt 为时间间隔；NP 为离散时间间隔数。

LOADEST 模型利用多元线性回归进行河流污染物通量（L_τ）的估算：

$$\ln(\hat{L}) = a_0 \sum_{j=1}^{NV} a_j X_j \tag{6-8}$$

$$\hat{L}_{RC} = \exp\left(a_0 + \sum_{j=1}^{M} a_j X_j\right) \tag{6-9}$$

式中，a_0、a_j 为方程系数；X_j 为自变量；NV 为自变量个数。

模型提供了 11 个污染物通量回归方程，并通过 Akaike 信息准则（akaike information criterion，AIC）和 SPPC 准则（schwarz posterior probability criteria）进行优选式，取得最小 AIC 值和 SPPC 值的为最优的污染物通量回归方程，可用于污染物通量的估算。

$$AIC = -2\ln[L(D/\hat{\theta})] + 2m \tag{6-10}$$

$$SPCC = -2\ln[L(D/\hat{\theta})] + \ln(n)m \tag{6-11}$$

式中，$L(D/\hat{\theta})$ 为数据组 D（x_i，$i=1$，n）的最大似然值；$\hat{\theta}$ 为方程参数最大似然估计值；m 为方程参数个数；n 为用于方程参数估值的数据组数。

此外，由于实验条件的限制或者历史信息的不准确性，水质数据中会存在不是特定的值，而是落在某一个特定观测区间内，或者小于、大于某门槛值，这类数据称为删失型数据（censored data），考虑到这个因素，LOADEST 模型使用 Tobit 回归对这类数据的回归进行处理。

（2）方程的参数估值

LOADEST 模型提供 3 种参数估值的方法（表 6-10）：最小方差无偏估计（minimum variance unbiased estimate，MVUE）、渐进极大似然估计（adjusted maximum likelihood estimation，AMLE）、最小绝对偏差方法（least absolute deviation，LAD）。

表 6-10　LOADEST 模型提供的参数估值方法

类型	删失型数据	非删失型数据	
残差正态分布	AMLE		MVUE
残差非正态分布		LAD	

根据残差是否正态分布,是否存在删失型数据而采用不同的估值方法:当残差服从正态分布,删失型数据回归采用相对稳健的 AMLE 进行参数估值式,非删失型数据采用 MVUE 进行参数估值式;当残差不服从正态分布,LAD 可进行删失型数据和非删失型数据的参数估值式。

$$\hat{L}_{AMLE} = \exp\left(a_0 + \sum_{j=1}^{M} a_j H_j\right) H(a, b, s^2, \alpha, \kappa) \tag{6-12}$$

$$\hat{L}_{MVUE} = \exp\left(a_0 + \sum_{j=1}^{M} a_j X_j\right) g_m(m, s^2, V) \tag{6-13}$$

$$\hat{L}_{LAD} = \exp\left(a_0 + \sum_{j=1}^{M} a_j H_j\right) \frac{\sum_{k=1}^{n} \exp(e_k)}{n} \tag{6-14}$$

式中,$\hat{L}_{AMLE}$、$\hat{L}_{MVUE}$、$\hat{L}_{LAD}$ 分别为利用 AMLE、MVUE、LAD 方法估算的污染物通量;a_0、a_j 为通过不同方法计算出的回归方程参数;$g_m(m, s^2, V)$ 为 Bessel 函数;$H(a, b, s^2, \alpha, \kappa)$ 为无穷级数的似然逼近函数;a、b、V 为自变量函数;α、κ 为 gamma 分布的参数;m 为自由度;s 差方差;e_k 为残差误差;n 为用于方程率定的数据中删失型数据的个数。

(3)　方程的检验

优选出的回归方程须通过下列检验以证明其有效性。

1)　通过判定系数(R^2)反映方程总体的拟合效果,R^2 越接近 1,表明拟合程度越好,通过 t 检验判定方程的偏回归系数和常数项是否具有统计学意义。

2)　残差序列相关系数(serial correlation of residuals,SCR)用于检验残差是否存在序列相关性,SCR 值越小,说明残差之间相互独立;对于非删失型数据适用于概率曲线相关系数(probability plot correlation coefficient,PPCC)检验其残差正态分布,相关系数越接近 1,说明越接近正态分布;Turnbull–Weiss statistic 适用于删失数据残差的正态性检验,P 值越小说明其符合正态分布。

3)　多重共线性会使回归分析的结果受到影响,模型利用相关系数判定自变量之间是否存在相关性,若存在相关性,则通过自变量中心化(centering)来消除其多重共线性:

$$\tilde{T} = \bar{T} + \frac{\sum_{k=1}^{N}(T - \bar{T})^3}{2\sum_{k=1}^{N}(T - \bar{T})^2} \tag{6-15}$$

$$\bar{T} = \frac{1}{N}\sum_{i=1}^{N} T_i \tag{6-16}$$

式中,$\tilde{T}$ 为经过中心化之后的数值;N 为用于参数率定的观测数据个数;$\bar{T}$ 为数据均值。

6.2.1.2 模型输入输出简介

为了更好地展示 LOADEST 模型估算结果，本小节选取了淮河干流上游长台关监测站点为案例来说明模型估算过程。LOADEST 模型输入由四类文件构成，即 control. inp、header file，calibration file 和 estimation file（图 6-21）。control. inp 文件记录了头文件（header file）、验证文件（calibration file）和估算文件（estimation file）的顺序和命名（图 6-22）；头文件（header file）用于设定模型估算参数设定（图 6-23）；验证文件（calibration file）用来验证模拟效果（图 6-24）；估算文件（estimation file）用于读取模型输入数据（图 6-25）。各文件中具体的参数具体含义可参见 Runkel 等（2004）。

最后通过结果运行，我们可以生成长台关站点逐日的污染物通量。echo. out 文件展示模型输入的各参数值；constituent output files（. out）主要输出所采用的模型、显著性检验、模型参数取值、预测误差等信息；residual output files（. res）输出估算残差等信息；individual load files（. ind）输出优化后逐日通量结果，本小节仅采用多年平均通量或逐年通量数据来进行后续的分析。

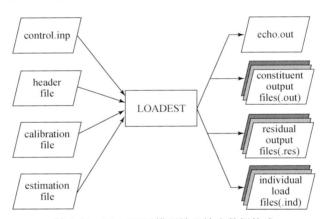

图 6-21 LOADEST 模型输入输出数据构成

```
##############################################################
#
#   LOADEST control file
#
#
#   line        name of the:
#   ----        --------------
#   1           header file
#   2           calibration file
#   3           estimation file
#
##############################################################
1  header.inp
2  calib.inp
3  est.inp
```
Record Type

图 6-22 LOADEST 模型控制文件的组成

```
#################################################################
#
#   LOADEST Header File
#
#   Chang taiguan Station, Huai River
#
#################################################################
Chang taiguan Station, Huai River
1               |       PRTOPT (col.1-5)
3               |       SEOPT (col.1-5)
0               |       LDOPT (col. 1-5)
#################################################################
#
# model number, MODNO (col.1-5)
#
#################################################################
0
#################################################################
#
# number of constituents, NCONST (col.1-5)
#
#################################################################
1
#################################################################
#
#   Unit flags and constituent names, for I=1,NCONST
#
#                                               Unit Flags
#CNAME                                          Conc Load
#                                                 |    |
#################################################################
changtaig                                         1    1
```

图 6-23　LOADEST 模型头文件

```
#################################################################
#
#   LOADEST Calibration File
#
#   Chang taiguan Station, Huai River
#
#   Note: Sample dates (CDATE) were extracted from the decimal times
#         given by Helsel and Hirsch (2002).  Sample times (CTIME) are
#         arbitrarily set to '1200' and do not reflect the actual
#         sample times.
#
#################################################################
#
#CDATE       CTIME      CFLOW      CCONC
#
#################################################################
20030207     1200       125.367      0.06
20030512     1200       1126.538     0.06
20030729     1200       1140.664     0.34
20031008     1200       2493.215     0.06
20040201     1200       276.514    0.1
20040310     1200       262.388      0.06
20040510     1200       99.587     0.04
20040707     1200       575.629    0.02
20040908     1200       1730.419     0.13
20041103     1200       173.042    0.01
20050105     1200       270.51     0.15
20050302     1200       209.769    0.01
20050504     1200       815.769    0.02
20050704     1200       738.077    0.02
20050907     1200       2761.607     0.12
20051102     1200       469.685    0.01
20060104     1200       217.185    0.1
20060301     1200       199.881      0.06
20060511     1200       1991.747     0.42
20060703     1200       2419.055     0.45
```

图 6-24　LOADEST 模型验证文件

```
#######################################################################
#
#  LOADEST Estimation File
#
#  Chang taiguan Station, Huai River
#
#  Note: Sample dates (CDATE) were extracted from the decimal times
#        given by Helsel and Hirsch (2002).  Sample times (CTIME) are
#        arbitrarily set to '1200' and do not reflect the actual
#        sample times.
#
#######################################################################
#
#  Number of observations per day, NOBSPD (col. 1-5)
#
#######################################################################
1
#######################################################################
#
#  EDATE     ETIME      EFLOW
#
#######################################################################
20030101   1200       212.241
20030102   1200       191.759
20030103   1200       191.759
20030104   1200       184.696
20030105   1200       177.633
20030106   1200       177.633
20030107   1200       166.332
20030108   1200       164.213
20030109   1200       164.213
20030110   1200       164.213
20030111   1200       158.563
20030112   1200       152.559
20030113   1200       147.615
20030114   1200       142.671
```

图 6-25　LOADEST 模型估算文件

6.2.2　河流氨氮通量

本小节采用 LOADEST 模型方法，估算了淮河流域多年平均（2003 ~ 2010 年）河流氨氮的年通量。通量估算主要采用了淮河流域上游源头、中游及下游汇入洪泽湖之前的 7 个代表性监测断面。由于沂-沭-泗河水系河流湖库拓扑关系复杂，加上水文水质同步监测的断面较少，本小节未对沂-沭-泗区的水系进行分析。

从淮河干流各监测断面来看（图 6-26），各断面的年均通量与河段长度表现出极显著

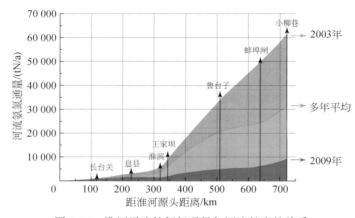

图 6-26　淮河干流的氨氮通量与河流长度的关系

的线性回归关系（$p<0.001$）。该结果说明随着河流长度越大，监测的河流氨氮通量也越大。对于不同的水文年型，河流氨氮通量差异巨大，如在小柳巷站点，丰水年氨氮通量（2003 年）达到了枯水年（2009 年）的 6 倍以上。这主要是由于在丰水年，由于降雨量的增大，地表积累的很多污染物被大量冲刷。这些污染物大量进入小柳巷下游的洪泽湖，可能对其生态环境产生恶劣的影响。

从整个流域来看（图 6-27），淮河干流多年平均的氨氮通量达到 31661 t N/a，这些氨氮最终经小柳巷汇入洪泽湖。从各个支流的贡献比来看，淮河流域上游各个干流、支流氨氮贡献量较少，如淮河上游源头（长台关站以上）仅贡献了 1.8% 的总负荷、浉河（南湾站以上）贡献了 0.4%、竹竿河（竹竿铺站以上）贡献了 1% 左右的负荷；淮河干流王家坝站监测的年通量达到 6623 t N/a，这些负荷大部分由洪河贡献；进入中游后，污染物通量显著变大，其中沙颍河（界首站以上）贡献量达到 32%，这是造成淮河流域中游氨氮通量显著增大的重要原因；在淮河中下游的蚌埠闸至小柳巷区间，一些支流也贡献了较大的氨氮负荷，贡献比例达到 28.6%。

总体上，这些结果说明了淮河流域的氨氮污染问题主要集中在中下游，几条支流对河流氨氮的影响较大，较为有代表性的为沙颍河。因此，在氨氮负荷管理上应关注沙颍河水质以及蚌埠闸−小柳巷区域内点源和非点源的综合整治。由于数据监测的限制，一些河流的氨氮负荷是由河流的汇水拓扑关系进行反推得出（如明河、小潢河、白鹭河等），在反推时由于没有考虑水体的自净、截留和降解等作用，通量估算存在一定程度的误差。

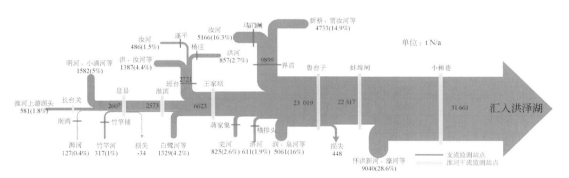

图 6-27　2003～2010 年淮河流域各子流域出口平均氨氮通量

6.2.3　河流总磷通量

从淮河干流各监测断面来看（图 6-28），各断面的年均通量与河流长度表现倒"U"形的关系。该结果说明随着河流长度越大，监测的河流总磷通量表现出先增大后减小的趋势。这表明淮河干流的总磷在中下游河段表现为净积累，大量的磷可能被截留而进入沉积物中；对于不同的水文年型，河流总磷通量差异巨大，差异最大的监测断面出现在小柳巷的上游断面−蚌埠闸。该断面丰水年氨氮通量（2003 年）达到了枯水年（2009 年）的 3倍以上。由于下游的河面变宽，水流流速减缓，小柳巷控制断面丰水和枯水年总磷通量差异较小，丰水年为枯水年的 2 倍左右。

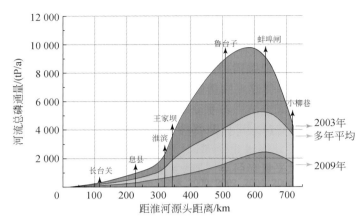

图 6-28　淮河干流的总磷通量与河流长度的关系

从多年平均（2003～2010 年）来看，淮河干流最大的磷通量可达到 5974t P/a，通量最大的站点位于淮河干流蚌埠闸处。自蚌埠闸至小柳巷河段，由于无大量的河流磷的汇入，河流磷表现为净损失。损失量达到 2367t P/a，这样大约有 3607t P/a 的磷最终汇入洪泽湖。

从各个支流的贡献率上看（图 6-29），淮河上游各支流贡献比均较低。例如，淮河上游源头（长台关站以上）仅贡献了 3.0% 的总负荷，浉河（南湾站以上）贡献了 0.2%，竹竿河（竹竿铺站以上）贡献了 0.8% 左右的负荷；淮河干流王家坝站监测的年通量达到 2239t/a。进入中游后，污染物通量显著变大，其中沙颍河（界首站以上）贡献量达到 34%，这是造成淮河流域中游氨氮通量显著增大的重要原因；在淮河干流鲁台子至蚌埠闸区间，涡河贡献了较大的总磷负荷，贡献比例达到 31.2%。进入蚌埠闸以后，由于无大型河流汇入，河流磷呈现出显著的下降趋势，损失率接近 40%。这主要是因为淮河干流在中下游河面变宽、水流流速变缓，使得泥沙等颗粒态污染物易沉积，而磷易被吸附的特点，导致大量的磷随着泥沙的沉积而被截留。淮河流域几个大型支流——洪河、沙颍河和涡河都贡献了较高的总磷负荷，在管理上应该注重加强这些支流流域的水土保持工作，降低水

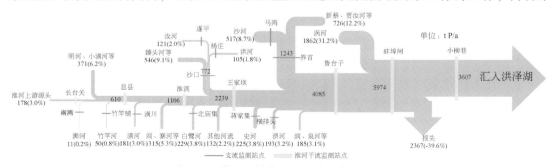

图 6-29　淮河流域各子流域出口氨氮通量

体流失。此外还应注重对点源的管理，如通过加强污水处理，提升各支流水质，最终减低其对淮河干流水质的影响。

6.3 流域人类活动输入与社会发展的关系

淮河流域是目前现有研究报道中氮磷输入强度最大的地区，2010 年人类活动净氮输入量达到全球平均水平的 16.8 倍，是英国流域的 2.3 倍，是上海市的 1.1 倍。根据第 5 章研究结果发现，2010 年氮磷输入量分别达到 1990 年的 1.5 倍。如此高强度的输入下，氮的输入量仍保持着如此快速的增幅。淮河流域成为世界上独特的氮磷高输入、高增幅的流域之一。为了更好地对氮磷输入进行管理，迫切需要摸清这种如此快速氮磷输入增产的内在驱动力是什么？

1990～2010 年，淮河流域粮食产量由 6 414×10⁴ t 增长到 10 121×10⁴ t（增幅为 58%），城市化率由 13% 增长到 35%（涨幅为 22%），这种的典型的"中国速度"是如何驱动氮磷输入流域生态系统？这些社会驱动力又是否会加速氮磷的输入？

6.3.1 社会驱动力的辨识

在本小节中，氮磷输入的社会驱动力主要指影响氮磷输入社会经济类因子，如近些年较为突出的快速城市化和持续的粮食生产需求等（图 6-30）。这些因子体现了导致氮磷输入变化的人为驱动因此，不包括自然的输入变化（如植被固氮导致的输入、闪电固氮输入等）。粮食需求主要是由于人口的快速增长和人类对物质生活水平的追求所推动。人口数量的增加必然会拉动食品消费量的上升，然而区域粮食的产量并不能完全满足当地需求，这就会导致一方面区域通过各种途径（如增施化肥、改良耕作技术等）来提高当地产量，另外一方面通过加大食品从其他地区运移来满足消费；而生活水平的提升，也会带来饮食结构的变化，如当地居民根据经济状况加大对高蛋白高热量食物的摄入，从而进一步加剧了当地对食品的供需矛盾。

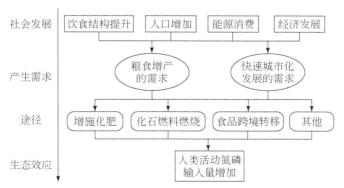

图 6-30 氮磷输入的社会驱动力概化图

快速城市化发展的需求的产生主要源于人们对能源需求、生活便利、生活质量的追求。快速城市化会推动农村人口向城市人口流动，随之必然会导致饮食结构的波动，也加大了对能源的依赖。如果城市化快速发展的同时，环境管理设施未能同步建设，将会导致污染物呈现爆发式增长，这些在一定程度上也会增加人类活动的氮磷输入。

6.3.2 研究单元和数据分析

国内其他相关研究进行人类活动净氮/磷输入输出分析时，多采用流域单元进行。为了更好地与其他研究区进行对比分析，本小节在研究粮食产量的生态效应时，将整个淮河流域划分为 30 个子流域，研究时主要以这些流域为基本研究单元；而分析城市化对氮磷输入输出影响时，本小节以淮河流域涵盖的 207 个县级行政单元为分析单元（图 6-31）。这样，通过对自然和社会不同层面的氮磷输入的研究，一方面可更好地了解自然边界下氮磷输入情况，对比淮河各子流域输入量与全球其他流域的差异，另一方面可与区域环境管理结合，给出基于行政管理单元的政策建议。

在分析方法上，主要有 3 大类，即单因子方差分析（One-way ANOVA）、线性回归分析和局部加权回归散点平滑（LOWESS）分析。

One-way ANOVA 用于比较不同年份间氮输入是否存在显著性差异；线性回归分析和局部加权回归散点平滑（LOWESS）分析主要来提取粮食增产和快速城市化发展的负面生态效应。

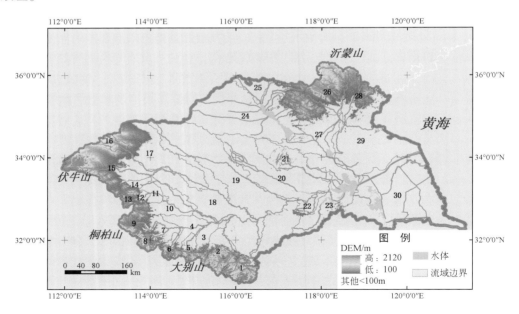

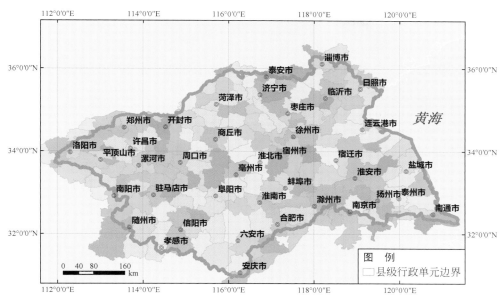

图 6-31　研究粮食产量的 30 个子流域和研究快速城市化效应的 207 个县级行政单元

LOWESS 方法首先由 Cleveland（1979）提出，Cleveland 和 Devlin（1988）进一步对其进行改进，该方法是一种非参数回归方法。与参数回归方法相比，非参数回归其不采用数学函数作为模型，其在描述数据变化趋势时具有非常明显的优势。LOWESS 在统计领域中是较新的方法，具有以下几个特点：①变量间的关系探索是开放的，不采用任何数据函数来描述变量间的关系；②所拟合的曲线可很好地反映出变量间细微的波动；③十分适合数据量大，数据存在误差的情形，可以定性给出变量区间；④回归的模式可以根据研究目的而人为进行调整。

控制 LOWESS 方法的一个重要参数为 a，该参数主要是用来指定多少比例的数据来进行一次局部拟合回归。根据 Nist/Sematech（2003）的建议，有效的 a 值应该分布在 0.25 ～ 0.5。对于本书而言，由于将 a 设置为 0.25 或者 0.5，结果均相近。本小节为方便起见，将 a 设置为 0.33，这代表着本书中每 1/3 的数据都要进行一次局部非线性回归。

本小节中主要数据分析在 OriginPro（OriginPro version 9.1，OriginLab Corp.，USA，2013）软件中完成。

6.3.3　粮食增产对氮磷输入的影响

对 30 个子流域单元 1990 ～ 2010 年氮磷输入分析如图 6-32 所示，从图中可以发现淮河流域氮磷输入表现出相似的时间变化特征。单因子方差分析结果表明 2001 年与 1990 年存在显著性差异，而 2001 年之后各年份差别不大。说明对于淮河流域而言，人类活动氮磷输入的增长点主要发生在 1990 ～ 2001 年，2001 年之后氮磷输入趋向于平稳，增加幅度不显著。

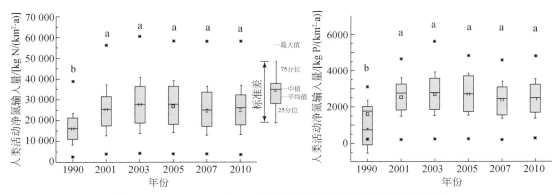

图 6-32　1990～2010 年 30 个子流域单元人类活动净氮磷输入量

中国作为一个粮食生产与消费大国，粮食安全始终是国家经济社会和谐、可持续发展的必要基础，也历来是我国历届政府工作的重点。在粮食消费相对稳定、规律变化的背景下，大力促进粮食生产是有效保障粮食供给，夯实国家粮食安全基础的根本途径。1990～2010 年，随着人口的增长，人们生活水平的改善，中国面临着前所未有的粮食增产的压力。1990 年以后，中国推行了十分有效的粮食生产政策，如粮食补贴政策、粮食价格政策、产粮大县奖励政策、农业保险政策、土地政策和税费改革等（吴建寨等，2013）。这些政策的推行，极大地鼓励了当地农业生产。期间，淮河流域从依赖粮食进口转变为粮食出口，粮食总产量由 1990 年 6500 万 t 增长到 2010 年的 8800 万 t（增长率达到 35%），单位耕地面积粮食产量由 354.5 t/km² 增长到 494.2 t/km²（增长率为 39%）。

然而，在这种密集的农业发展模式下，很多负面的生态效应开始凸显。快速的农业增产需求会驱动氮磷以化肥等农资输入到系统中，粮食高产的背后往往伴随着高强度的人类活动氮/磷输入。对于总氮而言（图 6-33），单位耕地面积粮食产量与化肥氮、大气氮沉降、生物氮固定相关关系极显著（$p < 0.01$）；对于总磷（图 6-34），粮食产量与化肥磷、种子磷和非食品磷都表现出显著的相关关系。而食品/饲料带入的氮/磷都与粮食产量无关，表明当地农业产量的增加并没有带动食品/饲料的输入。

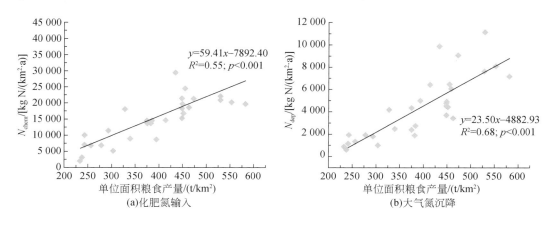

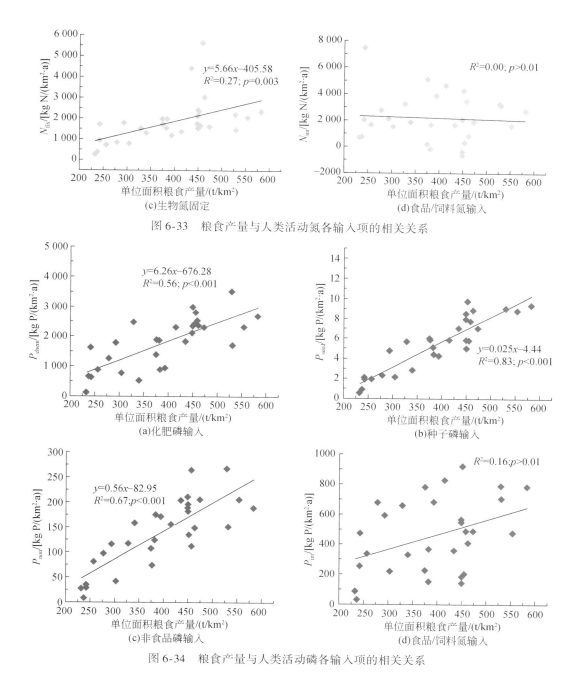

图 6-33　粮食产量与人类活动氮各输入项的相关关系

图 6-34　粮食产量与人类活动磷各输入项的相关关系

　　在淮河流域甚至是整个中国，粮食增产依然是依靠增施化肥来实现的。例如，20 世纪 90 年代～21 世纪 00 年代，淮河流域氮肥施用量由 29 万 t 增加到 50 万 t，增长率达到 72%，相应的人类活动氮输入的平均增长率达到 63%。通过对 20 世纪 90 年代～21 世纪 00 年代的化肥增长率和人类活动净氮/净磷输入的增长率进行线性回归分析（图 6-35），结果表明两者之间存在十分显著的线性关系。这证实了增施化肥会加速人类活动氮磷的输入。然而，粮食产量的增长率与化肥的增长率未表现出任何关系，该结果说明了粮食产量的增幅与化肥施用的增幅无关。即增施化肥只会加剧生态系统氮输入的快速增加，而对粮食产量并未产生直接推动作用。

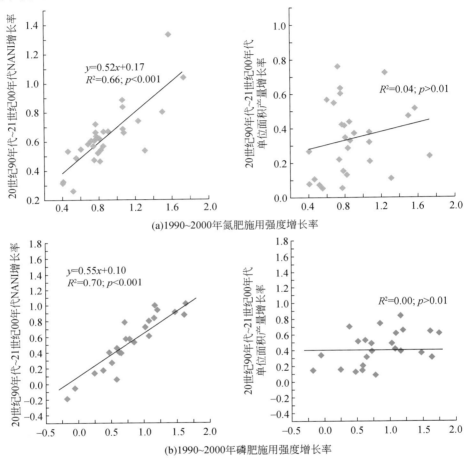

(a)1990~2000年氮肥施用强度增长率

(b)1990~2000年磷肥施用强度增长率

图 6-35　1990~2000 年化肥施用强度增幅与 NANI/NAPI 的增长率和单位面积产量的增长率的关系

该研究结果也与前人研究相吻合，Ju 等（2009）认为中国当前农业化肥施用模式并不会显著增加粮食产量，反而增加了 2 倍以上的营养物质流失进入到环境当中。这些盈余的营养物积累在土壤中，或淋湿进入地下水，或被雨水冲刷进入河流，加剧了区域的污染风险。Ju 等（2009）建议如果将当前的农业化肥施用量减少 30%~60%，不仅可以维持当前的农业产量，而且可以很大程度上削减的氮磷污染负荷，降低其环境污染风险。

6.3.4　快速城市化发展对氮磷输入的影响

1990~2010 年，淮河流域经历快速城市化发展。平均城市化率由 1990 年的 13% 增长到 2010 年的 35%，增幅十分快。相对全中国而言，淮河流域城镇化率仍相对较低，在未来仍具有非常大的上升空间。据 Zhang 等（2015b）报道，由于城市化的快速发展，过度的氮磷输入已严重污染城市水体，城市化热点区的氮磷污染问题将会在未来一段时间仍非常突出。

快速城市化发展带来诸多生态环境问题，如在城市化程度较高的县级市，大气氮沉降输入以及食品氮磷输入的强度也越大。从图 6-36 中可以发现，城镇化率与大气氮沉降及食品/饲料净氮/磷进口，以及非食物磷等表现出了显著的线性关系，这说明城市化发展过程中往往伴随着较为严重的大气污染问题和生活污染问题。这揭示了在这些高度城市化地区，氮磷的大量输入主要可能通过以下几个途径：①高度城市化的地区对能源需求量大，淮河流域煤炭资源丰富，主要能源还是依赖于传统的化石燃料，使得大气氮的输入快速增加；②城市化扩张会侵占大量农用地，使得区域耕地面积减少，加剧地区对粮食进口的依赖，导致大量的氮磷等营养物以食品跨境转移运输的形式进入生态系统；③由于人口的高度集中，城市化地区非食品磷输入量（如使用洗涤剂所带来的磷输入）也会上升。

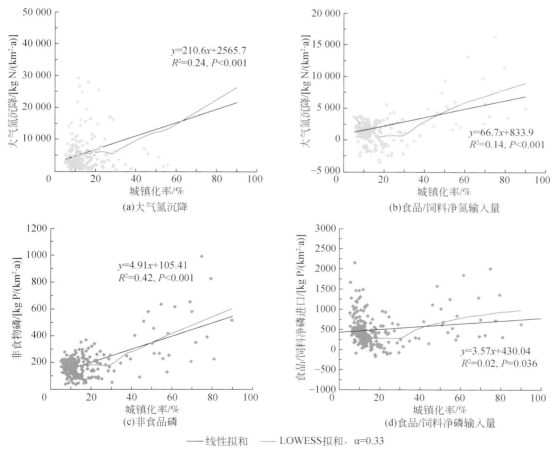

图 6-36　城镇化率与人类活动氮磷输入项的关系

LOWESS 平滑结果揭示了城镇化发展并不是一成不变的增加氮磷的输入，城镇化对氮磷输入的影响存在一个临界转折点。从图 6-36 中可以发现，城镇化率为 30% 左右是一个临界点，当城镇化率低于 30% 时，随着城镇化率的增加，食品/饲料净氮或净磷的输入都表现为下降；相反地，对于城镇化较高的地区，随着城镇化率的增大，食品/饲料净氮或者净磷输入又表现为上升的趋势。该研究结果深入地揭示了淮河流域的区域特征：在淮河流域内，城市化水平不高的区县，畜禽养殖是非常重要的收入来源，这些地区畜禽养殖形成规模、数量大，导致很多氮磷以饲料进口（即养殖废物排放）的形式进入生态系统中；而对于城市化水平较高的地区，城市功能区成为最为重要的模式，这些地区人口密集，大量的氮磷以食品进口（或者生活排放）的形式进入生态系统中。这种变化的趋势说明在城市化管理中十分需要关注人类生产生活和畜禽养殖所带来的氮磷排放。

对于大气氮沉降以及非食物磷的输入，LOWESS 平滑法结果接近为单调上升的趋势，说明城镇化的发展只会单向地增加这些输入。在管理中，需要加强对高度城市化的地区的能源消费、工企业排放和交通等影响大气沉降输入的控制和管理，同时也需要加强对洗涤剂等非食物磷输入的控制。

本小节也对 1990~2000 年城镇化增长率和 NANI/NAPI 增长率的关系进行了分析，如图 6-37 所示。总体上，LOWESS 平滑法和线性回归结果较为吻合，都表明了城镇化的快速增长并不会加速氮磷的输入。对于磷而言，虽然城市化增长率与磷输入的增长率关系不显著，但 LOWESS 和线性回归的结果都指示城镇化发展不会加速磷的输入，反而在一定程度上可以减缓磷的输入。对于氮而言，城镇化率的增长率和 NANI 的增长率表现出了显著的负相关关系，这说明城镇化发展是可以对当前的快速增长的氮输入进行降温。这个结果可能是因为在快速城市化发展的过程中，更多的土地由农用地变成了城市用地，由于耕地面积的急剧减少，化肥施用量在逐渐减低，最终氮磷输入的增幅趋势得到有效控制。

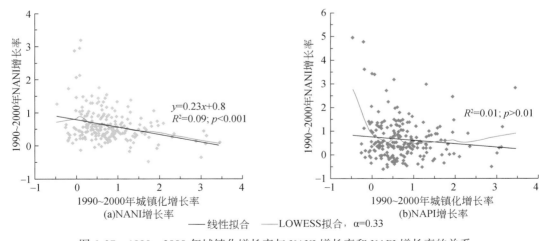

图 6-37　1990~2000 年城镇化增长率与 NANI 增长率和 NAPI 增长率的关系

然而，快速城市化虽会降低当前氮磷的增速趋势，但是由于其会增加地表硬化率，在雨水冲刷下更易汇集形成暴雨径流，这样地表积累的氮磷可更快、更迅速地进入水体，严重污染城市河流。此外，快速城市往往会带来大量的生活污水排放，这些污水将直接污染河流系统。图 6-38 得出，点源氮/氨氮的输入是随着城镇化率的提升而不断增大的，说明城镇化率越高，点源氮输入强度是直线上升的。城市化发展过程中，应特别注重对污水排放的治理，减少其对河流的直接污染。

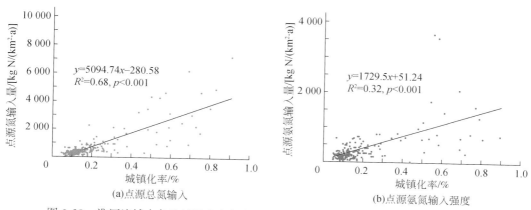

图 6-38　淮河流域内各县城镇化率与点源总氮输入和点源氨氮输入强度的相关关系

6.3.5　快速社会经济发展对流域氮输入的影响

淮河流域是目前现有研究报道中 NANI 最高的地区，2010 年人类活动净氮输入量达到全球平均水平的 16.8 倍，是英国流域的 2.3 倍，是上海市的 1.1 倍（张汪寿等，2015）。从世界范围来看，淮河流域氮的输入量远远高于其他地区，Billen 等（2013）认为淮河流域是全球范围内氮输入量最大的地区（图 6-39）。

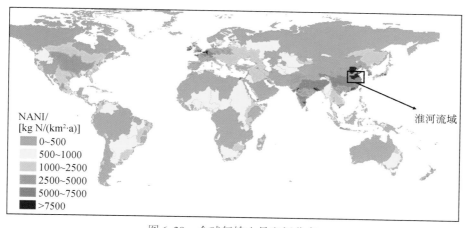

图 6-39　全球氮输入量空间分布

随着人口密度不断增大及社会经济的快速发展推动着氮磷的大量输入。本小节试图以氮输入为研究案例，通过国内相关流域对比分析，来剖析快速社会经济发展对生态系统氮输入的影响，以期为我国未来相关流域的氮素管理提供思考。

6.3.5.1 与其他地区的比较

为更深入地了解淮河流域氮磷输入的情况，本小节将世界上其他地区氮输入进行了汇总分析。这些地区大多集中于发达国家，这些区域人口密度小，农业化肥施用较少，并没有面临粮食快速增产需求和城市化发展的压力。从图6-40可以发现，全球面积平均的氮输入量大约为1570kg N/（km²·a），其中氮肥占总输入量的一半以上，达到671kg N/（km²·a），大气沉降为688kg N/（km²·a），生物氮固定为211kg N/（km²·a）。从各个国家来看，瑞典是当前所有研究地区中，唯一低于全球平均水平的国家。而其他的国家如英国、美国等，由于这些地区经济发展相对平稳，社会生活水平高，普遍高于全球平均水平。

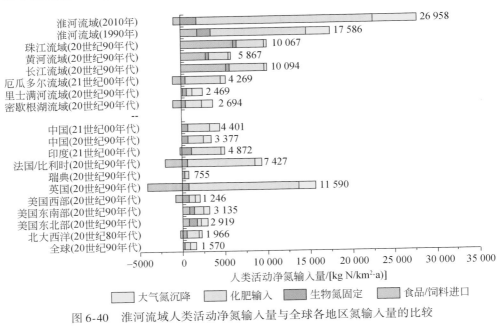

图6-40　淮河流域人类活动净氮输入量与全球各地区氮输入量的比较

美国、英国、印度、法国以及欧洲的其他国家的氮输入量大多集中在755~11 590kg N/（km²·a）。这些国家的氮输入强度仅为淮河流域的5%~50%，该结果也侧面反映了淮河流域承载着十分巨大的人口、社会经济发展的压力。

我国的其他的流域，如长江、黄河和珠江等流域氮输入量也较高。但是，淮河流域是中国流域中氮输入量最高的流域，达到黄河流域的3倍，是珠江和长江的2倍左右。淮河流域作为我国人口密度最大的流域，由于人类活动强度大，对粮食、能源以及其他资源需求量也巨大，使得大量的氮以化肥、大气沉降等形式输入进流域生态系统，这样使得淮河流域氮输入强度也非常高。

6.3.5.2 食品增产的对氮输入的影响

前面的章节结果揭示了农业增产是淮河流域近些年氮输入快速增加的最主要的驱动力。由于粮食增产的需求，大量的农资比如化肥、农药等进入到农田生态系统，导致地区氮磷输入增幅非常大。很多学者发现氮的输入量主要跟耕地面积比例有十分显著的线性关系，即耕地面积比例越大，氮的输入量也越高（Howarth et al.，1996，Borbor-Cordova et al.，2006，H Han and Allan 2008）。然而，对于不同的地区，由于农业生产方式、农业生产压力的差异，农业输入所带来的负面生态效应也有所不同。

一般来说，耕地面积比与人类活动净氮输入量呈线性关系（Swaney et al.，2012）。通过对数据的初步分析，发现一些流域如中国的长江、黄河、珠江以及淮河流域的数据回归分析结果与国外流域相应结果完全不同。基于此，我们将数据集分为两大类，一类来源于中国流域，这些流域由于人口密度相对大，经济发展落后，面临着非常大的粮食增产需求；而另外一类主要来源于其他国家和地区，这些区域经济发展较好，农业生产模式与我国农业生产模式有着明显的区别。研究结果发现（图 6-41），除中国的流域外的其他地区，人类活动净氮输入与耕地面积比例表现出了显著的线性关系，即耕地面积比越大，氮输入量单调上升；而对于中国的流域，发现采用指数的关系可更好地描述人类活动氮输入和耕地面积比的相关关系，即随着耕地面积比的增大，人类活动氮输入量表现出指数上升的趋势。

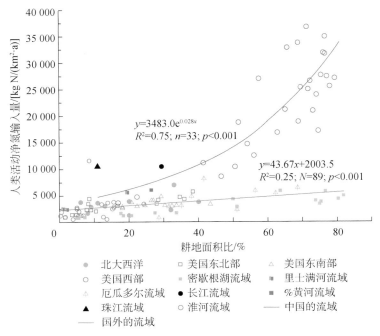

图 6-41 不同粮食增产压力下耕地面积比例与 NANI 的相关关系

这个发现揭示了由于农业生产模式和农业增产压力的迥异，氮输入与耕地面积的关系也是不同的。由于中国人口基数大、人口密度高、人均耕地面积小的特征，面临着十分突出的粮食增产的需求。根据相关报道，我国用占世界 7% 的耕地养活了世界 22% 的人口。在如此严峻的形势下，只有通过大量施用化肥才能实现稳产和高产，才能保障粮食安全。而淮河流域作为我国黄淮海粮食区的重要组成部分，它仅用中国 1/8 的耕地生产了占中国 1/4 的粮食、棉花和油等（Bai and Shi，2006）。流域所担负的生产任务十分艰巨而繁重，如此高产稳产背后的推手仍然是增施化肥。

淮河流域内一些农业主导的地区（如耕地面积比例高的流域），粮食生产受到非常大的重视，在这些主产区，化肥等农资被大量施用，从而保障粮食的稳产和高产，但是这样高产稳产的背后，实际上导致了大量的氮磷未被作物有效吸收利用而被浪费；而在一些非农主导的地区（即耕地面积比例相对较低的流域），粮食生产并不是最主要的产业，相应的生产压力较小，化肥等农资输入也较低。这样，总体上呈现出了氮输入量是随着耕地面积的增大而指数上升的规律。

综上所述，在粮食主产区氮磷过量输入是当前需要迫切关注的问题，在未来的发展中应该谋求更多的技术手段（如改善耕作技术，改良作物品种等）来实现粮食的高产和稳产，而不能单一依靠增施化肥来驱动粮食增产。

6.4 河流氨氮输出对流域人类活动输入的响应

氨氮是指水中以游离氨（NH_3）和铵离子（NH_4^+）形式存在的氮。动物性有机物的含氮量一般较植物性有机物为高。同时，人畜粪便中含氮有机物很不稳定，容易分解成氨。因此，水中氨氮含量增高时指以氨或铵离子形式存在的化合氨。

氨氮对人体健康和水生生物都有较大的危害，水中的氨氮可以在一定条件下转化成亚硝酸盐，如果长期饮用，水中的亚硝酸盐将和蛋白质结合形成亚硝胺，这是一种强致癌物质，对人体健康极为不利；氨氮对水生物起危害作用的主要是游离氨，其毒性比铵盐大几十倍，并随碱性的增强而增大。氨氮毒性与池水的 pH 及水温有密切关系，一般情况，pH 及水温愈高，毒性愈强，对鱼的危害类似于亚硝酸盐；氨氮对水生物的危害有急性和慢性之分。慢性氨氮中毒危害为摄食降低、生长减慢、组织损伤、降低氧在组织间的输送。鱼类对水中氨氮比较敏感，当氨氮含量高时会导致鱼类死亡。急性氨氮中毒危害为水生物表现亢奋、在水中丧失平衡、抽搐，严重者甚至死亡。因此，调查分析河流的氨氮污染及其时空分布具有非常重要的现实意义。

当前我国总氮水质数据欠缺不足，而氨氮污染十分严重。因此，本章试图从采用国外的前沿方法来分析淮河流域氨氮污染。其中，氨氮的污染来源主要为工业点源和农业非点源。本章分别从点源和分散源的角度揭示输入输出的关系，以期为污染物管理调控提供管理切入点。

国内外已有大量的研究分析了河流总氮（（Hong et al.，2012））、溶解态氮（Chen et al.，2014）、硝态氮（Mcisaac et al.，2002）和总磷（Han et al.，2010）输出与流域人类活动氮输入的关系，然而国际上还未将相关研究扩展至氨氮。其最主要的原因是在欧美等发达地区，河流氮污染相对较轻，河流溶解氧含量高，氨氮在水体中极不稳定，很容易被转换成其他形态。而我国也未将污染物分析拓展至氨氮，这存在一定的问题：首先，我国很多河流水系仍处于重污染水平，由于污水处理率跟不上城市和工业发展规模，导致高负荷污染物排放进入水体，这些水体由于生物需氧量（BOD）高呈现出高厌氧环境，从而造成氨氮的大量积累，使得氨氮成为河流氮最为重要的组分之一。在一些河道中，氨氮组分占总氮含量的 70% 以上；其次，我们的水环境质量标准中氨氮是唯一用来考核河流氮达标情况的指标；最后，对于很多河流水环境管理部门，氨氮是唯一一个被长期观测的氮相关指标。因此，为了更好地与管理决策结合，十分有必要将污染物的分析扩展至氨氮。这样，不仅可以延伸我们对人类活动负面生态效应的认知，也可为我国重污染河流的氨氮管理提供有效的决策信息。

6.4.1　研究单元

化肥施用、人口、作物产量等来估算 NANI 的数据主要来源社会统计资料或调查普查数据，这均以行政区县为基本单位。而河流氨氮输出以流域为基本单位。在研究输入输出的响应关系，需要将 NANI 进行尺度转换，从而将人类活动输入和河流输出转变成同一个边界条件。

本书第 4 章系统阐述了县级行政单元 NANI 的估算，基于该结果，本章采用土地利用面积比转换法将县级 NANI 转换成流域 NANI。国际上对于 NANI 的尺度转换的技术、存在的不确定性等问题研究得较为充分翔实（Han and Allan，2008，Hong et al.，2013），本书尺度转换方法的选用主要参考这些研究结果。此外，由于存储效应的存在（Howarth et al.，2012），即地表积累的污染物在丰水年倾向于输出，而在枯水年倾向于积累，使得枯水年和丰水年存在很大的差异。为降低该因素的影响，本章响应关系的分析都采用多年（2003～2010 年）平均值进行。

本书对监测数据质量要求较高，须满足水文和水质监测站点重合、长时间同步监测、数据缺失少等要求。结合已有数据，最终选取了淮河流域内 20 个子流域作为研究对象（图 6-42）。这 20 个流域面积大小跨度为 1095～123 861 km^2。由于流域面积大小会影响 NANI 估算精度，比如面积越小时，NANI 由尺度转换带来的误差越大，根据 Howarth 等（2012）的研究结果，本书的流域划分可满足分析精度要求。这些子流域涵盖了淮河流域上游、中游以及沂–沭–泗河区。淮河流域下游主要是平原河网区，水系复杂，加上密集的调水取水等因素，在划分子流域及后续的管理上都存在一定的难度，这里暂未囊括淮河流域下游。各个子流域的主要特征见表 6-11。

图 6-42 20 个流域的空间分布图

表 6-11 20 个子流域的基本特征

序号	名称	流域控制面积/km²	降雨/mm	坡度/%	人口密度/km⁻²	土地利用/%			
						耕地	林地	湿度	居民地
1	长台关	3 042	1 089.54	5.60	236.24	41.31	53.60	2.12	1.90
2	南湾	1 095	1 126.78	10.10	144.44	22.46	70.50	6.28	0.29
3	竹竿铺	1 686	1 171.45	6.26	266.14	46.49	47.92	1.73	2.25
4	息县	9 770	1 100.19	4.57	310.01	64.41	45.96	3.55	5.70
5	淮滨	15 771	1 122.95	4.48	350.80	60.67	29.13	2.78	6.55
6	王家坝	30 201	1 081.13	3.19	455.01	67.42	20.18	2.63	9.14
7	班台	11 534	1 003.47	1.98	583.58	73.57	10.75	2.46	12.81
8	遂平	1 914	982.48	4.27	367.65	68.96	23.38	2.02	5.45
9	杨庄	1 308	962.14	3.00	635.44	70.55	14.81	1.42	12.98
10	马门	13 867	825.65	5.36	597.05	57.11	26.77	1.67	10.36
11	界首	29 375	802.45	3.47	773.17	65.13	15.80	1.44	14.30
12	鲁台子	89 674	1 032.72	3.61	611.28	64.25	18.48	2.63	12.07
13	蒋家集	5 625	1 461.00	8.70	325.29	49.91	38.83	2.39	2.91
14	横排头	4 349	1 642.09	13.64	150.93	16.49	67.68	2.66	0.78
15	蚌埠	121 817	1 006.03	2.82	640.65	67.12	13.91	3.11	13.67
16	小柳巷	123 861	1 006.41	2.80	636.78	67.08	13.85	3.25	13.64
17	泗洪	7 126	948.91	1.40	718.01	71.40	2.20	2.28	18.04
18	后营	2 577	760.59	0.71	788.45	77.58	2.03	1.36	16.13
19	临沂	10 566	873.34	5.67	507.47	57.31	11.35	2.92	8.31
20	大官庄	4 585	864.09	2.67	582.95	74.89	8.19	2.98	9.62

6.4.2　人类活动净氮输入对河流氨氮通量的影响

本小节分析了多年平均（2003～2010 年）的点源氮、分散源氮及其各个独立的输入与河流氨氮通量的关系，如图 6-43 所示。研究结果发现，河流氨氮通量与人类活动点源净氮输入量（$R^2=0.61$，$p<0.001$）、分散源净氮输入（$R^2=0.59$，$p<0.001$）及其总输入量（$R^2=0.59$，$p<0.001$）相关性极显著。该结果与和前人研究的总氮（Schaefer and Alber 2007b，Swaney et al.，2012）结果较为一致，即河流总氮输出随着的 NANI 的增大而增大。然而，本书研究结果表明指数方程可更好地描述河流氨氮输出和 NANI 的关系。相似的结果也曾被其他研究所报道，比如 Mcisaac 等（2001）和 Han 等（2009）分别认为河流硝态氮和总氮可以用含 NANI 的指数方程来预测。Howarth 等（2012）、Swaney 等（2012）揭示其内在原因是氮输出存在一个临界效应，当 NANI 低于某一个临界值，土壤持氮能力较强，NANI 流失进入河流中比例较低；当 NANI 高于该临界值时，土壤持氮能力达到饱和，河流总氮流失量将呈现指数上升的趋势，这也从侧面说明了淮河流域土壤持氮能力早已饱和。

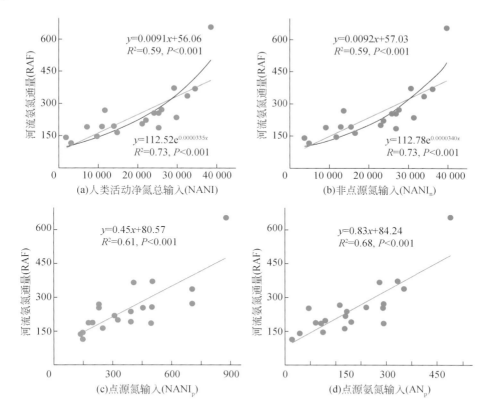

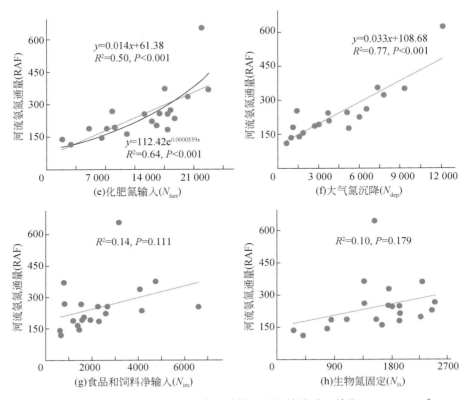

图 6-43　淮河流域氨氮通量与主要人类活动输入的相关关系（单位：kg N/（km² · a））

人类活动净氮输入主要由大气氮沉降、化肥输入、食品和饲料进出口、生物氮固定以及点源氮输入等组成，这些污染源都直接或者间接地影响河流氨氮的通量。本书发现化肥输入、点源氮的输入及大气氮沉降可对河流氨氮通量产生直接的影响，然而生物氮固定及其食品/饲料进出口对河流氨氮影响不明显。

对于这 20 个子流域，化肥是最主要的氮输入来源，在降雨冲刷的作用下，该污染来源对河流氨氮输出的影响较为显著；大气氮沉降量与河流氨氮输出相关性最为显著（$R^2 =$ 0.77）。该结果也与北大西洋的流域（Howarth，1998）以及 150 多个欧洲和北美的流域（Howarth et al.，2012）得出的结果吻合。可能的原因是大气氮沉降主要来源于农业生产和工业化石燃料燃烧，该指标会携带有农业和工业相关的多重综合信息，可更好地体现人类活动所带来的潜在污染效应；河流氨氮通量也与点源氮的输入（$R^2 = 0.61$，$p<0.001$）和点源氨氮的输入（$R^2 = 68$，$p<0.001$）显著相关，这主要是由于这些点源氮可以直接进入水体，从而可直接污染水体。Xia 等（2011）指出淮河流域作为新中国成立以来重要的重工业地区，工业和城市点源排放是污染河流的重要来源之一。近些年来，淮河流域面临着快速城市化发展的压力，其点源氮的输入在未来一段时间可能会表现为一定程度的上升趋势。因此，需对点源氮输入予以重点关注。

相比之下，生物固氮与河流氨氮通量相关性不显著（$P>0.05$）。这是由于生物氮固定量占 NANI 的比例较少（大约为 7%），其对水体的影响易被其他输入项所掩盖。此外，生物固氮作用所带入氮进入生态系统后，其影响河流水质的机制较为复杂，因此在本书中，也没有显示直接的关系；虽然 Howarth 等（2012）得出河流氮输出与食品/饲料的净氮输入息息相关，食品输入量越大时，河流总氮输出也应越高。但对于本书来说，我们并未发现河流氨氮输出与食品/饲料输入存在相关性，可能的原因是该输入项进入河流后并不一定以氨氮的形式存在，如人类和家禽等生物产生的废物进入河流后可能主要以其他形式（如有机态和硝态氮等形式）迁移。因此，不难理解两者关系并不显著（$P>0.05$）。

总体上，淮河流域 2003 ~ 2010 年多年平均人类活动净氮输入与河流氨氮输出的相关关系极为显著，即人类活动净氮输入量越大，河流氨氮通量也越大。说明河流氨氮通量主要受人类活动净氮输入的影响。因此，可采用一定的技术手段，如直接采用输入的负荷量预测河流氨氮的通量，这样可为这种区域管理和总量控制提供科学依据。然而，这种估算影响因素众多，因此有必要对影响河流氮输入和输出的因素进行分析，以期为区域环境管理和模型构建提供理论依据。

6.4.3 影响河流氮输入输出的主要因素

在很多类似的分析中，多采用输出比来提取影响河流氮输出的影响因素。输出比主要是指输出的河流氨氮通量占人类活动净氮输入量的比例。前人对总氮的研究结果发现河流总氮输出比主要受流域坡度、年径流、温度、闸坝、土地利用等影响（Howarth et al.，2006，Schaefer et al.，2009，Hong et al.，2012），本书也对这些因子进行重点分析，如图 6-44 所示。

淮河流域氨氮输出与流域平均坡度、年径流显著正相关（$P<0.001$）。低的坡度和低的年径流可以延长系统流失的氮与流域景观的接触时间（Swaney et al.，2012），在流域景观的拦截和物质迁移转化等作用下，氨氮最终入河的量得到了降低；而高坡度和大的径流冲刷使得地表污染物运移加速，流失的污染物可更快地被冲刷进入水体中。相应的污染物在流域单元中停留时间短，地表吸收固定及氨氮降解比例也越少，最终导致高比例的氮被输出。此外，由于流域坡度大，河流流速也相对较大，河流等生态系统中各种水生生物不易附着，在一定程度上也削弱了水生生物的吸收降解过程。

温度也会影响河流氨氮的输出比。但是，温度对河流氮输出的影响尚存争议，如在美国的东南部流域，温度被认为是非常重要的解释变量，可用来解释输出比空间变异的原因，Schaefer 和 Alber（2007a）认为温度会通过影响流域反硝化的速率从而影响输出比。然而，在美国的西部流域（Schaefer et al.，2009）、波罗的海（Hong et al.，2012）以及部分欧洲流域（Howarth et al.，2012），温度与输出比之间并没有表现出显著的线性关系。这些学者认为温度与输出比并不是直接相关的，在某些情况的相关性可能仅仅是共线性的原因，其内在机制仍然没有得到有效解释。本书中温度与年径流和降雨显著相关（$P<0.001$），由于共线性的影响，使得本书中温度与输出比存在一定的相关性。

闸坝会明显影响河流氨氮的输出比。从图 6-44 中可发现，闸坝数量越多，河流氨氮输出比越小。这是因为闸坝数量的增加会延长氨氮等污染物在水体的停留时间，这样通过一系列生物化学作用后氮被大量的吸收降解，最终河流氨氮输出比减小。然而，由于闸坝的打开与关闭与否受人类活动高度支配，因此一些简单指标如主要闸坝数量、闸坝拦截的水量等一些指标并没有完全捕捉河流氨氮输出比的空间变异。

人类活动产生的氮进入水体的方式也会影响河流氨氮输出比。图 6-44 的结果表明，在一些流域，点源占总输入量比例越高，河流氨氮输出比也越大。这结果说明了在管理中需要加强对点源的控制，避免污染物的直排输入。

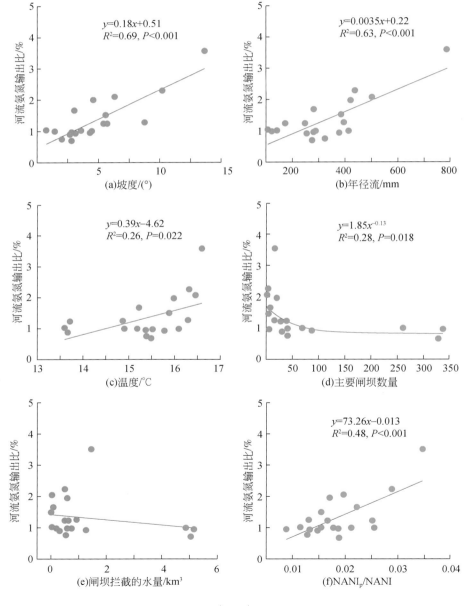

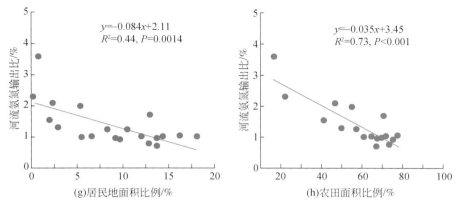

图 6-44　淮河流域 20 个流域氨氮输出比与流域各变量之间的关系

土地利用的指标与河流输出比呈负相关关系。这个结论从一定程度上违背了我们对氮磷污染机制的认知，这主要是因为人类活动是氮输入的主导调控者。理论上，居民地面积（或农田面积）比例越大，由人类活动带入的氮输入量也越大，导致生态系统氮积累量也越多，相应的流失风险也越大，因此河流输出比也应上升。然而，由于淮河流域人口基数大，加上密集的工农业生产，水资源消费量十分巨大。其中，大量的水资源通过农业灌溉、水资源区输送取用等过程中蒸发损失。这些损失的水资源中也含有一定含量的氮磷等污染物，而这些物质可通过各种物化过程重回陆地或被降解损失，使得流域出口氮负荷量明显减小。依据 2010 年淮河流域水资源公报，流域水资源总量为 8.60×10^{10} t，然而仅水资源消费所带来的永久性损失（比如蒸发、下渗等）达到 3.9×10^{10} t，约占水资源总量的 50%。对于淮河流域而言，水资源的消费所带来的水损失会导致大量的污染物重新进入陆地生态系统。因此，农田面积比和居民地面积比等反映了人类活动强度的指标，表现了与河流氨氮输出比显著的负相关关系（$P<0.001$）。

6.5　河流总氮输出对流域人类活动输入的响应

Swaney 等（2012）对全球 200 个流域进行综合分析发现，输入流域生态系统中的活性氮，大约有 24% 通过河道迁移输出流域，而剩余的部分或积累在土壤表层或通过反硝化作用重新进入大气。然而，Swaney 等（2012）指出对于不同的流域，由于其气候、人为活动强度等因素的不同，输出比存在很大的差异。那么对于淮河流域，在如此高强度的输入下，多少比例的人类活动氮输入被输出进入河流？研究该问题具有十分重要的科学意义，这是由于淮河流域是当前报道的世界上人类活动氮输入量最高的流域（Billen et al.，2013）。在如此高强度的输入下，河流氮输出是如何对其响应的？其输出比例是否与其他流域相接近？

然而，对于我国而言，研究人类活动氮输入和河流总氮输出的相关关系时存在很大困难，这主要是由于我国并未构建长时间序列的总氮监测数据库。我国环境保护和水利部门在进行河流水质监测时，主要参考《地表水环境质量标准》（GB 3838—2002）进行。而该标准未具体划分河流的总氮浓度标准，在实际管理也未将总氮设定为考核指标。因此，多数水环境管理部门并未将总氮纳入常规监测，仅对部分入湖或入库的河道进行总氮含量的周期测定。

基于此，本小节试图通过构建已有站点的氨氮和总氮长期经验关系，来分析推测整个淮河流域输出比的范围。需要指出，由于氨氮和总氮的比例关系随着季节和站点的差异很大，导致估算结果存在很大的不确定性。

在一些自然为主导的流域，氨氮占总氮比例较小，一般低于 10%（Singh et al.，2005，Li et al.，2009）。然而，在一些重污染河流，氨氮占总氮的比例较高，高达 70% 及以上（Pernet-Coudrier et al.，2012，Li et al.，2014）。很多研究结果表明，2000 年以前淮河流域的氮污染形态以氨氮为主（毛剑英等，2003）。而 2000 年以后，水环境管理尤其是污水处理的加强和产业结构的调整，淮河流域氨氮污染问题得到了很大的改善，河流氮污染形态不再以氨氮为主。2008 年，Zhang 等（2011）调查了淮河流域很多站点硝态氮的浓度，得出淮河流域硝态氮浓度范围分布在 0 ~15.7mg/L（平均值为 2.1mg/L）。这个结果进一步侧面证实了硝态氮可能变成了河流氮的主要形态。

根据水利部淮河水利委员会提供的长期观察数据，我们对部分大型湖库的入库口总氮和氨氮的相关关系进行了分析。从图 6-45 可以看出，本书共选取了 3 个监测点长期监测数据。这些数据主要分布在淮河流域内的大型湖泊——洪泽湖、南四湖和宿鸭湖的主要入湖河道。通过对河流氨氮和总氮的浓度的回归分析发现，氨氮和总氮表现出了显著的线性关系，在这些监测断面中（图 6-46 ~ 图 6-48），氨氮占总氮的比例大约分布在 20% ~50%。

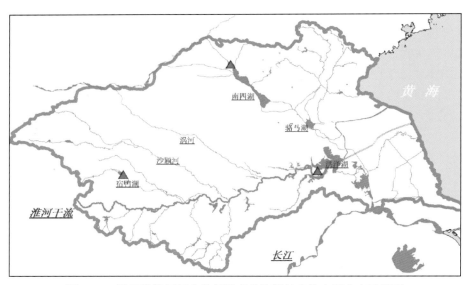

图 6-45　用于推算氨氮占总氮组成的监测站点的空间分布示意图

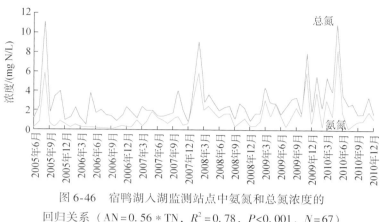

图 6-46　宿鸭湖入湖监测站点中氨氮和总氮浓度的
回归关系（AN=0.56 * TN，R^2=0.78，P<0.001，N=67）

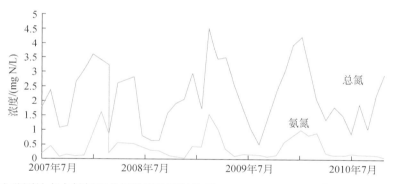

图 6-47　老子山监测站点中氨氮和总氮浓度的回归关系（AN=0.20 * TN，R^2=0.43，P<0.001，N=42）

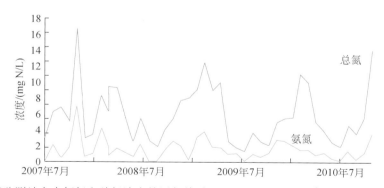

图 6-48　后营监测站点中氨氮和总氮浓度的回归关系（AN=0.23 * TN，R^2=0.60，P<0.001，N=42）

6.4 节的研究结果表明（图 6-43），大约有 0.91% 的人类活动净氮输入以河流氨氮的形式输出。假设氨氮占总氮的比例为 20% ~ 50%，那么淮河流域总氮输出比可推算出为 1.8% ~ 4.5%。该结果与大尺度的全球研究结果较为吻合，Tysmans 等（2013）发现淮河流域河流输出占 NANI 的输出比大约为 0～2%。然而，当我们与其他地区进行对比时，发现淮河流域河流总氮输出比要远低于全球水平［25%（Galloway et al.，2004）］和美国流域［24%（Swaney et al.，2012）］的均值。实际上，氮输出比低于全球平均值 24% 仍然有大量的案例被报道，这主要是因为每个具体的流域氮流失的机制存在差异导致的。例如，密歇根州的 Huron 河（Bosch and Allan，2008）、加拿大的 Oldman 河（Rock and Mayer，2006）以及中国的句容水库（Kimura et al.，2012）等河流氮输出比分别为 8%、1.7% 和 1%，这主要这些地区的是水库拦蓄以及低的径流冲刷导致的。

淮河流域河流总氮输出占 NANI 的输入量的比例仅为 1.8%～4.5%。这种低的河流氮的输出比主要与高强度水资源开发利用、高密度闸坝水库拦截等作用相关。一般来说，反硝化作用一般被认为是去除人类活动输入的氮最为主要的过程之一（Seitzinger，1990；Seitzinger et al.，2002；Billen et al.，2009）。然而，由于闸坝水库的大量修建极大地延长了污染物在水体中的停留时间，使得大量的河流氮通过反硝化作用进入大气。淮河流域干流及支流共修建了 5700 多座水库和 5000 多座水闸（Xia et al.，2011），促使大量的水资源被拦截在河道中，而且河道是反硝化作用的重要场所（Schaefer et al.，2009），这样高比例的氮在水体中通过生化作用被降解。

淮河流域高强度农业生产也是导致流域低比例氮输出的原因之一。由于淮河流域历来是中国的重要粮食产地之一，该流域用中国 1/8 的耕地生产了占中国 1/4 的粮食、棉花和油等（Bai and Shi，2006），其农业生产过程中所消耗的水资源也是巨大的。大量的氮通过农业灌溉作用重回陆地，而水分通过蒸发损失，而养分被截留在陆地上（Lassaletta et al.，2012）；此外，很多子流域由于坡度小，加上小的径流冲刷限制了人类活动氮进入到河流中（Rock and Mayer，2006），这些盈余的氮大多被储存在土壤中或流失进入地下水（van Breemen et al.，2002）

6.6　上游源头流域河流磷输出对人类活动输入的响应

水体中磷过剩带来的直接危害是会造成水体富营养化，在淡水湖泊或河流会发生/"水华"现象，在海湾或近海产生"赤潮"。我国内陆的湖泊河流、近海海岸带频繁发生不同规模的水华和赤潮，对生态平衡和经济发展都产生了重大的不利影响。磷污染带来的负面环境效应可引起：①使水体变得腥臭难闻，在富磷水体中，藻类大量繁殖，其中有一些藻类能够散发出腥味异臭，直接烦扰人们的正常生活；②降低水体透明度，由于表层水体悬浮着密集的水藻，使水质变得浑浊，透明度明显降低；③消耗水体溶解氧，由于表层有密集的藻类，因而使得阳光难以透射进入湖泊等水体的深层。阳光在穿射水层的过程中，被藻类吸收而衰减，所以深层水体的光合作用明显地受到限制而减弱，因而溶解氧的来源也就随之而减少；④释放有毒物质，磷污染造成的富营养化对水质的另一个影响是某些藻类能够分泌、释放有毒性的物质。这种有毒的物质进入水体后，若被牲畜饮入体内，可引起牲畜肠胃道炎症，人若饮用也会发生消化道炎症，有害人体健康；⑤威胁水生态平衡，一旦水体受到磷污染而呈现富营养化状态时，水体的这种正常的生态平衡就会被扰乱，生物种群量就会显示出剧烈的波动，某些生物种类明显减少，而另一些生物种类则显著增加，破坏了湖泊等水体的生态平衡。

虽然氮和磷都是生物的重要营养物质，但藻类等水生生物对磷更为敏感。当水体中磷处于低浓度时，即使氮营养物能满足藻类等水生生物所需，其生产能力也会大受遏制。水体中的氮不足，往往可由许多固氮的微生物来补充，而磷则不能。而且水体中磷的浓度在 0.02mg/L 以上时，对水体的富营养化就起明显的促进作用。因此，从这个层面来说控制水体中磷的含量，在内陆河流和湖泊比控制氮含量更有实际意义。

淮河上游源头虽然占流域总面积比例不大（Peterson et al.，2001），但是其作为整个流域最为重要的水源涵养区，可将水资源及水生生物所需营养物传递给中下游，这对于维持整个流域生态系统功能具有十分重要的作用（Freeman et al.，2007，Wipfli et al.，2007）。然而，随着近些年来经济的快速发展以及生活水平的提高，人们加大了这些地区自然资源的开发和利用，使得磷等营养物大量产生并堆积在这些区域地表，并造成了很大的污染风险（Chen，2007）；由于淮河上游源头区地形起伏大、降雨量大、地表冲刷强等特征，使得这些盈余的磷更易被冲刷进入水体（Sharpley et al.，2001）。这些高含量的磷随水迁移至水流流速较为平缓的中下游河流和湖库时，为浮游生物的大量繁殖提供了适宜的营养条件，极大地加大了水体富营养化发生风险（Carpenter，2005），严重威胁了中下游河流生态系统健康。

虽然很多研究关注磷所造成的水体富营养化问题，但是从宏观尺度探讨人类活动所产生的输入对河流的影响并不是很多。1996 年，Howarth 等（1996）提出了流域尺度 NANI/NAPI 方法来估算人类活动所产生氮磷输入。从这以后，很多研究采用该方法来评估人类活动的负面生态效应及其对水体的影响。其中，NANI/NAPI 方法体系中，NANI 已经被广泛接受（Alexander et al.，2002），并认为该工具可很好地模拟和预测河流总氮通量（Boyer et al.，2002，Howarth et al.，2012，Swaney et al.，2012）。大量的研究用该方法来探讨人类活动氮输入及河流氮输出的响应关系（David and Gentry 2000，Boyer et al.，2002，H Han and Allan 2008，Swaney et al.，2012）、人类活动负面生态效应（Han et al.，2011a）以及氮循环（van Breemen et al.，2002）等主题。

作为 NANI 方法的姐妹工具—NAPI，虽然应用上远不如 NANI 普遍。但很多学者认为该方法可精准估算人类活动所产生的磷输出，并借此可评估人类活动所带来的生态风险（Russell et al.，2008，Han et al.，2010）。NAPI 方法体系与 NANI 非常相似，NAPI 囊括了最为主要磷输入来源，如化肥磷的输入、食品磷的输入、非食品磷输入及种子磷的输入等（Han et al.，2013）。当前，已有一些研究尝试用 NAPI 的方法预测和评价河流磷的通量。虽然部分学者认为河流磷的输出和 NAPI 的关系受空间和时间影响较大，但是来自伊利湖（Han et al.，2012b），密歇根湖（Han et al.，2010）和波罗的海流域的（Hong et al.，2012）结果表明 NAPI 可以像 NANI 一样来预测和评估河流磷的污染。Chen 等（2015）构建了基于 NAPI 的模型来预测和模拟河流磷的通量的长期变化，这个结果进一步证实了 NAPI 在分析和评价磷污染时是十分有效的工具（Russell et al.，2008，Han et al.，2010，Han et al.，2012b，Hong et al.，2012）。总体上，这些研究结果直接或间接地证明了 NAPI 在研究磷污染问题上是十分可靠的。

在本小节中，我们采用 NAPI 方法来估算淮河流域 17 个上游源头流域 2003～2010 年期间磷的输入情况，评估人类活动磷的输入来源、空间变异及其对河流水质的影响。由于采用 NAPI 来分析评价河流磷的输出的相关研究开展不多，为了更好地为其他类似研究提供参考，本小节试图说明以下两个问题：①证明 NAPI 是否能够用来预测河流磷的通量？②由于上游源头的流域面积较小，在估算流域 NAPI 时由尺度转换所带来的误差较大。如何避免控制尺度转换带来的误差？哪种尺度转换方法较为精准？从方法层面和应用层面来这样探讨 NAPI 方法在小流域应用实用性和限制因子，可为相似研究提供借鉴和依据。

6.6.1　研究单元

本小节选取了淮河流域 17 个具有代表性的上游源头流域（图 6-49），这些流域涵盖了淮河干流及其主要支流的上游源头。流域多年平均径流量大多高于整个流域平均值，流域面积大小分布在 745～15771km^2（表 6-12）。其中，有 15 个流域分布在淮河水系，2 个子流域分布在沂-沭-泗河水系。近些年来，由于农业增产和快速城市化发展的推动作用，这些区域的土地利用开发以及农业生产对这些区域已经产生了明显的影响（Shi et al.，2012，Zhang et al.，2015a）。

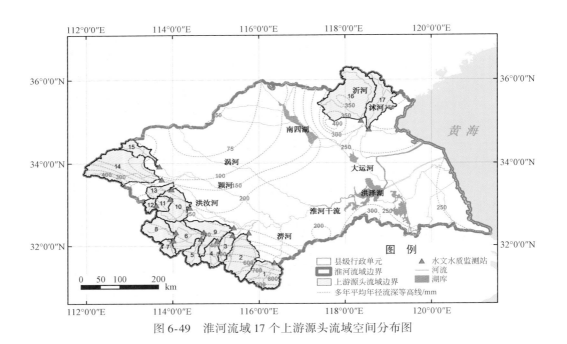

图 6-49　淮河流域 17 个上游源头流域空间分布图

表 6-12　2003～2010 年 17 个上游源头流域自然气候特征

ID	名称	流域控制面积/km²	人口密度/(人/km²)	降雨/mm	坡度/(°)	林地/%	草地/%	湿地/%	耕地/%	城镇用地/%
1	横排头	4 349	151	1 642	14	67.7	11.8	2.7	16.5	0.8
2	蒋家集	5 625	325	1 461	9	38.8	4.9	2.4	49.9	2.9
3	北庙集	1 780	463	1 202	3	14.5	0.0	1.9	77.7	5.8
4	潢川	2 035	358	1 198	5	35.1	0.2	2.6	56.9	5.0
5	竹竿铺	1 686	266	1 171	6	47.9	0.8	1.7	46.5	2.3
6	息县	9 770	310	1 100	5	38.0	0.3	2.9	53.3	5.7
7	南湾	1 095	144	1 127	10	70.5	0.3	6.3	22.5	0.3
8	长台关	3 042	236	1 090	6	53.6	0.4	2.1	41.3	2.2
9	淮滨	15 771	351	1 123	4	29.1	0.2	2.8	60.7	6.9
10	沙口	5 719	474	1 009	3	17.8	0.0	3.7	67.7	10.7
11	遂平	1 914	368	982	4	23.4	0.0	2.0	69.0	5.5
12	板桥	745	126	975	6	29.1	0.0	3.4	64.9	2.6
13	桂李	1 308	635	962	3	14.8	0.0	1.4	70.5	13.0
14	马湾	9 279	495	815	7	35.3	5.0	1.8	48.3	9.4
15	化行	1 753	493	719	7	27.4	9.5	0.9	51.0	11.1
16	临沂	10 566	507	873	6	11.4	18.8	2.9	57.3	8.3
17	大官庄	4 585	583	864	3	8.2	3.3	3.0	74.9	9.6

第 5 章系统估算了淮河流域各县级行政单元人类活动净磷的输出量,通过土地利用面积比转换,估算得出流域尺度磷的输入。从整个流域来看,2003～2010 年淮河流域 NAPI 的值达到 2741±174 kg P km²·a。淮河流域人类活动输入强度是中国内地［2009 年 NAPI 为 465 kg P km²·a(Han et al.,2014)］以及美国流域的 6 倍［2007 年 NAPI 为 463 kg P km²·a(Han et al.,2012b)］,是波罗的海流域的 3～70 倍［2000 年的 NAPI 为 38～1142 kg P km²·a(Hong et al.,2012)］,甚至是北京高度城市化地区的 2 倍以上［1991～2007 年平均 NAPI 为 1119 kg P km²·a(Han,2011b;Li et al.,2011b)］。

2003～2010 年淮河流域各区县多年平均 NAPI 的空间分布如图 6-50 所示。从图中可以看出,淮河流域西北和东部地区 NAPI 要明显高于西南部,表明这些区域人类活动较强。相比之下,位于上游源头区的各县市 NAPI 相对较小,说明淮河上游源头人类活动强度要明显低于流域中下游地区。

17 个淮河上游源头流域 2003～2010 年 NAPI 分布在 248～3168 kg P km²·a,平均值达到 1832±790 kg P km²·a。NAPI 的变异与人类活动强度息息相关,如耕地面积比($R^2 = 0.57$,$p<0.01$)、城镇用地面积比($R^2 = 0.46$,$p<0.01$)和人口密度($R^2 = 0.46$,$p<0.01$)等指标都与 NAPI 表现出了显著的线性相关关系。

化肥磷的输入是这 17 个流域 NAPI 最主要的输入来源(表 6-13)。对于不同的流域,

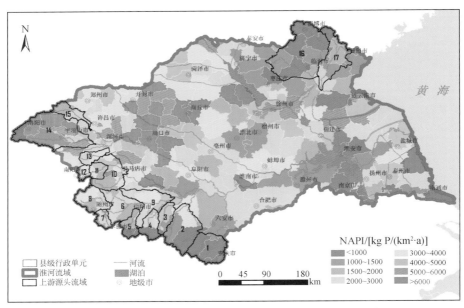

图 6-50　2003～2010 年区县尺度多年平均 NAPI 空间分布

化肥磷输入量差异很大，化肥磷输入最小的出现在横排头流域，最大值出现在北庙集流域。48% 的化肥磷空间变异可由各流域的耕地面积比来解释（$P=0.002$），剩余未解释的部分主要归咎于耕种作物的差异。根据 Li 和 Jin（2011）的研究结果，对于不同作物，化肥磷的施用率差异很大。在淮河流域，主要作物的空间分布存在显著的差异，如在淮河流域南部地区，主要种植作物为水稻；而在北部地区主要种植作物为小麦和玉米。

食品/饲料净磷的输入是这些上游源头流域的第二大输入来源，占 NAPI 输入量的 $-7\%\sim41\%$。对于以森林为主的流域，一般进口或者出口的食品/饲料磷的量都较小。例如，在南湾流域，食品/饲料净磷输入量为负值，说明了磷的生产超过了流域内人类和动物的需求。而在相对发达的流域，磷以食品/饲料进口形式输入到流域生态系统的量是非常大，说明了当地农业生产并不能满足需求，需要从其他地区进口食品/饲料。动物磷消费量（P_{animal}）较大的流域主要为桂李、沙口以及大官庄流域，这些流域显著高于以森林为主的流域（如横排头、南湾和长台关等）。人类磷消费量（P_{human}）较大的流域主要为分布在人口密度大的流域，主要包括临沂、大官庄以及化行等流域。

非食品磷（P_{non}）是 NAPI 的第三大输入来源。在森林为主的流域，该输入项十分低（$<10\text{kg P km}^2\cdot\text{a}$），而在人口密度大的流域，该输入项较高，达到 $204\text{kg P km}^2\cdot\text{a}$。非食品磷的空间变异与人口密度（$R^2=0.86$，$P<0.01$）、居民地面积比（$R^2=0.75$，$P<0.01$）等指标具有很显著的相关性。

种子磷的输入是 NAPI 最不重要的输入来源。在大多数流域中，该输入占 NAPI 的比例小于 1%。本书研究结果也表明，种子磷的输入可以忽略不计。

表 6-13 各流域多年平均（2003～2010 年）的 NAPI 及其组成情况

[单位：kg P/（km^2·a）]

序号	名称	化肥	非食品	种子	食品/饲料净磷输入					人类活动净磷输入 NAPI	河流总磷通量
					人类消费	动物消费	作物磷	动物产品	P_{im}		
		P_{chem}	P_{non}	P_{seed}	P_{human}	P_{animal}	P_{harv}	P_{liv}			
1	横排头	139	28	1	56	112	53	51	63	231	44
2	蒋家集	1 040	82	2	179	774	206	416	332	1 457	40
3	北庙集	2 557	101	5	228	1 252	354	625	502	3 165	129
4	潢川	1 466	100	3	226	1 299	247	564	714	2 282	89
5	竹竿铺	826	40	3	91	490	233	229	120	989	29
6	息县	1 466	66	4	148	830	262	377	339	1 874	62
7	南湾	721	7	1	16	65	100	30	−49	680	10
8	长台关	1 175	31	1	71	442	114	173	226	1 434	59
9	淮滨	1 809	82	5	186	986	338	472	363	2 260	70
10	沙口	1 981	109	8	247	2 112	649	893	816	2 914	135
11	遂平	1 514	55	5	125	1 464	344	514	731	2 305	63
12	板桥	719	28	2	64	789	132	198	523	1 273	22
13	桂李	1 876	155	11	315	2 474	901	1 243	646	2 688	80
14	马湾	1 776	150	5	277	1 667	375	655	914	2 845	56
15	化行	888	158	5	288	1 255	327	569	646	1 697	39
16	临沂	636	180	4	306	1 180	455	639	392	1 211	47
17	大官庄	1 266	204	6	348	1 703	739	926	385	1 861	51

　　各个流域多年平均的河流总磷通量也存在较大的变异，最小值出现在南湾流域，仅为 10 kg P km^2·a，最大值出现在沙口流域达到 135 kg P km^2·a。河流总磷的输出与耕地面积比（$R^2=0.33$，$P=0.02$）、人口密度（$R^2=0.24$，$P=0.05$）存在正相关关系，而与流域平均坡度（$R^2=0.35$，$P=0.01$）、森林面积比（$R^2=0.26$，$P=0.04$）存在负相关关系。这个结果表明了人类活动的干扰会增加河流磷的输出。自然气候条件比如温度、降雨、年径流深并不能有效解释河流总磷输出的空间变异（$P>0.05$）。相似的结果也曾在美国的流域报道（Han et al.，2010），这说明了河流总磷的输出变异并不能仅用这些指标来解释，这主要是由于河流磷的输出的影响因素众多，涉及了非常复杂的景观截留以及河流截留的过程（Reddy et al.，1999，Sharpley et al.，2001，Withers and Jarvie 2008）。

6.6.2　人类活动净磷输入对河流总磷通量的影响

　　河流总磷输出与流域人类活动净磷输入高度相关（$R^2=0.64$，$P<0.001$；图 6-51）。在这些独立的输入项中，化肥磷施用（$R^2=0.66$，$P<0.01$）、种子磷（$R^2=0.31$，$P=$

0.02）以及食品/饲料净磷进口（$R^2 = 0.31$，$P = 0.03$）与河流磷输出相关性显著。

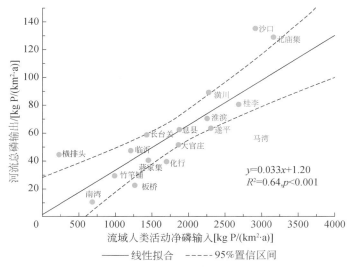

图 6-51　河流总磷输入与人类活动净磷输入之间的相关关系

这 17 个流域，NAPI 和河流磷输出的回归方程坡度为 0.032（$P < 0.001$），这说明大约有 3.2% 的 NAPI 最终进入河流。回归方程的截距经统计检验并没有与 0 存在差异显著性（$P = 0.93$），因此不具备解释必要性。然而，对于独立的流域，河流总磷输出占 NAPI 的比值差异很大，主要分布在 1.5% ~ 19.2%。这可能是由于降雨冲刷强度的不同所导致。例如，对于横排头流域，虽然其主要土地利用类型为林地和草地，但是由于降雨量非常大，使得河流总磷输出比达到 19.2%。类似的结果在美国一些流域也曾被报道（Sobota et al.，2011；Harrison et al.，2011），这些流域虽然人类活动干扰不强，但是由于降雨侵蚀强度大，河流磷的输出比非常高；相反地，低的降雨量也会限制人类活动产生的磷进入到水体中。例如，马湾、化行、大官庄等流域年降雨量相对小，使得河流输出比也相对较低。总体上，约 80.8% ~ 98.5% 的 NAPI 并不会进入水体，而是储存或截留在流域景观当中。来自其他区域的相关研究也表明，大约 90% 的人类活动产生的磷积累到流域地表，而最多有 10% 的磷会被输出进入河流（Russell et al.，2008，Sobota et al.，2011，Chen et al.，2015）。

有趣的是，沙口、北庙集等流域输出比为 4.6% 和 4.1%，明显高于平均值 3.2%。这个结果与以前的结论较为吻合，即指数方程可以更好地来解释人类活动净磷输入和河流总磷输出的相关关系（Chen et al.，2015）。虽然受本章数据量的限制，很难去探讨到底哪个回归方程可更好描述 NAPI 和河流总磷输出的关系。但是沙口和北庙集流域结果侧面证实了高强度的 NAPI 往往会导致更多的磷输入到河流当中。该研究结果揭示高 NAPI 的流域需要予以重点关注，这是因为这些流域可将更高比例的 NAPI 输出到水体，从而产生更为严重的污染。

6.6.3　与其他流域的比较

　　总体上，这 17 个上游源头的总磷输出比与国内外其他相关研究：如密歇根湖 [3.6% ~ 37%（Han et al.，2010）]、切萨皮克湾 [0.66% ~ 8.65%（Russell et al.，2008）]、美国的其他流域 [5% ~ 25%（Mcmahon and Woodside，1997）] 及中国的部分流域 [1.6% ~ 14.2%（Chen et al.，2015；Hu et al.，2015）] 的总磷输出比较为接近。具体的差异主要是在很多因素综合影响下产生的，这些因素包括土地利用、土壤类型、气候条件、农业生产等（Han et al.，2010）。

　　显然，虽然 17 个流域主要分布在淮河流域上游源头，但是这些流域的总磷输入和河流输出量要明显高于世界上其他流域。这可能是淮河流域上游源头很高的人口密度加上密集的农业生产造成的。作为中国重要的粮食生产基地，淮河上游源头的一些农业区域磷输入量也很高，使得大量的磷被冲刷进入水体中。

　　为了进一步对比河流磷输出比的区域差异，我们将当前所有研究结果进行了汇总。从图 6-52 中可以发现，当将所有的数据进行回归分析时，NAPI 和河流总磷输出呈现出了十分显著的线性关系，该发现与 Howarth 等（2012）、Swaney 等（2012）和 Hong 等（2012）对氮的相关研究结论较为类似，即对于多个来自不同气候及自然人为条件的流域，河流总氮输出仍然与 NANI 表现出极显著的相关关系。总体上，大约有 3% 的 NAPI 最终进入河流，该值要远小于氮的结果 [24%（Swaney et al.，2012；Hong et al.，2012）]。这主要是氮磷流失机制不同导致的，磷容易被土壤吸附，其流失一般伴随着土壤的侵蚀，这样侵蚀的颗粒物较容易被植被拦截而沉积；而氮的流失一般多以溶解态为主，随着降雨冲刷的过程，氮较易随径流迁移而进入河道。

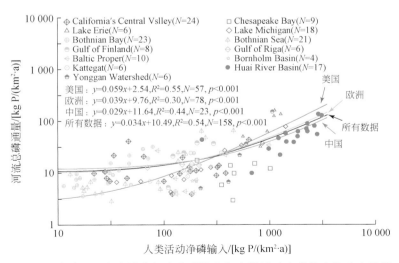

图 6-52　全球 158 个流域中河流总磷输出与人类活动净磷输入的响应关系

本小节的结果证实了河道的磷与人类活动所产生的磷输入高度相关。然而，对于不同的流域其相关性也是存在差异的。例如，对于美国的流域，河流总磷输出比最高，达到5.9%，该值明显高于一些欧洲的流域。然而，中国的部分流域总磷输出比非常低，仅为3%。导致区域输出比差异很大的原因可能是 NAPI 的来源存在差异。在美国流域，非食品磷占 NAPI 的比重明显高于中国的流域，由于非食品磷一般以点源的形式直接排放进而水体，其对水体的影响更为直接；而对于中国的流域，在粮食生产的压力的驱动下，化肥磷输入占 NAPI 的比重很大，大量的磷被输入到土壤中，由于受到流域景观的截留作用其对水体的直接影响相对较小。此外，自然气候条件也是导致中美两国河流总磷输出比存在差异的重要原因。在美国的很多流域气候条件〔如密歇根湖和伊利湖流域（Han et al.，2010）〕与中国流域气候条件（Chen et al.，2015）差异很大，使得美国地表的 NAPI 更容易被冲刷而进入水体。

虽然有充分的证据能够说明河流总磷输出受 NAPI 影响（Han et al.，2010，Hong et al.，2012，Chen et al.，2015），但是在一些流域 NAPI 的影响作用表现不明显，其中较为典型的案例是来自美国加州中央山谷区（Sobota et al.，2011）。在这个研究区，河流总磷输出并不能被 NAPI 所解释。然而，该地区降雨量小、密集的灌溉河网可能是影响河流输出的重要因子。这样，复杂的陆地—水体的传输过程也许掩盖了 NAPI 的影响，这说明简单的养分平衡的方法并不适用于这些区域。

此外，相关学者认为 NAPI 和河流总磷输出的关系可用指数方程来描述（Chen et al.，2015）。说明河流总磷和 NAPI 的响应关系的构建存在很多种可能性。然而，与氮的流失相比，磷的流失一般伴随着土壤侵蚀，其流失过程和机制更为复杂（Sharpley et al.，2001，Withers and Jarvie 2008）。为了更好地实现河流磷输出的精准预测，未来需重点加强驱动磷输出的关键过程和影响要素的研究。

6.7　氨氮通量的预测

从 20 世纪七八十年代以来，氨氮一直是影响淮河水质的重要污染物。虽然随着污水处理设施的修建，氨氮污染得到了一定程度的缓解，但是在未来面临着迫切的经济快速发展，产业结构进一步调整、城镇化发展进一步提升等一系列需求，氨氮在一段时间内仍会被大量排放，仍然是危害水生生态环境的重要污染物。在现阶段，对流域层面进行污染源的合理调控，减少其对水体的影响变得尤为重要。然而，复杂的模型方法由于对数据要求高，很难对如此大尺度且社会经济条件复杂的流域进行精准的预测和模拟。基于此，本节通过输入输出响应的关系来构建简单模型，实现简单有效的管理是，从而达到控制河流氨氮污染的目的，并通过对回归模型的不断优化和改进，最终构建了基于输入输出响应的面板数据模型，该模型简单，对数据输入要求不高，可预测各个流域逐年河流氨氮输出情况。模型模拟结果较好，可解释81%的河流氨氮通量时空变异。结果显示分散源是当前河流氨氮通量的主要污染来源，大约贡献了58%的负荷，点源氮排放贡献了33%的负荷，自然背景输入贡献了剩余的9%。最后通过对污染源源解析、模型敏感性分析及未来情景分析，可提供相关管理和政策建议。

6.7.1　河流氨氮通量预测模型的构建

6.7.1.1　基于多年平均输入的回归模型

6.4 小节揭示了多年平均的河流氨氮通量与 NANI 存在显著的相关关系，基于此可构建回归模型来预测河流氨氮的输出。通过简单的回归模型的构建，可定性分析如何调整人类活动输入降低河流氨氮通量。实际上，基于多年平均输入的回归模型可满足多重管理需求（Hong et al.，2011；Howarth et al.，2012；Swaney et al.，2012；Hong et al.，2013）。

本节基于 6.4 小节的研究结果构建两类模型，即线性和指数模型。由于河流氨氮的通量与 NANI 的输入可用线性关系进行描述，我们可构建简单的线性回归模型来预测河流氨氮通量［式（6-17）］；此外，河流氨氮的输出（RAF）也可用指数模型表述，见式（6-18），相关回归系数见表 6-14 和表 6-15。

$$RAF = 0.27 NANI_p + 0.004\,6 NANI_n + 51.75 \quad (R^2 = 0.66) \tag{6-17}$$

$$RAF = \exp\,(0.000\,576 NANI_p + 0.000\,0242 NANI_n + 4.714)\,(R^2 = 0.76) \tag{6-18}$$

表 6-14　线性回归模型（6-17）回归系数

模型	非标准化回归系数		标准化回归系数	t 值	显著性
	回归系数	标准误	Beta		
常数项	51.752	39.545	—	1.309	0.208
$NANI_p$	0.269	0.140	0.470	1.919	0.072
$NANI_n$	0.005	0.003	0.381	1.557	0.138

表 6-15　指数回归模型（6-18）回归系数

模型	非标准化回归系数		标准化回归系数	t 值	显著性
	回归系数	标准误	回归系数		
常数项	4.714	0.113	—	41.888	0.000
$NANI_p$	0.000 576	0.000	0.301	1.441	0.168
$NANI_n$	0.000 024 2	0.000	0.604	2.888	0.010

线性回归模型可解释 66% 的河流氨氮的空间变异，而指数模型解释 76% 的河流氨氮的空间变异。这说明在河流氨氮输出的空间变异上，指数模型更具有解释力。

6.7.1.2　基于逐年输入的面板数据模型

（1）模型框架的初步形成

在实际污染管理中，基于多年平均输入的模型往往对于水环境管理作用有限。由于淮河流域近些年社会经济的快速发展，点源和分散源输入年际变化非常大，使得河流氨氮污染问题不能得到很好的预测。针对该问题，本小节尝试构建基于逐年输入的回归模型。

构建逐年输入模型主要有两个大的难点：①如何筛选出影响河流氨氮输出年际变化的主要因子；②采用何种模型方程对自然、社会、经济等条件差异巨大的多个流域来实现精准的预测？

通过对数据的进一步解译发现，在空间上，对河流年通量影响较大的因素主要为点源和分散源输入；而在时间上，气候因子影响较大。这主要是因为气候因子作为污染物输运的驱动因子，直接影响河流氨氮的年输出，如在丰水年，大的年径流量会驱动大量的污染输入进入水体；而在枯水年，降雨量较小，产流少，冲刷能力有限，使得大量的污染物并没有被输送进入水体，而被截留在流域地表（Howarth et al.，2012）。本节通过对各个流域出口的河流氨氮通量与年径流量进行分析发现，年径流量平均可解释82%的河流氨氮时间变异。

国内外很多相关的研究揭示：年径流可用来解释河流污染物通量的时间变异，而河流氨氮的输入可反映河流污染物通量的空间变异，这样通过年径流量和河流氨氮的输入可预测逐年河流氨氮的时空变化。为了实现对河流氨氮通量的逐年预测，本小节在式（6-18）的基础上，构建了如下的方程，相关回归系数见表6-16。

$$RAF = Q^{0.69} \exp(0.000\,033\,5NANI_n + 0.001\,32NANI_p + 0.223) \tag{6-19}$$

表 6-16 指数回归模型 （6-19） 回归系数

模型	非标准化回归系数		标准化回归系数	t 值	显著性
	回归系数	标准误	Beta		
常数项	0.223	0.348		0.642	0.522
Q	0.690	0.054	0.705	12.762	0.00
$NANI_p$	0.000 033 5	0.000 005 17	0.483	6.486	0.00
$NANI_n$	0.001 32	0.000 239	0.412	5.533	0.00

实际上，式（6-19）的模型形式在近些年国内外污染物通量预测上有着大量的应用，这些结果表明类似的回归模型结构可靠、简单易操作。本小节通过对该回归模型参数的分析发现，Q、$NANI_n$和$NANI_p$是显著的（$P<0.001$），说明该模型在数据源的选择上较为合理。然而，模型中常数项并不显著（$P>0.05$），这说明模型的预测结果可能存在系统性偏差。图6-53的结果进一步证实了：虽然式（6-19）可解释55%的河流氨氮通量的时空变异，但是两者回归关系明显偏离于1∶1线。这说明了该模型可用来解释氨氮的时空变异，但并不能进行高精度的预测，对于管理所提供的决策信息也较为有限。

导致系统性偏差的因子非常多，其中区域化的环境因子可能最为重要。这是因为该模型的研究对象是20个自然气候、社会经济等条件差异非常大的流域，很难用一个简单的回归方程对这些差异巨大的流域实现精确的模拟第6章中详细阐述了影响河流氨氮输出的主要因子（图6-44），这些因子主要包括坡度、温度、土地利用等。由于这些驱动因子的差异，使得人类活动净氮输入在流域地表输出的过程存在一定的差异。然而，在构建简单的模型时，很难将这些驱动因子纳入模型中，这主要受限于两个重要原因：①驱动因子如

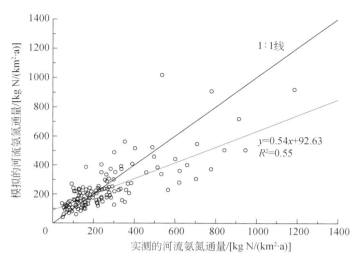

图 6-53　河流氨氮通量实测值和模拟值的对比

何影响污染物产生和输运等问题尚不明确，导致在模型形成上存在一定的困难；②由于数据量的限制，在结果验证上非常困难，导致构建的模型的复制性和操作性差。本着简单易操作、结果精度高的原则，可否在有限的范围内通过一定的手段来改善模型（6-19），使之变成预测精度高、数据输入少、跨流域跨时间的氨氮经验模型？Han 和 Xu（2009）提出了采用面板数据回归模型来解决这种跨流域跨时间的氨氮污染通量预测的问题，并在美国的密歇根湖流域进行了应用，结果显示该方法精度很高。本小节借鉴该模型体系模拟淮河流域 20 个子流域 2003～2010 年逐年的氨氮输出通量。

（2）面板数据模型介绍

数据的类型主要可分为三大类，即时间序列数据（time series）、截面数据（cross section）和面板数据（panel）。时间序列数据指一个或多个变量在一段时间内的变化的数据（如年度或季度 GDP 数据）；截面数据指在同一时间节点，一个或多个变量在一些采样单元或目标被同时收集而得到的数据（如各省份 2015 年人口数量数据）；面板数据，即 Panel Data，也叫"平行数据"，是指在时间序列上取多个截面，在这些截面上同时选取样本观测值所构成的样本数据。

面板数据分两种情形：①个体少，时间长；②个体多，时间短。一般来说，面板数据主要指第 2 种情形。面板数据用双下标变量进行表示，如

$$Y_{it}, \ i = 1, \ 2, \ \cdots, \ N; \ t = 1, \ 2, \ \cdots, \ T \qquad (6\text{-}20)$$

式中，i 对应面板数据中不同的个体；N 表示面板数据中个体总数；t 对应面板数据的不同时间节点；T 表示时间序列的总长度。

实际上，淮河流域 20 个子流域 2003～2010 年河流氨氮通量数据由于具有时间和空间维度，可被认为是典型的面板数据。根据 Gujarati 和 Porter（2012），面板数据与时间序列数据和截面数据相比具有很多优势。

1）由于面板数据描述的是各截面（比如个体、单位、区域等）随时间序列动态变

化，数据信息更为丰富，更便于考察其空间异质性。这样，基于面板数据的分析更接近真实情景。

2）面板数据可提供更丰富的信息，降低数据共线性的影响，同时可以提高数据自由度，从而极大地提升了对数据的利用效率。

3）面板数据可以定性和定量揭示数据中蕴含的，而时间序列和截面数据无法揭示的规律。

4）面板数据可以通过对数据的分析，协助构建更为精准的模型。

5）面板数据还可以减少数据由于全局回归所带来的系统性偏差。

用面板数据建立的模型通常有 3 种，即混合模型、固定效应模型和随机效应模型。

1）混合模型（pooled model）。混合模型指面板数据中任何个体或截面回归系数相同的模型，该模型可以表达成如下的形式：

$$Y_{it} = a + \beta_1 x_{1it} + \beta_2 x_{2it} + \cdots + \beta_k x_{kit} + \mu_{it} (i = 1, 2, 3 \cdots, N; t = 1, 2, 3, \cdots, T)$$

$$(6\text{-}21)$$

式中，Y_{it} 为因变量；a 为截距项；x_{kit} 为第 k 个自变量在 i 个体 t 时间段的取值；μ_{it} 为误差项；β_1，$\cdots$，β_k 表示第 1 到 k 个自变量的回归系数。由于该模型对于任何个体和截面，回归系数 a，β_1，$\cdots$，β_k 都相同，求解这些回归系数可由常见的最小二乘法（ordinary least square，OSL）得出。实际上，若将式（6-19）进行自然对数转化成线性回归方程，即为典型的混合模型。

2）固定效应模型（fixed effect model）。固定效应模型可分为 3 大类，即个体固定效应模型、时点固定效应模型和个体时点固定效应模型。本节以个体固定效应模型为例阐述该模型的内涵，个体固定效应模型表达式为

$$Y_{it} = a_i + \beta_1 x_{1it} + \beta_2 x_{2it} + \cdots + \beta_k x_{kit} + \mu_{it} (i = 1, 2, 3, \cdots, N; t = 1, 2, 3, \cdots, T)$$

$$(6\text{-}22)$$

通过对式（6-21）和式（6-22）的比较可发现，两者仅截距项存在差异。这说明对于固定效应模型，斜率相同，但对于每个个体都存在一个单独的截距 a_i，即该模型既允许了共性（斜率相同），又包含了个性（截距不同）。

为了更加清晰地展示个体固定效应模型和混合模型的差异，本小节对两种模型的回归结果进行对比。从图 6-54 中可以看出，当对含有个体 1 和个体 2 的面板数据进行回归时，若采用混合模型进行拟合，完全偏离数据原有的规律，使得结果较差；若采用个体固定效应模型进行拟合，由于该模型允许个体效应的存在，即截距不同。这样拟合的结果与数据的内在规律相吻合。因此，对于这种情形的面板数据，固定效应模型更为适合。

时点固定模型与个体固定效应模型较为类似，主要不同是个体固定效应模型允许每个个体拥有不同的截距，而时点固定效应模型是允许每个时间节点拥有不同的截距。而个体时点固定效应模型是个体固定效应和时间固定效应模型的延伸，该模型认为每个个体和每个时间节点都拥有不同的截距。由于该方法较为复杂，在实际建模中时点固定模型和个体固定效应模型应用较为普遍。

为了更好地体现个体效应和群体效应，这里将式（6-22）进行改写为

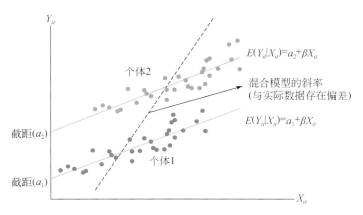

图 6-54　忽略固定效应所带来的偏差示意图

$$Y_{it} = \overline{a} + a_i^* + \beta_1 x_{1it} + \beta_2 x_{2it} + \cdots + \beta_k x_{kit} + \mu_{it} (i = 1，2，3，\cdots，N；t = 1，2，3，\cdots，T)$$

$$(6\text{-}23)$$

式中，$\overline{a}$ 为所有个体的平均截距；a_i^* 为个体 i 与平均截距的偏离值。对于这个群体，平均截距为 $\overline{a}$，斜率为 β_1，$\cdots$，β_k。不难发现，$\overline{a} + a_i^*$ 等同于式（6-22）中的 a_i。

在参数的求解上，一般采用离差变换 OLS 进行，该方法的原理是先把面板数据中每个观测值变换为其对平均值的离差观测值，然后利用离差变换数据估计模型参数。

3）随机效应模型。随机效应模型可分为个体随机效应模型和时点随机效应模型。个体随机效应模型的表达式与式（6-22）大体相同，但唯一的不同是指标 a_i 的含义。式（6-22）认为 a_i 为个体 i 的截距，而在随机效应中被认为是误差项，其无确切物理含义，a_i 值与模型各输入参数不存在任何相关关系。在随机模型中，a_i 可以由式（6-24）表示：

$$a_i = \overline{a}' + \varepsilon_i \tag{6-24}$$

式中，$\overline{a}'$ 表示变量的随机平均误差值，ε_i 是误差项（$\sum \varepsilon_i$ 等于 0）。

将式（6-24）代入式（6-22）中得到：

$$Y_{it} = \overline{a}' + \beta_1 x_{1it} + \beta_2 x_{2it} + \cdots + \beta_k x_{kit} + \varepsilon_i + \mu_{it} \tag{6-25}$$

在模型参数的估计上多采用 GLS（generalized least squares）估计法。该模型的具体介绍及参数估算方法可参见 Hsiao（2004）。

（3）模型的选择和判定

在模型的选择上，实际上通过一定的数学检验方法来判定参数的一致性。这些检验方法包括 F 检验和 Hausman 检验。在模型的选择和判定时很多软件可供采用，如 SAS（SAS Institute Inc.）和 EVIEWS（IHS Global Inc.）等软件，本小节仅对模型判定过程做基本介绍，模型判定的主要步骤如下。

a. F 检验

零假设 H_0：面板数据模型中任何个体或截面回归系数相同；

备择假设 H_1：面板数据模型中任何个体或截面回归系数不相同。

此时应采用 F 检验（Hsiao，2004）进行。检验后若接受该假设应采用混合模型，若拒绝该假设，应继续进行判定：

$$F_1 = \frac{(\mathrm{SSE}' - \sum_i^N \mathrm{SSE}_i)/[(N-1)(K+1)]}{\sum_i^N \mathrm{SSE}_i/[NT - N(K+1)]} \sim F[(N-1)(K+1), NT - N(K+1)]$$

(6-26)

式中，N 为个体的总数；T 为总时间跨度；K 为解释变量对应参数的个数；SSE' 为所有数据进行 OSL 回归的残差平方和（sum of squared errors，SSE），SSE_i 为第 i 个体进行 OSL 回归的 SSE。

若第一步 F 检验判定拒绝原零假设，此时还应继续采用 F 检验。此时

零假设 H_0：面板数据模型中任何个体或截面斜率相同，截距不同；

备择假设 H_1：面板数据模型中任何个体或截面斜率不相同，截距不同。

此时 F 统计量变成：$F_2 = \dfrac{(\mathrm{SSE}'' - \sum_i^N \mathrm{SSE}_i)/[(N-1)K]}{\sum_i^N \mathrm{SSE}_i/[NT - N(K+1)]}$，该 F 统计量主要通过比较

等斜率模型的残差平方和 SSE'' 和个体 OSL 回归的残差平方和的差异（$\sum_i^N \mathrm{SSE}_i$），最终确定最优方程。如果统计量 F_2 小于 5% 检验水平下 F 分布临界值 $\{F[(N-1)K, NT-N(K+1)]\}$，则不能拒绝原假设 H_0，表明采用相同斜率、不同截距的模型方程是合适的；否则，拒绝 H_0，采用变随机系数模型拟合样本更为合理。

b. Hausman 检验

若上一步的统计量 F_2 检验结果接受零假设，需通过 Hausman 检验（Hausman，1978）进一步确定是应该用随机模型还是固定效应模型。此时零假设 H_0：固定效应模型是无偏的。

6.7.1.3 淮河流氨氮通量的面板数据模型

本小节在对模型（6-19）的基础上，采用面板数据回归法重新建模。基于模型的优选和假设检验（图 6-55），个体固定效应模型被证实为无偏的，可更好地实现河流氨氮的模拟，模型表达式如下：

$$\mathrm{RAF}_{it} = Q_{it}^{0.716}\exp(0.000\,103\mathrm{NANI}_{nit} + 0.003\,311\mathrm{NANI}_{pit} - 2.135 + c_i) \quad (6\text{-}27)$$

式中，RAF_{it} 为第 i 个流域第 t 年的河流氨氮通量；Q_{it} 为第 i 个流域第 t 年的河流径流量；NANI_{nit} 为第 i 个流域第 t 年人类活动分散源净氮输入；NANI_{pit} 为第 i 个流域第 t 年人类活动点源净氮输入；-2.135 表示这 20 个流域的平均截距；c_i 为第 i 流域的截距与平均截距的偏

离，其值见表6-17。通过对模型参数的分析发现（表6-18），所有模型参数均达到极显著水平（$P<0.001$）。此外，对模型的基本统计指标进行判别发现模型效果较好（表6-18），精度较高。

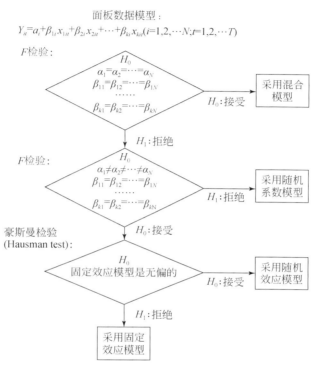

图 6-55　面板数据模型的假设检验流程

表 6-17　个体固定效应模型回归参数

变量	参数值	标准误	t 统计量	显著性
C	−2.135	0.337	−6.328	0.000
Ln（Q）	0.716	0.050	14.304	0.000
$NANI_n$	0.000 103	0.000	8.595	0.000
$NANI_p$	0.003 311	0.000	9.820	0.000

续表

变量	参数值	标准误	t 统计量	显著性
与平均截距偏离值				
C_1	1.173			
C_2	1.497			
C_3	1.427			
C_4	1.222			
C_5	0.357			
C_6	−0.152			
C_7	−0.955			
C_8	0.095			
C_9	−2.227			
C_{10}	−0.596			
C_{11}	−1.378			
C_{12}	−0.566			
C_{13}	1.174			
C_{14}	1.446			
C_{15}	−1.128			
C_{16}	−0.773			
C_{17}	−1.019			
C_{18}	−0.579			
C_{19}	0.834			
C_{20}	0.147			

表 6-18　个体固定效应模型的基本统计指标

模型统计指标	值	模型统计指标	值
调整的 R^2（Adjusted R-squared）	0.791	因变量均值（Mean dependent var.）	5.272
标准误（S. E. of regression）	0.291	因变量标准差（S. D. dependent var.）	0.687
残差平方和（Sum squared resid.）	11.604	赤迟信息准则（Akaike info criterion）	0.502
似然估计值（Log likelihood）	−17.124	施瓦茨准则（Schwarz criterion）	0.944
F 统计值（F-statistic）	33.988	HQ 信息准则（Hannan-Quinn criterion）	0.681
F 检验（Prob（F-statistic））	0.000	德宾–沃森统计量（Durbin-Watson stat.）	2.270

　　模型可解释 81% 的河流氨氮通量的时空变异，模型预测误差相对系统，分布在 −46.9% ~ 183.2%，平均误差为 4.5%。误差的 1/4 位，中值和 3/4 位分别为 −15%，2.1% 和 21%（图 6-56）。与模型（6-19）相比，模型显著改善了预测过程，系统性偏差较小，实测值和模拟值分布与 1:1 线非常接近。考虑氮在流域生态系统中复杂的生物地

球化学过程（Chen et al.，2014；Han and Xu，2009；Yan et al.，2010），该模型（6-27）的精度非常高，可满足实际管理需求。

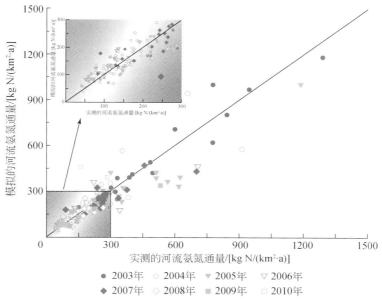

图 6-56　河流氨氮通量实测值和模拟值的对比

为了更清晰地展示模型的结构及其合理性，本节对截距进行了分析。将方程（6-27）中 NANI_n 和 NANI_p 设为 0，即假设流域无人为输入源，此时河流的输出仅与自然生态相关。这样，自然背景输出的河流氨氮通量为

$$\text{RAF}'_{it} = Q_{it}^{0.715} \text{e}^{-2.135+c_i} \qquad (6\text{-}28)$$

相应的，自然背景输出（E_n）占总输出的百分比可由该方程计算得出

$$E_n = \text{RAF}'_{it} / \text{RAF}_{it} = \frac{Q_{it}^{0.715} \text{e}^{-2.135+c_i}}{Q_{it}^{0.715} \exp\ (0.000\ 108\text{NANI}_{nit} + 0.003\ 311\text{NANI}_{pit} - 2.135 + c_i)} \qquad (6\text{-}29)$$

而人类活动造成的河流氨氮输出（E_a）占总输出的百分比为

$$E_a = 1 - \frac{\text{RAF}'_{it}}{\text{RAF}_{it}} = 1 - \frac{Q_{it}^{0.715} \text{e}^{-2.135+c_i}}{Q_{it}^{0.716} \exp\ (0.000\ 103\text{NANI}_{nit} + 0.003\ 311\text{NANI}_{pit} - 2.135 + c_i)} \qquad (6\text{-}30)$$

各流域多年平均（2003～2010 年）的 E_n 和 E_a 与土地利用相关，如多年平均的 E_n 与自然土地利用面积的相关性极显著（$P<0.001$），说明森林、草地等受人为干扰面积比例较大的流域，自然背景输出所占的比例较高；相反地，E_a 与耕地、居民地等人类活动干扰相关的土地利用相关，即受人类活动干扰越大，E_a 的值越高。该结果进一步证实了所构建的面板数据模型在模型构建上，通过采样相同斜率，不同截距的形式，容许群体效应和个体效应，使得模型不仅可精准模拟河流氨氮的输出，而且精准地反映了与流域特征相关的个体效应。

总之，虽然构建的模型很难进一步深入模拟逐月或者逐日河流氨氮污染情况，但与复

杂的机理模型如 GWLF（Du et al.，2014），ReNuMa（Sha et al.，2013）和 SWAT（Santhi et al.，2001），本书所构建的模型简单、精度高、对数据要求低，可适用于多个流域逐年的河流氨氮的预测。通过对点源和分散源输入及径流量的敏感性分析及情景设计，可实现对区域氨氮污染的有效预测和科学管理。

6.7.2　氨氮污染源解析

6.7.2.1　各独立污染源的贡献

在对河流氨氮污染源管理时，首先需了解影响淮河流域河流氨氮通量的最重要的污染来源是什么？各个污染来源的贡献比例是多少？了解这些问题才能为区域政策制定提供有效的决策建议。

在式（6-27）中，我们计算了自然条件下（即无人类活动干扰）氨氮的输出，那么人类活动导致的氨氮输出则由式（6-31）计算得出

$$\text{RAF}_{it}^* = Q_{it}^{0.715} \, e^{-2.135+c_i} \left(e^{0.000\,103\text{NANI}_{nit}+0.003\,311\text{NANI}_{pit}} - 1 \right) \tag{6-31}$$

式中，c_i 参见表 6-17。$0.000\,103\text{NANI}_{nit}+0.003\,311\text{NANI}_{pit}$ 可被认为由人类活动产生的、并潜在影响河流水质的总输入。为了估算逐个独立输入项对河流氨氮通量的影响，首先需计算各个独立输入项占潜在总输入的比例。在潜在总输入项中，将其他输入项都设为 0 得到的值除以潜在总输入，该值即为对应的输入项占总输入的比值。最后，将该比值乘以 RAF_{it}^* 即可得出由该污染源输入造成的河流氨氮输出。例如，计算由化肥输入（N_{chem}）造成的河流氨氮的输出（RAF_{chem}）可由式（6-32）进行估算

$$\text{RAF}_{\text{chem}} = \frac{0.000\,103 N_{\text{chem}_{nit}}}{0.000\,103\text{NANI}_{nit}+0.003\,311\text{NANI}_{pit}} Q_{it}^{0.715} \, e^{-2.135+c_i} \left(e^{0.000\,103\text{NANI}_{nit}+0.003\,311\text{NANI}_{pit}} - 1 \right)$$

$$\tag{6-32}$$

其他污染输入导致的氨氮输出的估算与式（6-32）类似。

淮河流域 20 个流域 2003～2010 年主要污染源对河流氨氮输出的贡献如图 6-57 所示。从图中可以发现，不同的流域在污染源组成上差异很大。由人类活动导致的河流氨氮输出占总输出量的 57%～99%（平均达到 90%），而自然来源导致的河流氨氮输出占总输出量的 10%。自然来源贡献较大的流域主要出现在森林覆盖面积较高的流域，如 2 号和 14 号流域自然来源的贡献达到 40%；化肥输入贡献较高的流域主要表现为耕地面积较大，如 18 号流域和 20 号流域，这些流域中由化肥输入，贡献了 50% 的河流氨氮输出；大气氮沉降大约贡献了 11% 的河流氨氮输出，其他的污染来源如生物氮固定、农业地区食品/饲料输入所带来的河流氨氮输出较少，分别为 4.5% 和 5.4% 左右。

点源输入（包括生活污水排放和工业点源）对河流氨氮输出贡献较大的流域主要为 9 号、10 号、11 号和 17 号流域，这些流域由于人口密度大，导致点源对河流污染的影响也较为严重。在 9 号、10 号和 11 号流域，由于这些流域内部分布有大型的工厂和重污染企业（如造纸厂等），使得点源尤其是工业点源贡献较大。总体上，与工业点源相比，城市

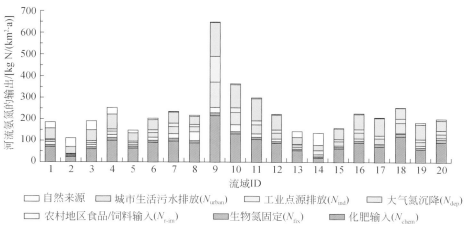

图 6-57　各个独立的污染源对河流氨氮通量的贡献

生活污水排放是重要的点源输入，该结果与淮河流域相关政府报告吻合，该报告指出大约 75% 的点源污染都来自于生活污水排放。本小节对这 20 个流域的结果研究发现，80% 的点源污染贡献都是来自于生活污水排放。通过这些信息，我们可以全面掌握各个污染源对河流氨氮污染的贡献，从而可以有针对性地对主要污染源加以控制从而削减污染。

该结果也揭示了氨氮污染的程度与污染类型相关，如点源贡献较大的流域氨氮输出通量也较高。该结果说明严重的氮污染往往是由于高强度的点源排放导致的。

6.7.2.2　污染源调控

通过模型输入敏感性分析，可以了解主要污染源（比如点源输入和分散源输入）的变化对河流氨氮输出的影响，从而可有效结合水质目标来制定削减方案。本小节通过对模型的各个输入项设计 ±5% 和 ±10% 的变化，来探讨由污染源输入量增加或减少对河流氨氮输出可能的变化。

结果显示，当人类活动氮输入被削减或增大时，会对最终河流氨氮输出产生较大的影响（表 6-19）。整体上，当对氮输入量进行削减时，河流氨氮的降幅要低于污染输入增加时河流氨氮的增幅。例如，当对化肥氮输入减少 5% 时，河流氨氮输出减少 6.6%，然而当化肥氮输入增大 5% 时，河流氨氮输出增大 7.2%。对于其他输入项也表现出了类似的规律。这种不平衡的效应可用氮饱和效应来解释（Howarth et al.，2012），即大量的盈余氮累积在地表使得地表土壤对氮的截持能力达到过饱和。这样当再额外输入氮进入生态系统中时，更多的氮会被冲刷而进入水体；反之，当对土壤氮输入进行削减时，土壤中残存的氮又会变成河流氮输出的重要污染源。这就导致了在污染物削减上，河流中氨氮输入并没有得到明显的改善。

表 6-19　各个独立输入项负荷变化 5% 和 10% 时对河流氨氮输出的影响

模型输入	河流氨氮输出变化（平均值±偏差）			
	削减 5%	增大 5%	削减 10%	增大 10%
$NANI_n$	−10.2±4.5	11.6±5.5	−19.1±8.1	24.9±12.3
N_{chem}	−6.6±2.8	7.2%±3.2	−12.7±5.2	15.0±6.7
N_{fix}	−0.8±0.3	0.8±0.3	−1.6±0.6	1.6±0.6
N_{r-im}	−1.0±0.8	1.0±0.8	−1.9±1.5	2.0±1.6
N_{dep}	−2.2±1.5	2.2±1.6	−4.3±3.0	4.6±3.3
$NANI_p$	−6.0±3.1	6.6±3.1	−11.6±5.8	13.7±7.8
N_{ind}	−1.3±1.2	1.3±1.3	−2.6±2.4	2.7±2.7
N_{urban}	−4.8±2.3	5.1±2.6	−9.4±4.4	10.6±5.5
I_{sew}	2.8±2.4	−2.6±2.2	5.7±4.9	−5.2±4.2
I_{rem}	2.8±2.4	−2.6±2.2	5.7±4.9	−5.2±4.2
年径流	−3.6±0.0	3.6±0.0	−7.3±0.0	7.1±0.0

　　点源输入和分散源输入相比，分散源输入的变化对河流氨氮输出的影响最大，该结果一方面揭示了当前分散源污染是淮河流域氨氮输出最重要的污染来源，该结果与图 6-57 吻合，另一方面说明对于分散源输入的削减和控制尤为重要。在分散源污染的各项输入中，化肥输入对河流氨氮输出的影响最大，因此加强农业化肥输入的管理可有效缓解流域氮污染问题。其他输入项对河流氨氮输出的影响较小，如若将大气沉降减少 5%，河流氨氮输出量仅减少 2.2%。

　　在点源系统中，相同变化下，城市生活污水排放对河流氨氮输出的影响要高于工业点源排放，该结果说明控制城镇生活污水排放是十分重要的氮污染控制措施。提升城市污水处理能力也可以一定程度改善河流氨氮输出，比如将城市污水处理率和污水氮去除率提高 5% 时，河流氨氮输出将会较少 2.6%。

6.7.3　快速城市化发展对未来河流氨氮通量的影响

　　第 5 章的结果表明，虽然过去几十年来城市化增长速度十分迅速，但是由于当前城镇化水平要远低于全国平均水平，未来城镇化仍然有很大的增长潜力和空间。快速城市化发展会带来诸多环境问题，其中较为突出的是人口快速地向城市地区涌入，随之会导致大量的生活污水排放，而当前淮河流域污水处理率较低，日益增长的污水量已超出或正在超出其处理容量，使得很多污水未经处理直接排放污染水体，加剧了环境保护和城市发展之间的矛盾。

　　为了探讨快速城市化发展，尤其是快速人口流动及污染处理对氮污染的影响，本小节在模型的基础上设计几种情景。

　　情景 A "城镇化发展优先"。假设未来城市率不断提高，但是污水处理率仍然维持在

2010 年的水平。假设流域污水处理厂年污水处理量（W_{sew}）维持在 2010 年的水平不变。

情景 B "可持续发展模式"。假设城市化发展的同时，城市污水处理率同步提升，两者增幅保持一致。假设城镇化率不断提高，污水处理厂年污水处理量（W_{sew}）也同步提升，且两者增加幅度保持一致。

情景 C "环境管理优先"。假设城市化不断增长，而污水处理率提升至100%，即所有的工业污水和生活污水都经处理后才排放进入河流。假设城镇化率不断提高，污水处理率（I_{sew}）达到100%。

在这些情景中，本小节仅考虑城镇化过程中由于快速的人口流动及污水处理带来影响。实际上，城市化效应可能对区域气候、工业污水排放和土地利用等都会产生一系列效应，从而最终影响人类活动氮的输入及输出。由于所构建的模型未体现这些因子，因此未对这些因子加以考量。前人的大量研究已揭示由于快速城市化导致的土地利用变化对河流输出的影响（Bhaduri et al.，2000），而快速的人口流动及环境管理对河流氮污染的影响鲜有报道。本小节重点分析由于快速城市化发展导致的人口流动及环境管理对河流氮污染的影响。

在模型输入上，为摒弃气候因子的影响，本小节年径流量采用 2003～2010 年多年均值作为输入数据；除与预设情景相关的模型输入数据发生变动外，其他的模型输入参照 2010 年。2010 年的城镇化率为 35%，本小节设定城镇化在 2010 基础上增加 5%～30%，即考察城镇化率达到 40%～65% 时河流氮污染通量的变化情况。

从图 6-58 中可以发现，氨氮的通量随着城镇化的提高而增加。各个城镇化增幅下，河流氨氮输出排序为：情景 A>情景 B>情景 C，这说明快速城市化发展会在一定程度上加剧氮污染。情景 A 与情景 B 相比，虽然可持续发展模式下河流氨氮输出要低于城镇化优先的模式，但各个城镇化增幅下，两者差异并不显著（$P<0.05$），这说明城镇化和污水处理

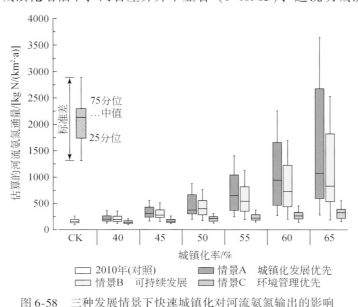

图 6-58　三种发展情景下快速城镇化对河流氨氮输出的影响

同步增长的模式很难遏制河流氮污染增长的趋势。情景 C 进一步说明，若注重污水处理，河流氨氮输出将得到极大的削减，该结果说明城镇污水处理对于氮污染管理起着十分重要的作用。

　　对于不同的城镇化增幅，当城镇化率增大 5% 时，情景 A 中的河流氨氮输出将会增加 34%，然而当 30% 的总人口转变为城镇人口时，河流氨氮输出将增加 900%。相比之下，情景 C 中当城镇化增加 30% 时，河流氨氮输出仅增加 90%。这说明城镇化发展会加剧河流氮污染，而污水处理会显著改善城市化发展带来的污染问题。该结果表明注重环境管理尤其是城市污水处理是十分重要的，在管理上应做好环境规划，合理安排产业布局，前瞻性地建设城市污水处理设施，重点关注城镇化增加的热点区的污染问题。

第7章 | 主 要 结 论

7.1 流域生态系统格局与功能

7.1.1 自然地理条件主导下的生态系统格局与功能分布

淮河流域地形地貌特点主导着整个流域的生态系统格局与功能分布。流域内中部及东部主要为平原区，该区域内为主要的农业产区，主要生态系统类型为耕地，其中耕地中近2/3 面积为旱地，分布在中部、西部和北部的平原区。耕地中近 1/3 为水田，分布在南部和东部的平原区。西南部桐柏山、西部伏牛山、南部的大别山和北部的沂蒙山的山区和丘陵地带分布着连片的森林和草地，其中分布在伏牛山、桐柏山和大别山的林地，从 2000年为主的落叶阔叶灌木林转变为 2010 年为主的落叶阔叶林，而北部的沂蒙山地带主要是草地和落叶阔叶林。整个流域尺度中人工表面用地分散且集中分布在流域中下游平原区。

流域内生态系统功能依地形条件随时间推移表现为：产水功能（产水量）高值区2000 年位于流域上游，2005 年产水量高值区位于流域的上游和下游，2010 年产水量高值区位于流域的中游和下游；高值产水量区域基本位于整个流域的西南部和东部。土壤保持功能随时间推移逐渐增强，且高值区位于山区，平原区较低；土壤保持功能高值区域基本位于整个流域的西南部、南部和北部。水质净化功能随时间推移，氮和磷保持功能逐渐增强，且高值区位于平原区的湖泊周边，围绕在洪泽湖和安徽的蒙–蚌区间。

7.1.2 人类干扰影响下的流域尺度生态系统格局分布

淮河流域尺度生态系统格局与功能的分异受人类干扰强度影响极大。最主要表现为，人类开发耕地、林地、草地和湿地等自然资源，将其转变为人工表面用地。

淮河上游位于流域的西南部，集中在桐柏山区域，主要地形为山区和丘陵，该地带分布着连片的森林，分布面积约占总面积的 1/5；中部、东部及北部平原区分布广泛，主要的生态系统类型为耕地。2000～2010 年人工表面用地在逐渐扩张，主要扩张区域集中在人口密度逐渐增加的大中型城市（如驻马店市和信阳市等）。

淮河中游占整个流域面积最大，从流域的西北部延伸到东南部，流域内山区面积相对减少，仅包括南部大别山和西部伏牛山的部分区域。这些区域土地利用组成上主要以林地为主；中部、东部及北部平原区分布广泛，其他区域主要的生态系统类型为耕地，人工表面用地分散其中。2000～2010 年人工表面用地在逐渐扩张，主要扩张区域围绕在人口密度逐渐增加的大中型城市（如郑州市、开封市、阜阳市、淮南市、蚌埠市等）。

淮河下游的水资源最丰富，该区域位于整个流域的东部。流域内全为平原区，主要的生态系统类型为耕地，由于水资源丰富，耕地主要都为水田。2000～2010 年人工表面用地在逐渐扩张，主要扩张区域围绕在人口密度逐渐增加的大中型城市（如徐州市和宿迁市等）。淮河下游最丰富水资源分布在流域内的中部和南部，主要的三级水系围绕在洪泽湖周边。

沂-沭-泗河位于整个流域北部，流域内山区主要为北部沂蒙山，其主要以林地和草地混交为主，其他区域主要的生态系统类型为耕地。2000～2010 年，人工表面用地在逐渐扩张，主要扩张区域围绕在人口密度逐渐增加的大中型城镇。

7.1.3 人类干扰强度控制淮河岸边带尺度生态系统格局分布

岸边带生态系统格局分布受河流周边人类活动强度的控制。分布在山区和丘陵地带的河流随着岸边宽度的增加，主要生态系统类型为林地和草地的比例也上升；而分布在广大平原区的河流周边的岸边带主要为耕地和人工表面，且随岸边宽度增加，这两种生态系统类型的比例在逐渐增加，尤其在流域的下游和中游的东部表现地更为明显。

流域整体趋势是随岸边宽度增加，耕地大幅度减少，而人工表面大幅度增加。2000～2010 年以来，各二级子流域岸边带生态系统类型的分布情况差异明显。淮河上游，林地和耕地面积大幅度减少，人工表面面积大幅度增加，在距离河流 500m 时，耕地面积变化幅度最大；在距离河流 1500m 时，人工表面面积变化幅度达到最大。淮河中游，林地和耕地面积均减少，人工表面面积大幅度增加，其中耕地和人工表面面积在距离河流 1000m 时变化幅度最大。淮河下游，湿地和耕地面积均减少，人工表面大幅度增加，其中耕地和人工表面面积在靠近河流的岸边带 1500m 以内变化幅度相对较大，之后变化幅度趋于稳定。沂-沭-泗河流域，林地、湿地和草地面积变化很小，耕地面积大幅减少，人工表面面积大幅度增加，其中耕地和人工表面在靠近河流的岸边（1000m）变化幅度显著增大，而之后随岸边带宽度的增加，变化幅度趋于稳定。

7.1.4 淮河流域生态系统功能分布时空差异特点

淮河流域产水功能、土壤保持功能和水质净化功能年际和空间差异都较大，变化趋势也不尽相同。总体上淮河流域生态系统土壤保持功能和水质净化功能都得到了一定的提升，而产水功能并没有得到改善。

1）产水功能。2000～2005 年产水功能增强，而 2005～2010 年减弱；空间变化差异明显。2000 年高值区位于流域上游，2005 年高值区位于流域的上游和下游，2010 年位于流域的中游和下游；总体上，高值产水功能区域位于流域的西南部和东部。

2）土壤保持功能。随时间推移，该功能逐渐增强，且高值区位于山区，平原区较低；

高值土壤保持功能区域基本位于整个流域的西南部和北部。

3）水质净化功能。氮和磷保持功能逐渐增强，高值区位于平原区的湖泊周边，即洪泽湖和安徽的蒙-蚌区间。

7.2 流域水资源

7.2.1 流域水资源短缺问题日趋严重

（1）水资源严重短缺

淮河流域多年平均年降水深为 911mm，多年平均年陆地蒸发量为 653.8mm，占流域多年平均年降水深的 75%。年降水量 800 mm 等值线大体为湿润与半湿润的分界线。该线以南气候相对湿润；以北气候相对干旱。

2000~2010 年，水资源总量平均值为 947.23 亿 m³，其中地表水资源为 714.30 m3，地下水资源量为 375.81 亿 m³。水资源总量在 2003 年为最大。淮河流域水资源总量的分布和降水基本相似，也表现出南部大、北部小的特点。

（2）用水量不断增加

淮河流域的总用水量仍呈逐年增长趋势，总用水量具有年际变化大的特点。2000 年用水量比 1980 年增加 67 亿 m³，人均用水量在 300~400m³。工业和生活用水增长迅速，年平均增长率分别为 4.1% 和 4.7%。用水总量中，农业用水所占比例高，但农业用水受气象因素的影响大。工业用水量次之，达到 17.4%，其他用水类型用水比例均较少。

（3）闸坝的大量修建削弱了水体自净能力

淮河流域已建成大中小型水库和塘坝 5000 余座，总库容近 300 亿 m³，兴利库容 150 亿 m³，分别占多年平均年径流量的 51% 和 25%，其中大型工程蓄水库容占全部蓄水工程的 63%。主要分布于淮河上游和淮南山区、沂蒙山区。淮河流域蓄水工程总库容与天然径流的比值是全国平均的 2.5 倍，但大型工程蓄水库容占全部总蓄水库容的比例低于全国平均水平 13%。然而，大量的闸坝修建保障了区域工业用水的同时，也影响了河道的自然连通性，导致水体自净能力降低，使得部分地区有水皆污，结构性缺水严重。

淮河流域水资源短缺问题原本就极为突出，加上流域近些年快速发展，用水量不断攀升，流域水资源短缺问题日趋严重。

7.2.2 流域水资源开发利用问题突出

通过对淮河流域历史时期 1956~2000 年以及 2000~2010 年水资源及其开发利用的分析研究，得出淮河流域近些年在水资源开发利用存在以下较为突出的问题。

（1）水资源短缺，供需矛盾突出

淮河流域人口和耕地面积分别占全国 13.1% 和 11.7%，粮食产量占全国 16.1%，

GDP占全国的13%，而流域多年平均水资源量仅占全国2.8%。流域水资源面临的压力是全国平均水平的4～5倍。流域人均地表水资源量为500m³，仅为世界平均水平的1/20、全国平均水平的1/5；每公顷平均地表水资源量为27.8m³，也仅为世界平均水平的1/7、全国平均水平的1/5，属于严重缺水地区。随着流域国民经济的迅速发展，流域缺水问题将更加突出。在遇到连续干旱年份，流域水资源的供需缺口将会更大。

（2）受气候变化和人类活动影响，水资源数量减少趋势明显

淮河是中国南北方的自然分界线，气候多变复杂。在全球变暖及流域内人类活动的加剧（快速城市化等）的背景下，水资源减少趋势明显，水资源的供需矛盾进一步突出，将使原已十分紧张的水资源供需形势更加严峻。

（3）节水意识不强，水资源利用效率低

流域内农业用水占总用水量的比重高，但存在浪费的问题。主要原因是灌溉系统的渗漏和落后的自流式漫灌方法。在工业用水方面，水的重复利用率只有20%～30%，而发达国家却高达70%～80%。在生活用水方面，农村人畜用水量相对较小，但城镇人均用水量高达178L/d。由于供水系统的渗漏和管理不当，以及节水意识不强，生活用水也存在一定程度的浪费。

（4）闸坝众多，水资源开发利用程度高

淮河流域闸坝水利工程众多，这些闸坝在流域防洪抗旱、农业灌溉和供水等方面发挥巨大效益。但闸坝的联合调度、经济发展过程中排污控制与水环境修复和保护之间的协调与矛盾问题十分突出。目前淮河流域已有大中型水库5700多座和水闸5000多座，总库容303亿m³，兴利库容150亿m³，分别占多年平均年径流量的51%和25%，地表水利用率远远高于国际上内陆河流开发利用率水平。流域众多水利设施的修建，引起了天然径流过程的大幅度改变，对河流生态与环境造成了非常不利的影响。

（5）水利工程基础设施建设滞后，开发过度与开发不足并存

水利工程老化失修，供水和水源结构不合理区域间水资源开发利用程度差别大，开发过度与开发不足并存。灌溉水井完好率不足60%，蓄水工程配套不足70%。淮北平原、南四湖等地区，水资源开发利用程度已接近或超过其开发利用的极限。而淮河以南及上游山丘区尚有一定的潜力，但进一步开发利用的难度和代价很大。

（6）流域水资源管理困难

当前淮河流域水资源管理中存在以下问题。

第一，水资源问题突出，加强流域水资源管理难度大任务重，集中表现为淮河流域的水资源短缺、水污染严重、水资源数量减少、水结构不合理效率效益不高、基础设施建设滞后和水生态系统安全受到威胁等大问题难破解。加上跨省河流多，行政区界控制断面复杂，流域控制性大工程少。以致在水资源规划协调、监控监测体系、实施调度、水事矛盾调处等方面难度加大。

第二，水资源管理职责难到位。根据国务院《取水许可制度实施办法》《关于授予淮河水利委员会取水许可管理权限的通知》等法规，明确规定淮委是南四湖、沂沭河、骆马湖等直管河湖段取水许可管理实施主体。但地方省、市从本区域利益出发制定地方法规和制度，甚至成立相同职能的管理机构，从本区域利益出发，各行其所，造成无序取水和水事矛盾。

第三，水资源管理监控、监测体系亟待完善。行政执法机构建设不完善，未实现行政执法专职化，监察基础设施不能满足工作需要，执法信息处理设备落后，执法陆上水上交通工具严重缺乏，水政监察执法人员无人身安全防护设备。重要江河水量控制断面监测站点不足，水质水量监测不同步，取水口、排污口监测设施严重缺乏，水质自动监测站建设滞后，水质、水量应急监测能力与水资源管理工作要求还有较大差距，监测、科研等方面能力和投入不足。人员、经费投入不足，管理信息化水平不高，重要管理制度不完善和重大技术问题未解决，管理人员业务水平亟待提高。

第四，地下水管理问题多。地下水管理人才缺乏。专门从事地下水管理、科研、规划设计的专业人才太少，地下水管理技术支撑不足。地下水勘探、监测、地质环境等技术基础资料少。地下水分析、评价、论证等研究成果少，地下水管理工作任务重。

第五，水资源管理控制指标体系建设进展不快。流域水资源管理控制指标尚未确定。用水总量、用水效率、水功能区达标率三条红线控制指标；江河流域水量分配方案制订进展较慢。淮河流域至今还没有一条经国务院、水利部批复的河流水量分配方案。地下水用水总量控制及压采指标、取水许可总量控制指标、水功能区纳污能力核定、节水定额等围绕三条红线控制的其他流域性控制指标急待形成；除淮河、沙颍河污染联防外，淮河流域性水资源调度方案制订几乎空白。

第六，流域水资源管理基础工作急待加强。公报、年报等基础资料统计问题多；水资源管理信息化水平还不高；缺乏应急事件处置预案。

7.3 流域水环境

7.3.1 流域重污染区分布集中

（1）重污染区分布集中，主要分布在河南和山东的部分水系

对淮河流域内四省水质进行评估发现，2000～2010 年，淮河水系河南省部分劣Ⅴ类所占的比例最高，平均达到 49%。江苏省部分劣Ⅴ最低，为 20%。从时间变化趋势上看，河南、江苏的水质改善明显，劣Ⅴ类水质明显减少；截至 2010 年，安徽、山东两省的Ⅴ类和劣Ⅴ类的比例明显低于 2000 年，说明两省水质都表现出了改善的趋势。

从淮河流域上下游和沂–沭–泗河来看，整体上中游水质最差，Ⅴ类和劣Ⅴ类比例最高，上游高于下游。从时间上来看，上下游水质改善明显。尤其是淮河上游，到 2010 年水质接近下游水质；从主要支流来看：大运河江苏入江和入海河道水质较好，而颍河、沭河和涡河水质较差，多处监测断面一直处于劣Ⅴ类；从省界水体来看：苏—皖流向的水体水质最差，而皖—豫和鄂—豫流向的水质最优；从重点功能区来看，Ⅲ类水的比例最多，达到 33.66%；其次为Ⅳ类，为 32.67%；Ⅴ类水为 22.77%；劣Ⅴ类为 7.82%。

（2）各污染物空间分布相似，南四湖上级湖入湖支流、涡河、颍河沿线水域污染物浓度高

从污染物的空间分布来看，COD、氨氮、总磷和高锰酸盐指数等污染物表现出了相似的空间分布特征。污染物浓度较高的区域都集中在南四湖上级湖入湖支流、涡河、颍河沿线水域；而污染物浓度低，水质较好的区域主要为淮河流域西部桐柏山、伏牛山、大别山等周边水域、淮河流域东北部沂蒙山等附近水域、洪泽湖入江水道、入海水道及苏北灌溉总渠和里运河等。在进行水质管理时，应该加快治理敏感水域和重污染水域的污染状况，通过污染产业技术改良、产业结构的调整、污水处理设施的投入等多项举措来确保重污染、敏感的水域得到治理。

7.3.2 流域水质正在逐步改善

（1）劣V类断面比例明显减小

2000～2010年以来，淮河流域水质正在不断好转。尤其是劣V类断面比例明显减小，从2000年的49.5%减少为2010年的22.2%。Ⅲ类水稳中有升，由2000年的24.4%上升至2010年的38.9%。整体上，过去十多年期间，淮河干流及主要支流在国家和地方各省的大力治理下，水质改善较为明显。

（2）多数支流水质改善明显

2003～2010年，淮河干流、大运河、沂河、沭河、泗河等主要干流和支流水质改善明显。而其他支流水系如颍河和涡河的污染状况，一直呈现水质好转又变恶劣的反复情况。

从各月的污染状况来看，重污染的月份发生在枯水期，即每年的2月、3月左右，水质最好的月份主要为10月。在水质监测管理中应首先加强枯水期水质的管理，避免高浓度的污染物的扩散，增加枯水期拦截污染水源的能力，协调好水源供需矛盾。

（3）氨氮污染减缓，总磷污染加剧

主要污染物的时间趋势分析结果表明，超过40%的监测样点氨氮浓度显著降低，15%的监测样点氨氮浓度有小幅度的上升，而剩余的40%氨氮浓度未发生明显变化；而总磷的时间趋势正好与氨氮相反，大约有40%的监测样点总磷浓度显著上升，而仅有15%的样点下降，其余监测点总磷浓度未发生变化。该结果说明了在"十五"和"十一五"期间对点源的集中治理，淮河流域水污染问题尤其是氮污染问题明显得到了改善，部分监测断面水质改善明显，氨氮浓度得到了很大程度的降低。

7.3.3 污染仍以有机物和氮污染为主

20世纪以来，淮河流域首要污染物为COD和氨氮，本书通过对流域主要支流和省界水体等评估，结果数据显示，2000年以来淮河流域主要的超标污染物仍然为：COD、氨氮、总磷、高锰酸盐指数、BOD等。这说明流域整体上主要超标污染物仍以有机物和含氮污染为主，磷污染次之，相关决策和管理部门仍需继续加强对这些污染物的管控。

7.3.4 污水处理力度加大，点源入河量明显降低

（1）工业污水排放量不断增大

总体上 2001~2010 年，工业污水排放量变化较大，但总体上呈现出逐步上升的趋势。其中淮河流域内江苏、山东省污水排放量较大，河南省部分县市污水排放量大，而安徽省各县市污水排放量均最低。山东省工业污水排放主要集中在济宁市和枣庄市，而江苏省高污水排放主要集中徐州、扬州、泰州、南通和盐城等市。

（2）城市化迅速发展，生活污水排放量不断增大

1990~2010 年，城市化率由 13% 增长到 35%，淮河流域社会经济发展迅速，城市化进程进一步加快，人类活动强度进一步增强，流域生态系统正面临着日益严峻的环境挑战。其中较为明显的是，城镇生活污水量呈现出逐年增大的趋势，这说明了在快速城市化的推动下，淮河流域内了城镇人口不断增大，污染排放进一步加剧。

（3）污水处理强度不断增强

截至 2000 年，淮河流域各区县污水处理设施仅 10 处，设计污水处理量 84 万 m^3/d；但到 2010 年，淮河流域全流域污水处理设施达到 281 处，设计污水处理量达到 1152 万 m^3/d。2000~2010 年，淮河流域污水处理能力翻了 10 倍以上，通过这些污水设施的建设和投入使用，淮河流域水质得到了明显的改善。这些措施在保障淮河流域水资源、促进环境保护发挥了重要的作用。

本书还发现大约有 1/2 的新增污水处理厂在 2007 年和 2008 年之间投入使用，说明这期间淮河流域加大了对环境投资的力度，政府应加强对设施运转的监管。

（4）点源污染物入河量不断降低，河流污染得到缓解

淮河流点源氨氮入河量分布在 8 万~10 万 t，淮河流域 COD 年均入河量分布在 50 万~75 万 t，其中城镇生活贡献负荷达到总入河量的 3/4 左右，工业排放所占比例相对较低。从 2003~2010 年总体趋势上来看，2005 年为污染治理的转折年份，2003~2005 年污染负荷有一定程度的增加，2005 年以后点源氨氮和 COD 入河负荷量明显减少。过去几年来，点源入河量的削减主要由于地方政府加强了工业污水的控制，而城镇生活污水的贡献反而有一定程度的增加。这些结果从侧面说明了淮河流域在污染物总量负荷控制，尤其是在工业污水的管理和控制上有了一定的成效。然而，由于当前众多地区面临着快速增长的城市化发展的压力，使得城镇生活污水排放量明显增加，这样淮河流域城镇生活污染负荷量的削减任务艰巨。在未来一段时间内，由生活污水所带入的氨氮负荷势必对流域氨氮负荷总量控制和管理带来一定的挑战。

通过对淮河流域代表性监测断面的水质连续监测发现，淮河流域地表水水质指标有上升趋势的是总磷，有下降趋势的是高锰酸盐指数和氨氮。说明了在"十五"和"十一五"期间对点源的集中治理，使淮河流域水污染有所好转。整体上水污染明显减轻，部分监测断面水质改善明显。但农村面源污染日益凸显，水体中磷的含量逐渐上升，应予以重视。

7.3.5 流域水环境管理水平亟待提升

（1）水质有所改善，但水污染依然严重，水质管理仍需加强

2000～2010 年，通过水污染治理和水资源保护的各项措施的落实，水功能区达标比例有所上升，水质有缓慢好转趋势，但水质状况仍然不容乐观，2009 年水功能区满足 Ⅲ 类水的比例为 33.4%。据环保部门调查统计，淮河流域 222 个城镇入河污水排放总量为 58.43 亿 t，主要污染物质 COD 和氨氮入河排放总量分别为 68.72 万 t 和 8.06 万 t，与 2008 年比较，淮河流域城镇入河污水排放总量增长了 5.36 亿 t。从分析来看，淮河流域水污染依然严重，同时水质污染降低或破坏了水资源使用功能，加剧了水资源的短缺，成为制约流域经济社会可持续的重要因素之一。

（2）水资源开发利用程度较高，生态用水难以保障

淮河流域多年平均水资源总量为 799 亿 m³，占全国 2.9%，流域现有人口约为 1.7 亿，人口密度达到 620 人/km²，居七大流域之首；水资源面临的压力是全国平均水平的 4～5 倍。正是由于人多地多水少，加上水资源时空分布不均，造成枯水期水资源量严重不足。目前淮河流域现状供水能力 593 亿 m³，地表水多年平均利用率为 43%，枯水年和枯水期利用率达到 70%。水资源开发利用程度较高，导致生产生活用水挤占生态用水，部分河流正常的生态基流得不到保障，水体自净能力明显减弱，进一步加重水污染。

（3）水质监测体系不够完善

水质监测是水资源管理和保护工作的基础，其核心内容是监测和分析水资源的质量状况及变化规律，为国家和各级政府开发、管理与保护水资源提供科学依据。2000～2009 年全流域有长系列资料的水功能区共 272 个，占全流域水功能区的 26.8%，监测断面、监测频次等都不能满足水功能区监督管理的要求，流域水功能区水质监测能力亟待加强。

（4）忽视了非点源污染的控制和管理

淮河流域各支流及主要湖泊富营养化问题严重。近些年来，随着对工业废水和生活污水的处理和控制，非点源污染的贡献比例越来越大。导致总磷等主要来源于非点源的污染物污染日趋严重。然而，我国现行的水污染控制法规和管理条例基本上是针对点源污染的，政府暂未将非点源污染纳入总量控制计划，尚未出台系统的非点源污染控制政策法规（潘世兵等，2005），这在很大程度上影响了流域的水污染治理效果。

（5）管理手段过于单一

强制性的政策手段较多，而经济性调节政策、鼓励性政策、自愿性政策手段偏少。用经济手段解决水污染问题的方法较为单一，主要靠排污收费方法，而且使用范围有限，收费项目不全，收费标准与经济增长不相适应，收费率偏低，且所收费用基本上无偿返还，丧失了刺激功能，因此该手段的实施效果不甚明显，有时不能有效约束反而助长了企业的排污行为。

（6）水环境管理机构众多，管理难度大

从管理层次上看，我国目前的水资源管理体制大体分为水利部和国家环境保护总局、流域机构、地方省（区）三个层次，详细划分还包括流域机构下属的水管理部门和省（区）管辖的地（市）、县级水行政主管部门等。流域机构在水资源管理工作中起承上启下的纽带作用，在我国水资源管理中发挥了不可替代的重要作用。中央直属的流域管理机构有两类：第一类是水利部直属的流域水行政管理机构，即水利部淮河流域水利委员会，其代表水利部行使所在流域的水行政主管职能。水利部淮河流域水利委员会按照统一管理和分级管理的原则，管理本流域的水资源和河道；负责流域的综合治理；开发、管理具有控制性的重要水利工程；通过规划、管理、协调、监督和服务，促进江河治理和水资源综合开发、利用和保护。第二类是各流域委员会下属的流域水资源保护机构，如长江流域水资源保护局，职能主要是对所在流域的水资源保护工作实施统一监督管理、防止水污染、协调省际水污染纠纷等，其管理范围小于第一类机构。与此同时，同水质管理相关的还有地方各级水利部门及环保部门。由于历史原因和现时因素的限制，水资源管理体制存在着权力交叉、责任不明和各自为政等方面的缺陷。管理机构在执法与监督、水质评价、水环境监测和跟踪管理等方面力度不够、能力有限；地方政府及环保部门从自身经济利益出发，有法不依、执法不严、袒护当地污染企业。结果是影响到国家投入巨资进行污染控制的成效。

（7）资源分布不均，利益交错，平衡性目标不一

淮河流域城市群密集，资源环境状况类似，对有限资源的需求使流域上下游城市存在激烈竞争，在以往的环境污染事件中上下游城市间污染的转嫁问题导致流域城市间矛盾重重；不管是流域政府还是个人，从利益角度考量的本位主义思想，导致流域基层管理部门间的合作治污陷入困境。

流域水系是一个整体，对流域水资源的利用会产生明显的外部性，流域水资源的开发利用也需遵循基本的规律，其中最重要一条就是会造成污染的工业必须在流域下游建设；但淮河流域工业发展、产业布局完全是以地方政府管辖的流域为开发单位，不会从流域整体着眼；自税制改革以来地方政府有了更多的自主权，考量政府官员的指标从原来的单纯政治指标转化为可以量化的经济指标，上下级政府之间层层施压，这种被学者称为"压力型体制"的政治体制让地方官员只有考虑在本辖区内尽最大努力利用资源提升政绩以期实现政府以及地方官员自身的利益目标；恰恰是这种体制压力和经济发展方式导致流域产业布局极不合理。在环保压力下，地方政府依旧是以本行政区域为单位，对产业的调整只局限在本行政区域内。例如，将污染企业从区域上游转移至下游，但从流域整体角度考虑，这种局部调整只是将污染转嫁给了下游区域，没有从根本上解决问题。

淮河治污各项规划最终需要各地方政府去落实督办，关于淮河水污染治理每五年都有明确的规划，对五年内需要达到的水质要求，总量控制目标以及排污限量都有明确的规定，这种总的规划进而分化为沿淮四省的规划目标，最后需要落实在沿淮基层政府治污规划中，治污任务的层层分解，最终能否完全按照总规划目标执行尚存在疑问。对基层政府而言，淮河水污染治理虽然势在必行，但就实际执行而言疑虑与困难重重。水污染流动性导致被转嫁污染的政府对治污工作态度消极被动。从经济角度考虑，地方政府与企业之间存在依存关系。企业为政府增加利税，为保持 GDP 增速政府在某种意义上相当于企业的保护伞。在这多因素综合之下，地方政府会在当期规划目标中找到突破口，层层分解的治污规划指标已经远远超出省及以上政府的控制范围，地方政府压缩指标的行为是在幕后进行，这就是每期地方政府规划目标如期完成，但流域检测显示各规划指标却远未达标的一个内在原因。

（8）高密度闸坝分布加大了水环境管理的难度

淮河水量地理分布不均，流域上游河流普遍缺水严重而下游水量充沛，对上游而言河流资源愈发显得珍贵，淮河上游地处我国河南、安徽两省，人口密度大、农业灌溉对河流水资源依赖性强，但水量分布不均造成用水困难。地方政府兴建水利工程，如人工蓄水以应对缺水问题，有利于造福百姓。但流域闸坝林立却又造成另一种困境；以行政区划为单位兴建的水利工程没有从流域整体着眼，水利工程多为拦水闸坝且兴建数量与日俱增。如此庞大的闸坝数量将淮河干、支流肢解的已不能算是一条完整的河流。流域所排污水流经不到上百公里就被闸坝拦截，使得河流自净能力完全丧失。这是一个两难的命题，面对流域内对水供需的矛盾，新建闸坝本是良方，但因水污染问题闸坝倒成了藏污纳垢之地。对此，水利工程要建、水污染问题要治理，统一调度闸坝从而使旱季污水得到一定稀释，雨季污水不致形成片区污染。淮河中上游闸坝林立，年排污量较从前有所减少，但淮河水质仍不容乐观，河流自净能力受限。

7.4 流域人类活动输入对河流水质的影响

7.4.1 淮河流域是中国乃至世界范围内氮磷输入最高的流域之一

淮河流域是中国乃至世界范围内氮磷输入最高的流域之一，1990~2000 年氮磷输入增幅最快，2000 年后氮磷增长趋势得到缓解，农业化肥施用仍然是最主要的输入来源。

淮河流域是目前研究报道中氮输入量最高的地区，2010 年人类活动净氮输入量达到全球平均水平的 16.8 倍。氮输入量呈现出先增加后平缓的趋势，增长点集中在 1990~2001 年，增幅约为 150%。点源氮输入量平均约为 542 kg N/（km²·a），分散源氮输入为 26 644 kg N/（km²·a），点源占总输入量的 2%。化肥输入、大气氮沉降、生物固氮、食品/饲料净进口输入依次是淮河流域生态系统中主要分散源氮输入来源。城市生活污水排放是最主要的点源输入来源；淮河流域也是世界范围内磷输入量最高的地区，2010 年淮河流域磷输入达到 2793 kg P/（km²·a），该值是中国内地以及美国流域的 6 倍，是北京高度城市化地区的 2 倍以上。磷输入增长时间节点出现在 1990~2003 年，平均增幅在 1.5 倍左右。化肥输入和食品饲料磷的输入是最重要的两个输入来源，共占流域磷输入总量的 90% 以上；氮输入和磷输入空间分布格局较为相似，都表现为北高南低，平原高于山区的格局。当前作物系统氮磷利用较低，均为 30% 左右。人类活动造成的氮磷输入还有非常大的削减空间，未来需要通过调整种植结构，改善农业耕种技术等措施提高氮磷肥的利用率，降低其对生态系统的影响。

7.4.2 农业增产会加速生态系统营养物质的输入

农业增产的需求会加速生态系统氮磷输入，而城市化发展会减缓生态系统中氮磷快速增加的趋势。农业发展会导致化肥输入的快速增加，城市化发展会使得大气氮沉降、食品氮输入的上升。

1990~2010 年，淮河流域粮食产量由 6414×10^4 t 增长到 10 121×10^4 t（增幅为 58%），城市化率由 13% 增长到 35%（涨幅为 22%）。这种短期内迅猛的发展，使得氮磷输入快速增加。结果显示 1990~2000 年氮磷输入量快速增加的主要驱动力为农业增产的需求，而快速城市化在一定程度上可减缓其输入。这是由于淮河流域粮食高产稳产仍然依靠增施化肥来实现，使得生态系统氮磷输入快速增加，而对农业并没有表现出明显的增产效应；城镇化发展会侵占农业用地，区域化肥输入强度得到了降低，但是在城市化率发展较快的区县大气氮沉降输入、非食物磷和食品/饲料氮/磷输入都会增加。淮河流域整体城镇化率较低（仅为 35%），城市化发展在未来会成为氮磷输入的重要推动力，尤其是快速城市化会导致点源和大气沉降输入的增加，可能会替代农业面源污染成为污染水体的首要因素。

7.4.3 人类活动输入对河流氮磷通量影响明显

河流氮磷输出与人类活动净氮输入表现出了显著的响应关系，两者的关系受流域的气候、地形和土地利用等因素影响。人类活动输入的氮中大约有 1.8%~4.5% 左右会进入水体，其中 0.9% 以河流氨氮的形式输出；淮河上游源头流域中，人类产生的磷大约有 3% 左右会污染水体。

河流氮磷输出与人类活动输入直接相关，总体上输入强度越大，河流输出量越高。河流氮磷输出与具体的输入，如化肥施用、大气沉降、点源输入等表现出非常直接的联系。虽然点源氮输入仅占总输入量的 2% 左右，但其对河流氨氮的空间变异具有很好的解释力，说明点源氮排放是影响河流水质的重要原因；河流总氮输出占 NANI 的输入量的比例仅为 1.8%~4.5% 左右，与全球绝大多数流域相比，该比值远低于当前公开报道平均值。主要原因淮河流域历来水资源短缺严重，大量的含氮污染物随着水资源的取用或闸坝拦截而消耗；人类活动输入的磷中有 3% 最终会进入水体，剩余的 97% 被截留在流域地表。河流总磷的输出与人类活动净磷的输入相关关系仅在上游源头流域较为显著，而在平原流域及大尺度流域，两者关系较弱。这说明对于上游源头区的磷污染管理，非常有必要对磷输入的削减，进而降低河流的输出及其对下游生态系统的影响。

以人类活动分散源氮输入、点源氮输入和年径流量为输入参数，构建了基于逐年输入的面板数据模型。该模型对数据要求低，方法简单，模型模拟结果较好，可解释 81% 的河流氨氮通量时空变异。模型结果表明分散源是当前河流氨氮通量的主要污染来源，大约贡献了 58% 的负荷，点源氮排放贡献了 33% 的负荷，自然背景输入贡献了剩余的 9%。在管理上，加强农业化肥施用量削减和城镇污水的管理可有效减少河流氨氮的通量，如若将化肥施用量由当前的水平降低5%，河流氨氮输出将会减少6.6%；若将城镇生活点源氮排放削减5%，河流氨氮会减少4.8%。在未来，随着城镇化水平的进一步提高，城镇生活点源排放将会进一步增大，情景分析结果表明城镇化发展优先及城镇化和环境同步管理都不能改善淮河氮污染问题。必须加强城市污水处理，河流氨氮输出才会得到有效控制。在未来需重点提升城市生活污水的处理率和改善污水系统的脱氮技术，同时还需要结合农业养分调控技术，如提升化肥利用率，改善种植结构等，从而可更大程度地改善氮污染问题。

参 考 文 献

白杨，郑华，庄长伟，等．2013．白洋淀流域生态系统服务评估及其调控．生态学报，33（3）：0711-0717.

蔡继祥．2008．淮河流域的污水处理现状与生态修复措施．现代农业科技，19：347-348.

陈利顶，刘洋，吕一河，等．2008．景观生态学中的格局分析：现状、困境与未来．生态学报，28（11）：5521-5531.

褚庆全，李立军，马红波．2006．实现未来我国粮食安全的粮食贸易对策．中国农业科技导报，8：36-41.

邓红兵，王青春，王庆礼，等．2001．河岸植被缓冲带与河岸带管理．应用生态学报，12（6）：951-954.

窦新田．1989．生物固氮．北京：农业出版社.

杜伟，逯超普，姜小三，等．2010．长三角地区典型稻作农业小流域氮素平衡及其污染潜势．生态与农村环境学报，26：9-14.

封志明，史登峰．2006．近20年来中国食物消费变化与膳食营养状况评价．资源科学，28：1-8.

傅伯杰，陈利顶，马克明，等．2001．景观生态学原理及应用．北京：科学出版社.

郭二辉，孙然好，陈利顶．2011．河岸植被缓冲带主要生态服务功能研究的现状与展望．生态学杂志，30（8）：1830-1837.

韩玉国，李叙勇，南哲，等．2011．北京地区2003～2007年人类活动氮累积状况研究．环境科学，32：1537-1545.

韩震，罗燏辀，王中根．2010．土地利用方式对流域氮输入输出关系的影响——以加州San Joaquin流域为例．地理科学进展，29（09）：1081-1086.

淮河水利简史编写组．1990．淮河水利简史．北京：水利电力出版社.

淮河志编纂委员会．2000．淮河综述志（第二卷）．北京：科学出版社.

蒯文玲．2006．淮河（安徽段）行蓄洪区沉积物重金属污染及潜在生态危害研究．合肥：合肥工业大学硕士学位论文.

李书田，金继运．2011．中国不同区域农田养分输入、输出与平衡．中国农业科学，44：4207-4229.

鲁如坤，刘鸿翔，闻大中，等．1996．我国典型地区农业生态系统养分循环和平衡研究Ⅱ．农田养分收入参数．土壤通报，27：151-154.

毛剑英，朱建平，肖建军．2003．近年来淮河干流氮污染状况与变化趋势．中国环境监测，19（5）：41-43.

门明新，赵同科，彭正萍，等．2004．基于土壤粒径分布模型的河北省土壤可蚀性研究．中国农业科学，37（11）：1647-1653.

欧阳学军，周国逸，黄忠良，等．2002．鼎湖山森林地表水水质状况分析．生态学报，22：1373-1379.

欧阳志云，王如松，赵景柱．1999a．生态系统服务功能及其生态经济价值评价．应用生态学报，10（5）：635-640.

欧阳志云，王效科，苗鸿．1999b．中国陆地生态系统服务功能及其生态经济价值的初步研究．生态学报，19（5）：607-613.

潘世兵，曹利平，张建立．2005．中国水质管理的现状、问题及挑战．水资源保护，21（2）：59-62.

彭文启．2005．现代水环境质量评价理论与方法．北京：化学工业出版社.

濮培民，李正魁，王国祥．2005．提高水体净化能力控制湖泊富营养化．生态学报，25：2757-2763.

饶恩明，肖燚，欧阳志云，等．2013．海南岛生态系统土壤保持功能空间特征及影响因素．生态学报，33（3）：746-755.

饶良懿，崔建国．2008．河岸植被缓冲带生态水文功能研究进展．中国水土保持科学，6（4）：121-128．

史志华，蔡崇法，丁树文，等．2002．基于 GIS 和 RUSLE 的小流域农地水土保持规划研究．农业工程学报，18（4）：172-175．

水利部水文局，水利部淮河水利委员会．2006.2003 年淮河暴雨洪水．北京：中国水利水电出版社．

水利部水文局，水利部淮河水利委员会．2010.2007 年淮河暴雨洪水．北京：中国水利水电出版社．

遆超普，颜晓元．2010．基于氮排放数据的中国大陆大气氮素湿沉降量估算．农业环境科学学报，29：1606-1611．

王万忠，焦菊英．1996．中国的土壤侵蚀因子定量评价研究．水土保持通报，16（5）：1-20．

王亚光．2009．中国食物成分表．北京：北京大学医学出版社．

王祖烈．1987．淮河流域治理综述．蚌埠：淮河志编纂办公室．

魏静，马林，路光，等．2008．城镇化对我国食物消费系统氮素流动及循环利用的影响．生态学报，28：1016-1025．

邬建国．2000．景观生态学——格局、过程、尺度与等级．北京：高等教育出版社．

吴建寨，李志强，王东杰．2013．中国粮食生产政策体系现状及完善建议．农业展望，9（2）：33-37．

武淑霞．2005．我国农村畜禽养殖业氮磷排放变化特征及其对农业面源污染的影响．北京：中国农业科学院博士学位论文．

解莹，李叙勇，王慧亮，等．2012.SPARROW 模型研究及应用进展．水文，32：50-54．

徐建刚，蔡北溟，蒋金亮，等．2014．淮河流域粮食生产与化肥消费时空变化及对水环境影响．自然资源学报，29（6）：1054-1064．

杨龙元，范成新，张路．2003．太湖典型地区工矿企业废水中主要污染物排放特征研究——以江苏溧阳市为例．湖泊科学，15（2）：139-146．

杨胜天，王雪蕾，刘昌明，等．2007．岸边带生态系统研究进展．环境科学学报，27（6）：894-905．

曾立雄，黄志霖，肖文发，等．2010．河岸植被缓冲带的功能及其设计与管理．林业科学，46（2）：128-132．

翟凤英，何宇娜，王志宏，等．2005．中国城乡居民膳食营养素摄入状况及变化趋势．营养学报，27：181-184．

张建春．2001．河岸带功能及其管理．水土保持学报，15（6）：143-146．

张平究，李恋卿，潘根兴，等．2004．长期不同施肥下太湖地区黄泥土表土微生物碳氮量及基因多样性变化．生态学报，24：2818-2824．

张思苏，王在序，盖树人，等．1989．利用^{15}N 对花生吸收化肥土壤供氮和根瘤固氮的研究．莱阳农学院学报，6：21-27．

张汪寿，李叙勇，杜新忠，等．2014．流域人类活动净氮输入量的估算、不确定性及影响因素．生态学报，34：7454-7464．

张汪寿，苏静君，杜新忠，等．2015.1990–2010 年淮河流域人类活动净氮输入．应用生态学报，26（6）：1831-1839．

张维理，田哲旭，张宁，等．1995．我国北方农用氮肥造成地下水硝酸盐污染的调查．植物营养与肥料学报，1：80-87．

张雪花 2004．非点源污染量化模型中重要影响因素的研究．硕士学位论文，东北师范大学．

张允湘．2008．磷肥及复合肥料工艺学．北京：化学工业出版社．

郑聚锋，张平究，潘根兴，等．2008．长期不同施肥下水稻土甲烷氧化能力及甲烷氧化菌多样性的变化．生态学报，28：4864-4872．

周彬，余新晓，陈丽华，等 2010. 基于 InVEST 模型的北京山区土壤侵蚀模拟. 水土保持研究［J］17（6）：9-14.

周亮，徐建刚，孙东琪，等. 2013. 淮河流域农业非点源污染空间特征解析及分类控制. 环境科学，34：547-554.

Aber J D. 1992. Nitrogen cycling and nitrogen saturation in temperate forest ecosystems. Trends in Ecology & Evolution，7：220-224.

Alexander R B，Johnes P J，Boyer E W，et al. 2002. A comparison of models for estimating the riverine export of nitrogen from large watersheds. Biogeochemistry，57-58：295-339.

Alexander R B，Smith R A，Schwarz G E. 2000. Effect of stream channel size on the delivery of nitrogen to theGulf of Mexico. Nature，403：758-761.

Allen R G，Pereira L S，Raes D，et al 1998. Crop evapotranspiration-guidelines for computing crop water requirements. FAO Irrigation and Drainage：56.

Bai X，Shi P. 2006. Pollution Contro：In China's Huai River Basin：What Lessons for Sustainability? Environment Science and Policy for Sustainable Development，48：22-38.

Baker D B，Richards R P. 2002. Phosphorus budgets and riverine phosphorus export in northwesternOhio watersheds. Journal of Environmental Quality，31：96-108.

Bao X，Watanabe M，Wang Q，et al. 2006. Nitrogen budgets of agricultural fields of theChangjiang River basin from 1980 to 1990. Sci Total Environ，363：136-148.

Barry D J，Goorahoo D，Goss M J. 1993. Estimation of nitrate concentrations in groundwater using a whole farm nitrogen budget. J. Environ. Qual. ，22：767-775.

Bhadha J H，Jawitz J W，Min J H. 2011. Phosphorus mass balance and internal load in an impacted subtropical isolated wetland. Water Air and Soil Pollution，218：619-632.

Bhaduri B，Harbor J，Engel B，et al. 2000. Assessingwatershed-scale，long-term hydrologic ympacts of land-use change using a GIS-NPS model. Environmental Management，26：643-658.

Billen G，Garnier J，Lassaletta L. 2013. The nitrogen cascade from agricultural soils to the sea：modelling nitrogen transfers at regional watershed and global scales. Philos Trans R Soc Lond B Biol Sci，368：1-13.

Billen G，Thieu V，Garnier J，et al. 2009. Modelling the N cascade in regional watersheds：The case study of the Seine，Somme andScheldt rivers. Agriculture，Ecosystems & Environment，133：234-246.

Board N R C O S，Science N R C W，Board T. 2000. Clean Coastal Waters：Understanding and Reducing the Effects of Nutrient Pollution. Washington D C：National Academies Press.

Borbor-Cordova M J，Boyer E W，Mcdowell W H，et al. 2006. Nitrogen and phosphorus budgets for a tropical watershed impacted by agricultural land use：Guayas，Ecuador. Biogeochemistry，79：135-161.

Bosch N S，Allan J D. 2008. The influence of impoundments on nutrient budgets in two catchments ofSoutheastern Michigan. Biogeochemistry，87：325-338.

Bosch N S，Johengen T H，Allan J D，et al. 2009. Nutrient fluxes across reaches and impoundments in two southeasternMichigan watersheds. Lake and Reservoir Management，25：389-400.

Boyer E W，Goodale C L，Jaworski N A，et al. 2002. Anthropogenic nitrogen sources and relationships to riverine nitrogen export in the northeastern U. S. A. Biogeochemistry，57-58：137-169.

Budyko M I 1974. Climate and Life，Academic. San Diego，California.

Burkart M R，James D E. 1999. Agricultural- nitrogen contributions to hypoxia in the gulf of Mexico. J. Environ. Qual. ，28：850-859.

Burns R C，Hardy R W F. 1975. NitrogenFixation in Bbacteria and Higher Plants. Berlin：Springer Verlag.

Caraco N，Cole J，Likens G，et al. 2003. Variation in NO₃ export from flowing waters of vastly different sizes：Does one model fit all? Ecosystems，6：344-352.

Carey A E，Lyons W B，Bonzongo J C，et al. 2001. Nitrogen budget in the upper mississippi river watershed. Environmental & Engineering Geoscience，7：251-265.

Carpenter S R，Caraco N F，Correll D L，et al. 1998. Nonpoint pollution of surface waters with phosphorus and nitrogen. Ecological Applications，8：559-568.

Carpenter S R. 2005. Eutrophication of aquatic ecosystems：Bistability and soil phosphorus. Proc Natl Acad Sci U S A，102：10002-10005.

Chen D，Hu M，Guo Y，et al. 2015. Influence of legacy phosphorus，land use，and climate change on anthropogenic phosphorus inputs and riverine export dynamics. Biogeochemistry，123：99-116.

Chen D，Huang H，Hu M，et al. 2014. Influence of lag effect，soil release，and climate change on watershed anthropogenic nitrogen inputs and riverine export dynamics. Environmental Science and Technology，48：5683-5690.

Chen F，Hou L，Liu M，et al. 2016. Net anthropogenic nitrogen inputs（NANI）into theYangtze River basin and the relationship with riverine nitrogen export. Journal of Geophysical Research：Biogeosciences，121（15）：809-812.

Chen J. 2007. Rapid urbanization in China：A real challenge to soil protection and food security. Catena，69：1-15.

Cleveland W S，Devlin S J. 1988. Locally weighted regression：an approach to regression analysis by local fitting. Journal of the American Statistical Association，83：596-610.

Cleveland W S. 1979. Robust locally weighted regression and smoothing scatterplots. Journal of the American Statistical Association，74：829-836.

Correll D L. 2005. Principles of planning and establishment of buffer zones. Ecological Engineering，24：433-439.

David M B，Drinkwater L E，Mcisaac G F. 2010. Sources of nitrate yields in the Mississippi River basin. Journal of Environmental Quality，39：1657-1667.

David M B，Gentry L E，Kovacic D A，et al. 1997. Nitrogenbalance in and export from an agricultural watershed. J. Environ. Qual.，26：1038-1048.

David M B，Gentry L E. 2000. Anthropogenic Inputs of Nitrogen and Phosphorus and Riverine Export forIllinois，USA. J. Environ. Qual.，29：494-508.

Dentener F J，Crutzen P J. 1994. A three-dimensional model of the global ammonia cycle. Journal of Atmospheric Chemistry，19：331-369.

Donner S D，Scavia D. 2007. How climate controls the flux of nitrogen by the Mississippi River and the development of hypoxia in the Gulf of Mexico. Limnology and Oceanography，52：856-861.

Donohue R J，Rodercick M L，McVicar T R 2007. On the importance of including vegetation dynamics in Budyko's hydrological model. Hydrology and Earth System Sciences，11：983-995.

Du X，Li X，Zhang W，et al. 2014. Variations in source apportionments of nutrient load among seasons and hydrological years in a semi-arid watershed：GWLF model results. Environ Sci Pollut Res，21：6506-6515.

Dumont E，Harrison J A，Kroeze C，et al. 2005. Global distribution and sources of dissolved inorganic nitrogen export to the coastal zone：Results from a spatially explicit，global model. Global Biogeochem. Cycles，

19（4）：255-268.

Fangmeier A, Hadwiger- Fangmeier A, van der Eerden L, et al. 1994. Effects of atmospheric ammonia on vegetation—a review. Environmental Pollution, 86：43-82.

Filoso S, Martinelli L, Howarth R, et al. 2006. Human activities changing the nitrogen cycle in Brazil // Martinelli L A, Howarth R W. Nitrogen Cycling in the Americas：Natural and Anthropogenic Influences and Controls. Netherland：Springers：61-89.

Forman R T T, Godron M. 1986. Landscape Ecology. NewYork：JohnWiley& Sons.

Fortin M J, Agrawal A A. 2005. Landscape ecology comes of age. Ecology, 86（8）：1965-1966.

Freeman M C, Pringle C M, Jackson C R. 2007. Hydrologic connectivity and the contribution of stream headwaters to ecological integrity at regional scales. Journal of the American Water Resources Association, 43（1）：5-14.

Galloway J N, Cowling E B, Seitzinger S P, et al. 2002. Reactive nitrogen：Too much of a good thing? A Journal of the Human Environment, 31：60-63.

Galloway J N, Cowling E B. 2002. Reactive nitrogen and the world：200 years of change. A Journal of the Human Environment, 31：64-71.

Galloway J N, Dentener F J, Capone D G, et al. 2004. Nitrogen cycles：Past, present, and future. Biogeochemistry, 70：153-226.

Galloway J N, Townsend A R, Erisman J W, et al. 2008. Transformation of the nitrogen cycle：recent trends, questions, and potential solutions. Science, 320：889-892.

Galloway J, Howarth R, Michaels A, et al. 1996. Nitrogen and phosphorus budgets of the North Atlantic Ocean and its watershed. Biogeochemistry, 35：3-25.

Galperin M, Sofiev M. 1998. The long- range transport of ammonia and ammonium in the Northern Hemisphere. Atmospheric Environment, 32：373-380.

Groffman P M, Law N L, Belt K T, et al. 2004. Nitrogen fluxes and retention in urban watershed ecosystems. Ecosystems, 7：393-403.

Gujarati D N, Porter D C. 2012. Basic Econometrics. New York：McGraw-Hill Education.

Gustafson E J. 1998. Quantifying landscape spatial pattern：What is the state of the art? Ecosystems, 1（2）：143-156.

Han C, Xu S. 2009. The Nitrogen Budget of DRW in the Northeastern China. World Environmental and Water Resources Congress. ASCE：City. 1-9.

Han H, Allan J D, Bosch N S. 2012b. Historical pattern of phosphorus loading to Lake Erie watersheds. Journal of Great Lakes Research, 38：289-298.

Han H, Allan J D, Scavia D. 2009. Influence of climate and human activities on the relationship between watershed nitrogen input and river export. Environmental Science & Technology, 43：1916-1922.

Han H, Allan J D. 2008. Estimation of nitrogen inputs to catchments：Comparison of methods and consequences for riverine export prediction. Biogeochemistry, 91：177-199.

Han H, Allan J D. 2012a. Uneven rise in N inputs to the Lake Michigan Basin over the 20th century corresponds to agricultural and societal transitions. Biogeochemistry, 109：175-187.

Han H, Bosch N, Allan J D. 2010. Spatial and temporal variation in phosphorus budgets for 24 watersheds in the Lake Erie and Lake Michigan basins. Biogeochemistry, 102：45-58.

Han Y, Fan Y, Yang P, et al. 2014. Net anthropogenic nitrogen inputs（NANI）index application in Mainland China. Geoderma, 213：87-94.

Han Y, Li X, Nan Z. 2011a. Net anthropogenic nitrogen accumulation in the Beijing metropolitan region. Environmental Science and Pollution Research, 18: 485-496.

Han Y, Li X, Nan Z. 2011b. Net anthropogenic phosphorus accumulation in the Beijing metropolitan region. Ecosystems, 14: 445-457.

Han Y, Yu X, Wang X, et al. 2013. Net anthropogenic phosphorus inputs (NAPI) index application in Mainland China. Chemosphere, 90: 329-337.

Hausman J A. 1978. Specification tests in econometrics. Econometrica, 46: 1251-1271.

Hayakawa A, Woli K P, Shimizu M, et al. 2009. Nitrogen budget and relationships with riverine nitrogen exports of a dairy cattle farming catchment in eastern Hokkaido, Japan. Soil Science and Plant Nutrition, 55: 800-819.

Helsel D R, Mueller D K, Slack J R. 2006. Computer program for the Kendall family of trend tests. US Department of the Interior: US Geological Survey Reston.

Hong B, Swaney D P, Howarth R W. 2011. A toolbox for calculating net anthropogenic nitrogen inputs (NANI). Environmental Modelling & Software, 26: 623-633.

Hong B, Swaney D P, Howarth R W. 2013. Estimating net anthropogenic nitrogen inputs to U. S. watersheds: Comparison of methodologies. Environ Sci Technol, 47: 5199-5207.

Hong B, Swaney D P, Mörth C M, et al. 2012. Evaluating regional variation of net anthropogenic nitrogen and phosphorus inputs (NANI/NAPI), major drivers, nutrient retention pattern and management implications in the multinational areas of Baltic Sea basin. Ecological Modelling, 227: 117-135.

Hong B, Swaney D P. 2007. Regional Nutrient Management (ReNuMa) Model, Version 1. 0. User's manual. http: //www. eeb. cornell. edu/biogeo/nanc/usda/renuma. htm [2016-10-11].

Howarth R W, Swaney D P, Boyer E W, et al. 2006. The influence of climate on average nitrogen export from large watersheds in the Northeastern United States. Biogeochemistry, 79: 163-186.

Howarth R, Billen G, Swaney D, et al. 1996. Regional nitrogen budgets and riverine N & P fluxes for the drainages to the North Atlantic Ocean: Natural and human influences. Biogeochemistry, 35: 75-139.

Howarth R, Swaney D, Billen G, et al. 2011. Nitrogen fluxes from the landscape are controlled by net anthropogenic nitrogen inputs and by climate. Frontiers in Ecology and the Environment, 10: 37-43.

Howarth R, Swaney D, Billen G, et al. 2012. Nitrogen fluxes from the landscape are controlled by net anthropogenic nitrogen inputs and by climate. Frontiers in Ecology and the Environment, 10: 37-43.

Howarth R. 1998. An assessment of human influences on fluxes of nitrogen from the terrestrial landscape to the estuaries and continental shelves of the North Atlantic Ocean. Nutrient Cycling in Agroecosystems, 52: 213-223.

Hsiao C. 2004. Analysis of Panel Data. 2nd Edition ed. Cambridge: Cambridge University Press.

Huang H, Chen D, Zhang B, et al. 2014. Modeling and forecasting riverine dissolved inorganic nitrogen export using anthropogenic nitrogen inputs, hydroclimate, and land-use change. Journal of Hydrology, 517: 95-104.

Ji W, Zhuang D, Ren H, et al. 2013. Spatiotemporal variation of surface water quality for decades: a case study of Huai River System, China. Water Sci Technol, 68: 1233-1241.

Jones D B. 1931. Factors for converting percentages of nitrogen in foods and feeds into percentages of proteins. Washington D C: US Department of Agriculture.

Jordan T E, Weller D E. 1996. Human contributions to terrestrial nitrogen flux. Bio Science, 46: 655-664.

Ju X T, Xing G X, Chen X P, et al. 2009. Reducing environmental risk by improving N management in intensive Chinese agricultural systems. Proc Natl Acad Sci USA, 106: 3041-3046.

Kahl J S, Norton S A, Fernandez I J, et al. 1993. Experimental inducement of nitrogen saturation at the watershed scale. Environmental Science & Technology, 27: 565-568.

Kimura S D, Yan X-Y, Hatano R, et al. 2012. Influence ofagricultural activity on nitrogen budget in Chinese and Japanese watersheds. Pedosphere, 22: 137-151.

Kovacs A, Honti M, Zessner M, et al. 2012. Identification of phosphorus emission hotspots in agricultural catchments. Science of The Total Environment, 433: 74-88.

Lassaletta L, Romero E, Billen G, et al. 2012. Spatialized N budgets in a large agricultural Mediterranean watershed: High loading and low transfer. Biogeosciences, 9: 57-70.

Li S, Cheng X, Xu Z, et al. 2009. Spatial and temporal patterns of the water quality in the Danjiangkou Reservoir, China. Hydrological Sciences Journal, 54: 124-134.

Li S, Jin J. 2011. Characteristics of nutrient input/output and nutrient balance in different regions of China. Scientia Agricultura Sinica, 44: 4207-4229.

Li W, Li X, Su J, et al. 2014. Sources and mass fluxes of the main contaminants in a heavily polluted and modified river of the North China Plain. Environ Sci Pollut Res Int, 21: 5678-5688.

Liu C, Kroeze C, Hoekstra A Y, et al. 2012. Past and future trends in grey water footprints of anthropogenic nitrogen and phosphorus inputs to major world rivers. Ecological Indicators, 18: 42-49.

Liu C, Wang Q X, Watanabe M. 2006. Nitrogen transported to three Gorges Dam from agro- ecosystems during 1980 – 2000. Biogeochemistry, 81: 291-312.

Liu J, Lundqvist J, Weinberg J, et al. 2013. Food losses and waste in China and their implication for water and land. Environ Sci Technol, 47: 10137-10144.

Lu H, Moran C J, Prosser I P. 2006. Modelling sediment delivery ratio over the Murray Darling Basin. Environmental Modelling & Software, 21: 1297-1308.

Mahowald N, Jickells T D, Baker A R, et al. 2008. Global distribution of atmospheric phosphorus sources, concentrations and deposition rates, and anthropogenic impacts. Global Biogeochemical Cycles, 22 (4): 37-42.

Mayorga E, Seitzinger S P, Harrison J A, et al. 2010. Globalnutrient export from WaterSheds 2 (NEWS 2): Model development and implementation. Environmental Modelling & Software, 25: 837-853.

Mcisaac G F, David M B, Gertner G Z, et al. 2001. Net anthropogenic N input to the Mississippi River basin and nitrate flux to the Gulf of Mexico. Nature, 414: 166-167.

Mcisaac G F, David M B, Gertner G Z, et al. 2002. Relatingnet nitrogen input in the Mississippi River Basin to nitrate flux in the lower Mississippi River. J. Environ. Qual., 31: 1610-1622.

Mcisaac G F, Hu X. 2004. Net N input and riverine N export from Illinois agricultural watersheds with and without extensive tile drainage. Biogeochemistry, 70: 253-273.

Mckee L J, Eyre B D. 2000. Nitrogen and phosphorus budgets for the sub- tropical Richmond River catchment, Australia. Biogeochemistry, 50: 207-239.

Mcmahon G, Woodside M D. 1997. Nutrient mass balance for the Albemarle- Pamlico drainage basin, North Carolina and Virginia, 1990. Journal of the American Water Resources Association, 33: 573-589.

Meybeck M. 1982. Carbon, nitrogen, and phosphorus transport by world rivers. Am. J. Sci, 282: 401-450.

Milly P C D 1994. Climate, soil water storage, and the average annual water balance. Water Resources Research, 3 (7): 2143-2156.

Neff J C, Holland E A, Dentener F J, et al. 2002. The origin, composition and rates of organic nitrogen deposition: A missing piece of the nitrogen cycle? Biogeochemistry, 57: 99-136.

Nilsson C, Reidy C A, Dynesius M, et al. 2005. Fragmentation and flow regulation of the world's large river systems. Science, 308: 405-408.

Nist/Sematech. 2003. Handbook of Statistical Methods. http://www.itl.nist.gov/div898/handbook/pmd/section1/pmd144.htm.

Ohara T, Akimoto H, Kurokawa J-I, et al. 2007. An Asian emission inventory of anthropogenic emission sources for the period 1980 – 2020. Atmospheric Chemistry and Physics, 7: 4419-4444.

Parfitt R L, Schipper L A, Baisden W T, et al. 2006. Nitrogen inputs and outputs for New Zealand in 2001 at national and regional scales. Biogeochemistry, 80: 71-88.

Pernet-Coudrier B, Qi W, Liu H, et al. 2012. Sources and pathways of nutrients in the semi-arid region of Beijing-Tianjin, China. Environ Sci Technol, 46: 5294-5301.

Peterson B J, Wollheim W M, Mulholland P J, et al. 2001. Control of nitrogen export from watersheds by headwater streams. Science, 292: 86-90.

Potter N J, Zhang L, Milly P C D, et al 2005. Effects of rainfall seasonality and soil moisture capacity on mean annual water balance for Australian catchments. Water Resources Research, 41.

Prospero J M, Barrett K, Church T, et al. 1996. Atmospheric deposition of nutrients to the North Atlantic Basin. Biogeochemistry, 35: 27-73.

Qiu Y, Shi H C, He M. 2010. Nitrogen and phosphorous removal in municipal wastewater treatment plants in China: A Review. International Journal of Chemical Engineering, (1687-806X): 10.

Reddy K R, Kadlec R H, Flaig E, et al. 1999. Phosphorus retention in streams and wetlands: A review. Critical Reviews in Environmental Science and Technology, 29: 83-146.

Reed-Andersen T, Carpenter S R, Lathrop R C. 2000. Phosphorus flow in a watershed-lake ecosystem. Ecosystems, 3: 561-573.

Ren J, Wang Y, Fu B, et al 2011. Soil conservation assessment in the Upper Yangtze River Basin based on Invest model. International Symposium on Water Resource & Environmental Protection.

RifeD L, Monaghan A J, Pinto J O, et al 2010. Verification and validation of the global CFDDA dataset. Excerpt from the project final report.

Rock L, Mayer B. 2006. Nitrogen budget for the Oldman River Basin, southern Alberta, Canada. Nutrient Cycling in Agroecosystems, 75: 147-162.

Roehl J W. 1962. Sediment source areas, and delivery ratios and influencing morphological factors. International Association of Hydrological Sciences, 59: 202-213.

Runkel R L, Crawford C G, Cohn T A. 2004. Load Estimator (LOADEST): A fortran program for estimating constituent loads in streams and rivers. US Department of the Interior: US Geological Survey.

Russell M J, Weller D E, Jordan T E, et al. 2008. Net anthropogenic phosphorus inputs: Spatial and temporal variability in the Chesapeake Bay region. Biogeochemistry, 88: 285-304.

Santhi C, Arnold J G, Williams J R, et al. 2001. Validation of the SWAT model on a large river basin with point and nonpoint sources. Jawra Journal of the American Water Resources, 37 (5): 1169-1188.

Scavia D, Field J C, Boesch D F, et al. 2002. Climate change impacts on US coastal and marine ecosystems. Estuaries and Coasts, 25: 149-164.

Schaefer S C, Alber M. 2007b. Temporal and spatial trends in nitrogen and phosphorus inputs to the watershed of the Altamaha River, Georgia, USA. Biogeochemistry, 86: 231-249.

Schaefer S, Alber M. 2007a. Temperature controls a latitudinal gradient in the proportion of watershed nitrogen exported to coastal ecosystems. Biogeochemistry, 85: 333-346.

Schaefer S, Hollibaugh J, Alber M. 2009. Watershed nitrogen input and riverine export on the west coast of the US. Biogeochemistry, 93: 219-233.

Schlesinger W, Hartley A. 1992. A global budget for atmospheric NH_3. Biogeochemistry, 15: 191-211.

Schwarz G, Hoos A, Alexander R, et al. 2006. The SPARROW Surface Water- Quality Model: Theory, Application and User Documentation. USGS. https://pubs.er.usgs.gov/publication/tm6B3. [2016-5-30]

Seitzinger S P, Styles R V, Boyer E W, et al. 2002. Nitrogen retention in rivers: Model development and application to watersheds in the northeastern USA. Biogeochemistry, 57: 199-237.

Seitzinger S P. 1990. Denitrification in Aquatic Sediments, Denitrification in Soil and Sediment. New York: Plenum Press.

Seitzinger S, Harrison J A, Böhlke J, et al. 2006. Denitrification across landscapes and waterscapes: a synthesis. Ecological Applications, 16: 2064-2090.

Seitzinger S, Harrison J, Dumont E, et al. 2005. Sources and delivery of carbon, nitrogen, and phosphorus to the coastal zone: An overview of Global Nutrient Export from Watersheds (NEWS) models and their application. Global Biogeochemical Cycles, 19 (4): 1064-1067.

Sha J, Liu M, Wang D, et al. 2013. Application of the ReNuMa model in the Sha He river watershed: Tools for watershed environmental management. J Environ Manage, 124: 40-50.

Sharpley A N, Mcdowell R W, Kleinman P J. 2001. Phosphorus loss from land to water: Integrating agricultural and environmental management. Plant and Soil, 237: 287-307.

Shi P, Ma X, Hou Y, et al. 2012. Effects of land- use and climate change on hydrological processes in the upstream of Huai River, China. Water Resources Management, 27: 1263-1278.

Singh K P, Malik A, Sinha S. 2005. Water quality assessment and apportionment of pollution sources of Gomti river (India) using multivariate statistical techniques—a case study. Analytica Chimica Acta, 538: 355-374.

Smil V. 1999. Nitrogen in crop production: An account of global flows. Global Biogeochemical Cycles, 13: 647-662.

Smil V. 2002. Nitrogen and food production: Proteins for human diets. A Journal of the Human Environment, 31: 126-131.

Smith R A, Hirsch R M, Slack J R. 1982. A study of trends in total phosphorus measurements at NASQAN stations. United States. Geological Survey. Water- supply paper (USA). No. 2190.

Smith R A, Schwarz G E, Alexander R B. 1997. Regional interpretation of water - quality monitoring data. Water Resources Research, 33: 2781-2798.

Smith S V, Swaney D P, Talaue- Mcmanus L, et al. 2003. Humans, hydrology, and the distribution of inorganic nutrient loading to the ocean. Bio Science, 53: 235-245.

Smith V H, Tilman G D, Nekola J C. 1999. Eutrophication: Impacts of excess nutrient inputs on freshwater, marine, and terrestrial ecosystems. Environmental Pollution, 100: 179-196.

Sobota D J, Harrison J A, Dahlgren R A. 2011. Linking dissolved and particulate phosphorus export in rivers draining California's Central Valley with anthropogenic sources at the regional scale. J Environ Qual, 40: 1290-1302.

Stanley E H, Doyle M W. 2002. A geomorphic perspective on nutrient retention following dam removal. BioScience, 52: 693-701.

Swaney D P, Hong B, Selvam P, et al. 2015. Netanthropogenic nitrogen inputs and nitrogen fluxes from Indian watersheds：An initial assessment. Journal of Marine Systems，141：45-58.

Swaney D P，Hong B，Ti C，et al. 2012. Net anthropogenic nitrogen inputs to watersheds and riverine N export to coastal waters：a brief overview. Current Opinion in Environmental Sustainability，4：203-211.

Tallis H T，Ricketts T，Nelson E，et al 2010. InVEST 1. 004 beta user's guide. Stanford：The Natural Capital Project，from http：//invest. ecoinformatics. org/

Ti C，Pan J，Xia Y，et al. 2011. A nitrogen budget of mainland China with spatial and temporal variation. Biogeochemistry，108：381-394.

Turner M G. 1989. Landscape ecology：The effect of pattern on process. Annual Review of Ecological System，20（1）：171-197.

Tysmans D J J，Löhr A J，Kroeze C，et al. 2013. Spatial and temporal variability of nutrient retention in river basins：A global inventory. Ecological Indicators，34：607-615.

Van Breemen N，Boyer E W，Goodale C L，et al. 2002. Where did all the nitrogen go? Fate of nitrogen inputs to large watersheds in the northeastern U. S. A. Biogeochemistry，57-58：267-293.

van Horn H. 1998. Factors affecting manure quantity，quality，and use//Council TAN. Proceedings of the mid-south ruminant nutrition conference. Dallas-Ft. Worth，11：3-125.

Walling D E. 1983. The sediment delivery problem. Journal of Hydrology，65：209-237.

White M J，Storm D E，Busteed P R，et al. 2009. Evaluating nonpoint source critical source area contributions at the watershed scale. Journal of Environmental Quality，38：1654-1663.

Wipfli M S，Richardson J S，Naiman R J. 2007. Ecological linkages between headwaters and downstream ecosystems：transport of organic matter，invertebrates，and wood down headwater channels. Journal of the American Water Resources Association，43：72-85.

Wischmeier W H，Smith D D 1978. Predicting rainfall erosion losses—a guide to conservation planning［M］. United States Department of Agriculture.

Withers P J，Jarvie H P. 2008. Delivery and cycling of phosphorus in rivers：A review. Sci Total Environ，400：379-395.

Wu J，Hobbs R. 2002. Key issues and research priorities in landscape ecology：An idiosyncratic synthesis. Landscape Ecology，17（4）：355-365.

Wu J，Li Z，Wang D. 2013. Study on status and suggestions of China's grain production policy system. Agricultural Outlook，9：33-37.

Xia J，Zhang Y Y，Zhan C，et al. 2011. Waterquality management in China：The case of the Huai River Basin. International Journal of Water Resources Development，27：167-180.

Xing G X，Zhu Z L. 2002. Regional nitrogen budgets for China and its major watersheds. Biogeochemistry，57-58：405-427.

Yan W，Mayorga E，Li X，et al. 2010. Increasing anthropogenic nitrogen inputs and riverine DIN exports from the Changjiang River basin under changing human pressures. Global Biogeochem. Cycles，24：1-14.

Yan X，Akimoto H，Ohara T. 2003. Estimation of nitrous oxide，nitric oxide and ammonia emissions from croplands in East，Southeast and South Asia. Global Change Biology，9：1080-1096.

Yang Y L，X F C，L Z. 2003. Characteristics of industrial wastewater discharge in a typical district of Taihu watershed：A case study of Liyang City，Jiangsu Province. Journal of Lake Sciences，15：139-146.

Zhang L，Dawes W R，Walker G R 2001. Response of mean annual evapotranspiration to vegetation changes at catchment scale. Water Resources Research，37：701-708.

Zhang L, Song X, Xia J, et al. 2011. Major element chemistry of the Huai River basin, China. Applied Geochemistry, 26: 293-300.

Zhang W S, Swaney D P, Li X Y, et al. 2015. Anthropogenic point-source and non-point-source nitrogen inputs into Huai River basin and their impacts on riverine ammonia – nitrogen flux. Biogeosciences, 12: 4275-4289.

Zhang X, Wu Y, Gu B. 2015. Urban rivers as hotspots of regional nitrogen pollution. Environmental Pollution, 205: 139-144.

索　引